U0382403

网络系统规划设计

邹润生　王隆杰◎著

田　果◎审

人民邮电出版社

北　京

图书在版编目（ＣＩＰ）数据

网络系统规划设计 / 邹润生，王隆杰著. -- 北京：
人民邮电出版社，2022.7
ISBN 978-7-115-59208-8

Ⅰ. ①网… Ⅱ. ①邹… ②王… Ⅲ. ①计算机网络—
网络设计—高等学校—教材 Ⅳ. ①TP393.02

中国版本图书馆CIP数据核字(2022)第069465号

内 容 提 要

本书全面、系统地介绍了网络系统的规划、设计、实施和交付，着重阐述了网络系统规划设计的指导思想、一般方法和技术内容。

全书共 12 章，包括网络系统规划设计总览、网络物理拓扑总体设计、局域网规划设计、广域网规划设计、数据中心网络规划设计、无线局域网规划设计、网络出口规划设计、网络 IP 地址与路由规划设计、网络可靠性规划设计、网络安全规划设计、网络管理与维护、网络实施与项目交付。

本书可以为网络系统集成行业从业者提供系统的、清晰的、可操作的方法指导，也可以作为高职及应用型本科院校计算机网络专业及相关专业的教材。

◆ 著　　　　邹润生　王隆杰
　　责任编辑　傅道坤
　　责任印制　王　郁　胡　南
◆ 人民邮电出版社出版发行　　北京市丰台区成寿寺路 11 号
　　邮编　100164　　电子邮件　315@ptpress.com.cn
　　网址　https://www.ptpress.com.cn
　　三河市君旺印务有限公司印刷
◆ 开本：800×1000　1/16
　　印张：15.75　　　　　　　　2022 年 7 月第 1 版
　　字数：343 千字　　　　　　　2024 年 12 月河北第12次印刷

定价：69.90 元

读者服务热线：(010)81055410　印装质量热线：(010)81055316
反盗版热线：(010)81055315
广告经营许可证：京东市监广登字 20170147 号

前言

针对数据通信网络技术的各类技术作品和高校教材可谓汗牛充栋，各项企业认证和社会培训更是数不胜数。这些资源无疑可以让希望从事网络系统集成的人员掌握这类工作的技术基础，但是缺少网络系统集成项目经验的从业者在面对实际项目工作时依然难以有效、合理地运用他们所掌握的各类数通网络技术。与此同时，帮助高校学生学习网络系统集成项目流程，尤其是计算机网络各个分层、模块设计原则的技术资源，如今在国内外仍然付之阙如。

本书因应网络系统集成领域设计实践类指导资源暂时缺位的需求，力求为计算机、计算机网络类专业在校学生，以及自感项目经验（尤其是网络设计方面的经验）有待进一步积累的社会人员，提供一份可靠的技术与项目指导。

有鉴于此，本书的读者对象为：

- 完成了计算机网络课程学习和实验的高校计算机、计算机网络等相关专业的在校生，尤其是高职高专院校正在实践的学生；
- 刚刚通过厂商认证考试，缺乏项目经验或正在网络系统集成领域求职的人员；
- 刚刚步入职场，即将面对实际项目的新网络系统集成工程师；
- 即将从售后工程师转为售前工程师职位的网络系统集成行业在职人员；
- 供职企业在短期内有计划投资网络系统集成项目的网络负责人员；
- 对数据通信网络设计感兴趣的其他人员。

本书的开发和编写参照了华为技术有限公司发布的认证材料，因此内容也更适合正在备考和通过了华为技术有限公司认证的人员进行参考。读者在完成本书的学习之后，在参与以华为技术有限公司的产品作为设备主体的网络系统集成项目时也会更加容易适应。

本书共 12 章，具体如下。

- **第 1 章，"网络系统规划设计总览"**：本章介绍了网络系统集成项目的完成流程、着重比较了工程师在网络规划和网络设计这两个阶段工作内容的区别、说明了网络规划阶段的工作任务，并且概述了网络设计阶段工作的重点。
- **第 2 章，"网络物理拓扑总体设计"**：本章首先用两节的篇幅对网络拓扑的概念进行了说明，然后介绍了常见物理网络设备和互连介质选型的一般原则，之后对物理网络可靠性设计的一般方法进行了说明、解释了组网设计的原则和结构，最后对不同行业网络设计进行了概述。
- **第 3 章，"局域网规划设计"**：本章的核心是企业园区网中局域网模块的设计，因此首先介绍了局域网物理架构的设计方法，然后对几项局域网环境中常见技术的设计方法进行了说明，其中包括 VLAN、GVRP、VLAN 间路由、STP、DHCP 和 ACL。

- **第 4 章，"广域网规划设计"**：本章旨在介绍广域网模块的设计。首先对广域网的概念进行了说明，然后分别介绍了专线技术和 VPN 技术及其应用场景。
- **第 5 章，"数据中心网络规划设计"**：本章的目标是对数据中心网络尤其是企业园区网络中的数据中心模块进行设计。作为对背景的铺垫，这一章首先对数据中心环境中常用的几项技术进行了介绍。然后，本章从物理架构和逻辑分别对数据中心网络的设计要点进行了说明。
- **第 6 章，"无线局域网规划设计"**：本章围绕企业网中的无线网络进行介绍。首先，本章介绍了无线局域网架构的设计，包括无线局域网的几种组网方案以及华为 Wi-Fi 6 无线产品的选型。然后，本章分别对无线局域网环境中的 IP 地址和 VLAN 规划方法进行了介绍，解释了无线局域网漫游的概念，以及介绍了无线局域网环境中的可靠性和安全性设计原则。
- **第 7 章，"网络出口规划设计"**：本章介绍了网络出口模块的设计原则。首先，本章介绍了出口模块的物理拓扑如何设计。然后，本章介绍了网络出口流量的规划和设计。最后，本章介绍了网络出口技术的设计方法。
- **第 8 章，"网络 IP 地址与路由规划设计"**：本章的核心是企业网络的网络层设计方案。本章前两节分别介绍了如何规划和设计企业网络中的 IP 地址和 IP 路由方案。接下来，本章用一节的篇幅专门介绍了 OSPF 协议的一系列具体设计原则，这是企业网环境中最常用的 IGP 协议。
- **第 9 章，"网络可靠性规划设计"**：本章的目标是介绍网络的可靠性设计原则。首先，本章从单板、设备、链路和架构的角度分别对可靠性的概念和标准进行了说明。然后，本章依次介绍了物理架构、二层网络架构和三层网络架构的可靠性设计方法。
- **第 10 章，"网络安全规划设计"**：本章介绍的内容是企业网的安全性设计方法。安全技术和特性比较零散，本章按照二层网络安全性设计、三层网络安全性设计、无线局域网安全性设计、出口模块的安全性设计和数据传输安全性设计对各类安全技术进行了归类，并且介绍了它们的工作方式和设计方法。
- **第 11 章，"网络管理与维护"**：本章的内容是企业园区网的管理和维护方法。本章开篇对网络管理和维护进行了概述，然后对各类常见的网络管理工具和维护方式分别进行了介绍。
- **第 12 章，"网络实施与项目交付"**：本章的内容是系统集成项目中，在系统集成公司与甲方签订合同之后，需由售后工程师完成的任务。首先，本章按照第 1 章的流程，说明了售后流程中所包含的步骤，并且对每个步骤中工程师应该执行的具体任务和完成任务的一般方法进行了介绍；然后，本章介绍了高危操作的流程，这些流程可以降低因实施方案不佳或工程师操作不当而给生产网络及其用户带来严重影响的可能性。

选用本书作为教材的任课教师可以按照下表所示内容分配本书的教学学时。

章	建议学时
第 1 章	4
第 2 章	4
第 3 章	4
第 4 章	4
第 5 章	5
第 6 章	5
第 7 章	4
第 8 章	2
第 9 章	5
第 10 章	4
第 11 章	4
第 12 章	3
合计	48

为启发读者思考，本书在每章末尾增加了习题。习题本身并无正确答案，旨在鼓励读者按照各自章节中的内容尝试思考、设计和实验。

还需要说明的一点是，本书中有部分内容参考了华为的产品手册。为了保持与产品手册的一致性，以及与业内称呼的一致性，本书中保留了原有的术语，尽管这些术语的表示从出版行业来看是错误的。比如，千兆以太网（更为规范的称呼是吉比特以太网）、万兆以太网（10 吉比特以太网）；比如，量词 K 的使用（在稿件中表示"1024"的意思）；再比如，GE/10GE/40GE 网卡（更为准确的表达应该是 Gbit/s 网卡、10Gbit/s 网卡、40Gbit/s 网卡）。还请各位读者在阅读本书时多加注意。

本书在深圳职业技术学院计算机网络技术专业"网络系统规划设计"课程多年教学基础上编撰而成，由邹润生、王隆杰共同写作，由田果担任技术审校。本书在编写过程中得到广州京睿信息科技有限公司大力支持和帮助。本书作者虽尽所能，但书中仍难免存在疏漏之处，敬请读者批评指正。

最后，感谢选用了本书的任课教师和读者，希望本书能够为所有读者带来良好的阅读体验和理想的学习效果。衷心祝愿读者学有所成，在网络系统集成行业大展宏图。

资源与支持

本书由异步社区出品，社区（https://www.epubit.com/）为您提供相关资源和后续服务。

提交勘误

作者和编辑尽最大努力来确保书中内容的准确性，但难免会存在疏漏。欢迎您将发现的问题反馈给我们，帮助我们提升图书的质量。

当您发现错误时，请登录异步社区，按书名搜索，进入本书页面，单击"提交勘误"，输入勘误信息，单击"提交"按钮即可。本书的作者和编辑会对您提交的勘误进行审核，确认并接受后，您将获赠异步社区的 100 积分。积分可用于在异步社区兑换优惠券、样书或奖品。

扫码关注本书

扫描下方二维码，您将会在异步社区微信服务号中看到本书信息及相关的服务提示。

与我们联系

我们的联系邮箱是 contact@epubit.com.cn。

如果您对本书有任何疑问或建议，请您发邮件给我们，并请在邮件标题中注明本书书名，以便我们更高效地做出反馈。

如果您有兴趣出版图书、录制教学视频，或者参与图书技术审校等工作，可以发邮件给本书的责任编辑（fudaokun@ptpress.com.cn）。

如果您来自学校、培训机构或企业，想批量购买本书或异步社区出版的其他图书，也可以发邮件给我们。

如果您在网上发现有针对异步社区出品图书的各种形式的盗版行为，包括对图书全部或部分内容的非授权传播，请您将怀疑有侵权行为的链接通过邮件发给我们。您的这一举动是对作者权益的保护，也是我们持续为您提供有价值的内容的动力之源。

关于异步社区和异步图书

　　"异步社区"是人民邮电出版社旗下 IT 专业图书社区，致力于出版精品 IT 技术图书和相关学习产品，为作译者提供优质出版服务。异步社区创办于 2015 年 8 月，提供大量精品 IT 技术图书和电子书，以及高品质技术文章和视频课程。更多详情请访问异步社区官网 https://www.epubit.com。

　　"异步图书"是由异步社区编辑团队策划出版的精品 IT 专业图书的品牌，依托于人民邮电出版社的计算机图书出版积累和专业编辑团队，相关图书在封面上印有异步图书的 LOGO。异步图书的出版领域包括软件开发、大数据、AI、测试、前端、网络技术等。

异步社区

微信服务号

目录

第 1 章

网络系统规划设计总览

网络协议和网络设备的工作原理是每一位网络技术从业人员需要掌握的基本技能。但网络协议和网络设备仍然只是网络的组成部分，了解如何合理地运用它们来构建一个拥有可扩展性、冗余性、安全性、能够快速复原并且可以发挥出设备性能的网络，这项技能的重要性和掌握网络协议与网络设备的原理同等重要。

"形而下者谓之器，形而上者谓之道"。相比于网络协议和网络设备的工作原理，网络的规划设计确实是更接近"形而上"的一种理论，但这门课题仍然有非常明确的学习路径。作为全书的第 1 章，本章会首先对网络规划设计进行总体概述，包括解释网络规划和网络设计的概念、介绍网络规划和网络设计的内容和流程，并且概述网络拓扑设计、物理网络设计和逻辑网络设计的一些要点。

本章重点：

- 网络规划和网络设计的概念与差异；
- 网络规划的流程与内容；
- 网络设计的内容；
- 网络拓扑设计概述；
- 物理网络设计概述；
- 逻辑网络设计概述。

1.1 网络规划

一个网络项目最初的工作阶段通常是网络规划（Network Planning）和网络设计（Network Design），这两个阶段的工作常常由担任网络架构师（Network Architect）或者售前工程师（Pre-sales Engineer）职务的技术人员来完成。

不过，网络规划和网络设计阶段常常被人们混淆。在一些规模不大的项目中，网络规划和网络设计这两个阶段也确实会合而为一。但这两个阶段在理论上存在着不小的区别。如果以室内装修类比，那么网络规划就是进行房屋现场勘测、绘制效果图、计算工程预算和周期的阶段；

而网络设计则是在规划的基础上决定使用哪些工程材料来实现对应的效果，如何吊顶，如何防水，如何走线，连接方式是榫接、钉卯还是黏合等。

所以，虽然实际项目中，规划和设计的结合往往比较紧密，但它们存在一个前后顺序，即规划阶段先于设计阶段。其中，规划阶段的工作更加宏观，更注重于要做什么和做这些需要什么条件，并且在怎么做上仅仅指出总体的技术方向；而设计阶段的工作则更关注具体的技术与实现细节，注重点在于怎么做。在本节中，我们会重点介绍技术人员通常需要在网络规划阶段执行哪些任务。关于网络设计的具体内容，本章会通过后面几节的内容进行介绍。

1.1.1　网络规划概述

网络规划的目标既不是为了给项目客户设计具体的技术细节，也不是为了给售后人员提供详尽的操作指导。在这个阶段，工程师需要通过与客户进行大量的沟通，来达到下面三个目标。

- **确定项目背景**：仍以室内设计做类比。室内设计师在进行设计之前都需要去待装修的房屋现场进行勘测，这样做是为了掌握房屋当前的状况和它具备的条件，同时为了在现场观察住户的生活习惯和特点，这样完成的设计才不会成为无源之水、无本之木，装修也才可以顺利完成。网络规划同样需要掌握项目的背景和条件，也需要现场调研，这样可以让设计人员了解项目的配套设施，判断这个项目具备部署哪些设备、实施哪些技术，可以何时何地实施、何时完成、实施过程能够获得哪些配合等，这些都是项目未来能够得以顺利实施的基础。

- **明确项目需求**：室内设计师在现场勘测或者在接下来的时间里，还会就自己观察到的问题及时和客户进行沟通，以便搞清楚客户的需求。人们在准备装修房间的时候，他们的目标往往是头脑中一个模糊的效果。室内设计师则需要根据客户笼统的描述进行合理化设计，并且把自己的设计方案与客户进行沟通，在沟通和修改的过程中获得客户的认可。网络项目的客户往往也只拥有几项比较具体的需求，或者只是一个比较笼统的设想，他们并不知道如何落实这些想法。因此，网络规划阶段的另一个目标是通过沟通，从这些需求和设想中摸清客户的需求，并且让客户认可自己的方案。

- **选择技术方向**：前文提到，网络规划阶段不涉及具体的技术设计，但这个阶段需要通过和客户沟通来确定技术方向和路线。同样和室内装饰类比，室内设计师在最初和客户沟通的时候考虑的不是选择实木地板、实木复合地板还是强化地板，以及如何打龙骨等，而是应该首先和客户沟通要安装木制地板、大理石地板还是其他地板砖等。在规划阶段确定技术路线可以规避客户的禁忌，明确客户的倾向，避免在后续设计中走弯路而浪费时间和人力资源。

下面，我们分别对项目规划阶段的这三个目标进行具体的解释说明。

1.1.2 确定项目背景

项目背景可以视为三方面背景的叠加，也就是整体行业背景、具体项目背景和企业业务特点，如图 1-1 所示。

图 1-1 何为项目背景

1. 项目背景的构成与概念

所谓整体行业背景是指客户企事业单位所属的行业、领域背景。如今，不同行业的网络在业务、需求等方面都已经发展出了各自的特点，比如金融、医疗、政府、酒店、航空等行业的网络都拥有非常鲜明的特点。网络设备厂商不仅会针对不同领域推出有针对性的解决方案，而且会随着技术的更新换代和该行业的新兴需求不断更新自己的解决方案。举例来说，未来提供远程手术的设想实现之后，医疗行业的网络必然与 3G 时代医疗行业的网络解决方案大相径庭。鉴于各行各业在不同时代都拥有比较典型的网络解决方案，技术人员在网络规划阶段就有必要掌握客户所在行业的特点和这个行业的典型解决方案。

具体项目背景是指客户发起这个项目的原因。搞清具体项目背景对于网络改造项目来说尤为重要，因为工程技术人员唯有理解客户对当前网络的不满或者对未来网络的预期，才能明确这个项目的核心目标。理解项目的核心目标才能在设计和实施中做到抓大放小，围绕着客户的核心诉求落实整个项目。

企业业务特点是指目标网络承载的具体企业业务，及其流量的常见类型和分布。技术人员应该基于自己对客户所在行业、客户企业自身的了解，以及与客户方面沟通的结果，判断这个网络未来承载的数据流拥有什么样的特点。这样才能在未来针对这个企业网络设计和实施诸如安全、服务质量（QoS）等方面的策略时，做到有的放矢。

2. 客户机构的组织结构

在考察项目背景的过程中，工程师有必要了解项目相关部门在企业中的组织结构，尤其是了解各个相关部门诉求的差异，以及拥有决策权的人员情况。在考察项目背景阶段，了解客户机构内部与项目相关的人事情况，知道该与谁沟通什么内容是非常重要的。例如，在项目启动后，客户方面有时会成立项目组，组内最主要的人员是客户方面的项目主管和项目联络人。两人之中，项目主管一般负责技术性工作，比如技术方案的确定等；而项目联络人则一般负责事务性的工作，比如接待工程人员出入工作场所等。在规划设计阶段，一般与项目主管沟通比较多；在项目实施阶段，则与项目联络人的接触比较多。当然，在一些项目中，这两个角色也会由同一个人来承担。

此外，项目的商务决策会由客户机构内部层级更高的人员负责，包括项目部门的部门领导，或者分管网络工作的部门领导。与这些人员的沟通工作是由我方的销售人员或高层领导负责，但技术人员仍然应该掌握这方面人员的基本情况，以备不时之需。

最后，客户方的项目组成员不能代表整个目标网络的用户，他们只是最终用户中的一个比较特殊的小群体，因为他们的工作内容同样服务于这个网络的最终用户。所以，网络规划的目标不能仅获得客户方项目组成员的认可。反之，最终用户的认可恰恰是客户方和实施方两方面共同的目标。

3. 项目的范围

前文介绍确定项目背景时提到，在网络规划阶段进行现场调研可以让网络规划人员了解项目的配套设施，判断这个项目具备部署哪些设备、实施哪些技术等。因为一个网络工程不可能孤立存在，网络设备的安装需要相关系统的配合，包括机房工程、配套电源、空调系统、弱电工程，以及作为独立弱电工程的网络布线工程等。在规划阶段，需要明确项目主体与这些系统的职责和分工，明确哪些工作属于实施方的任务，也就是明确项目的工程边界或者工程方的权责边界。这样可以避免在后期的实施过程中出现扯皮现象。对于不属于项目实施方负责的配套工程，技术人员应该加以勘测，判断现场是否已经具备网络项目的实施条件，比如场地的空间、供电、温控、承重等。对于不具备实施条件的因素，项目实施方可以向客户方提出，要求客户方完善。

同样，对于网络改造项目，网络规划人员也应该明确我方在这个网络实施项目中的功能边界。例如，如果某个项目的目标是提升网络的安全性、接入某个业务系统，或者增加某项业务等，那么网络规划人员就应该明确这个项目需要实现的具体功能才是项目实施方的职责，当前网络须具备实施这些功能的条件。如果不具备实施条件，项目实施方也应该向客户方面明确提出。

当然，在确定项目范围方面，这个网络的地理覆盖范围也应该在网络规划阶段予以确定。例如，对于企业园区网来说，技术人员应该确定这个网络会覆盖或延伸到哪些建筑物，以及这个网络包含（或不包含）哪些分支机构等信息。

4. 项目的阶段和周期

网络项目都会经历包括网络规划、网络设计在内一系列的阶段，大部分阶段都会以标识性事件作为起点和终点。正如本节开篇所说，在网络规划阶段，技术人员应该对项目的实施时间进行规划，这也是确定项目背景的重要一环。

一个网络项目通常的阶段如图 1-2 所示。

虽然有些网络项目可能会包含一些特殊的阶段，但图 1-2 所示的阶段和标志性事件往往会出现在绝大多数正规的网络项目当中。在规划阶段，技术人员需要根据各个阶段的工作任务对整个项目的工作进行分解，然后对每个工作步骤进行估算，再对各个步骤进行统筹安排，以便在后期有条不紊地完成整个项目的任务。

图 1-2　网络项目的常见阶段

5．外部风险控制

拥有一支优秀、高效的工程师团队并不意味着网络项目就可以顺利地完成，因为任何一个网络项目都有可能受到项目实施方控制范围之外的因素影响。在网络规划阶段提前考虑到这些外部风险，就能够提高规避这些风险的几率，或者降低风险给项目实施方造成的影响。

网络项目常见的外部风险包括以下几项。

- **政策法规**：网络项目需要遵守当地的政策法规。尤其是一些国际性项目，技术人员有必要专门了解当地的相关法律法规，避免违法，同时还要注意当地法律法规的变动情况。
- **社会环境**：在项目实施过程中，项目组成员需要掌握并适应当地的社会环境，包括治安情况、宗教信仰、生活习俗和民众的日常行为方式等。因此，在规划阶段提前了解当地社会环境，有助于避免实施阶段可能会因实施团队不熟悉当地环境而导致的冲突。
- **自然灾害**：很多国家和地区因其自然地理环境遭受一些常见灾害，如地震、台/飓风、暴风雪等；这些自然灾害轻则影响项目进度，重则毁坏整个项目成果。此外，当地常见自然灾害有时也与供电、温控等项目场地的实施条件/配套设施有关。
- **金融财务**：宏观经济形势的变化可能会使项目的财务情况发生变化，比如在国际项目中，汇率的变动会对项目实施方的成本和收益构成影响，当地的通胀等因素也会导致项目利润率的变化。
- **配套协作**：网络项目并不是孤立的，它涉及与项目客户乃至其他相关方面的外部协作，诸如项目的回款周期、配套项目的质量和工期等问题都会对网络项目构成影响。

上述外部风险如果发生，轻则影响项目周期或者项目利润，重则导致实施方蒙受财产损失甚至遭到司法起诉。只有在规划阶段预判这些风险，才能采用各种方法降低这些风险导致的危害。比如，在对外项目中，规划人员应该设法了解当地相关法律和习俗，并且对工程技术团队进行培训。再如，在项目的商务合同中，规划人员应该把某些情况归类为不可抗力，要求商务人员将它们作为免责条款出现；或者在项目规划方案中，明确己方职责，提供明确的工程界面和质量要求等。

1.1.3　明确项目需求和预算

在规划阶段，除了需要摸清所有与项目息息相关的背景之外，技术人员还需要明确这个项目要实现什么样的目标。

1. 项目需求

对于一家企业来说，一个网络项目能够立项完全是从这个项目的商业意义出发的。换言之，任何企业立项网络项目都有其商业层面的需求，这些需求包括提高利润、削减成本、改善生产效率等。因此，在规划阶段，技术人员需要搞清楚这个网络项目背后的需求是什么，并且在之后的每一个阶段（见图1-2）中围绕着这个需求建设网络，帮助客户达成立项的目标。

例如，一个网络项目的需求包括但不限于下面几项。

- 希望通过增加某些网络功能/特性/应用来开展新的业务。
- 希望通过网络服务来削减企业的营运成本，或者进一步通过网络提高员工工作效率。
- 希望降低当前的通信成本。
- 希望对网络进行扩展，例如对网络进行带宽和性能扩容，或者把网络扩展到新的区域。
- 希望改善网络的可靠性，从而提升业务的稳定性。

2. 项目预算

既然网络项目是一种商业投资行为，那么企业就会考虑投资回报率。因此，在确定项目需求时，项目预算也是一项需要确定的重要内容。所谓项目预算，是指整个项目的成本，也就是企业需要为这个项目的最终交付所投入的资金。广义上来说，为这个项目投入的人力、物力也可以在确定项目预算时进行规划。

一个项目的预算是否能够比较准确地反映企业未来在这个项目中的投入，这取决于技术人员对这个项目的规划是否足够详细，以及对这些具体内容的规划是否足够确定。在规划预算时，通常会运用分项汇总或历史经验两种方法。分项汇总是指技术人员首先规划项目中各个部分、各个阶段的费用，然后累加出项目的预算；历史经验是指根据项目人员的经验直接估算项目的总成本。

在计算项目成本的时候，技术人员有必要获取一系列的原始费用，包括设备费用、线路费用和配套设施费用。

- **设备费用：**设备费用需要向设备供应商获取。例如，如果采购的是华为产品，那么我们可以在华为官网提交采购需求，也可以向华为在当地的合作伙伴咨询报价。
- **线路费用：**线路费用可以分为两部分。一部分是企业网络内部的线路成本，因为企业网络内部的布线会在实施时作为整个项目的配套项目，所以这部分费用也需要由实施方自行计算得出。另一部分是广域网部分，这部分需要租用运营商的线路，因此广域网部分的费用需要联系当地运营商的对应部门来获取报价。
- **配套设施费用：**配套设施包括机房中的机架、电源等。配套设施的情况需要由技术人员在现场调研时与客户沟通并明确。如果项目存在相关采购需求，那么通常让配套设施的供货商提供设备和安装服务，并把这部分费用包含在总体项目成本中。

设备费用、线路费用和配套设施费用都属于项目的建设成本。这里需要说明的是，对于一个项目来说，它的预算不仅包含建设成本，也应该考虑到后期的运维成本，有时甚至应该把未来的优化成本都考虑在内。因此，网络项目的总体成本包括以下几方面。

- **建设成本**：建设成本是指客户为部署这个网络项目而投入的成本，其中包括网络设备采购成本、配套设施投入成本，以及（支付给项目实施方和配套设施实施方的）工程实施成本。建设成本属于一次性投资。
- **运维成本**：运维成本是网络建设完成之后，保障网络持续健康运行所需要支付的成本，其中包含网络及配套设施（如空调等）的能耗费用、运营商的网络接入费用、网络设备场地的租赁费用，以及支付给运维团队的费用。这部分成本并不是一次性投资，而是需要项目客户持续投入。
- **优化成本**：优化成本是指在这个新建网络的生命周期之内，需要对网络进行优化的费用，包括对线路进行扩容、对设备进行更新的费用等。当然，这部分成本在新建网络的网络规划阶段较难估算，而会在客户产生相关的优化需求时重新进行立项，因此优化成本在大多数情况下不会在网络规划阶段进行考量。

1.1.4 选择技术方向

在项目背景和项目需求之外，另一项需要在网络规划阶段确定的信息是这个网络的技术方向。不过，这里的技术方向不是指使用哪些具体的技术或者达到某些具体的指标，而是通过与客户沟通，了解客户准备如何建设网络，以及客户希望如何在不同的项目指标之间进行取舍。

在网络规划阶段，工程师应该考虑的技术指标包括但不限于下面几项。

- **功能**：网络项目在立项时，客户方通常都会定义希望实现的功能，并且以这些功能作为项目的目标。如果客户明确提出了网络需要提供的功能，那么这些功能在网络规划中就应该优先予以保障。
- **性能**：除了功能之外，客户在立项时几乎都会确定这个网络的性能指标，性能指标包括网络吞吐量（带宽）、延迟、抖动、丢包率等。
- **可用性**：网络的可用性是指这个网络可以连续、稳定提供连接服务的能力。在医疗、金融等行业，以及一些拥有其他业务诉求的需求方，客户会对网络可用性提出很高的要求。与可用性相关的概念称为网络弹性，这个概念是指当网络遭遇故障或者攻击时，能够自动、快速恢复服务的能力。除了部署冗余之外，提升网络弹性也可以达到提升可用性的目的。
- **扩展性**：网络的扩展性代表了这个网络为未来扩展所预留的空间。这里所说的未来扩展包括站点内部接入设备数量增加、网络承载的业务流量增加、网络需要扩展到其他的分支机构，以及在当前网络基础上扩展其他增值业务等。网络规划时如果不考虑扩展性，那么一旦客户的业务在未来出现扩张，网络就必须进行大范围改造才能满足需求。在规划阶段考虑扩展性则可以在面临这种需求时实现无缝扩展。客户有时并不会在网络规划阶段提出扩展性方面的需求，技术人员有必要在这个阶段就此与客户进行沟通。

- **安全性**：顾名思义，安全性是指这个网络抵抗安全风险的能力。这里的安全风险不仅包括针对网络基础设施和服务器等设备的拒绝服务攻击，导致合法用户无法建立连接这类让网络失能的情况，也包括非授权用户接入网络、用户非法获取网络中的私密信息等并不破坏网络正常运作的情形。
- **可实现性**：在项目规划阶段，针对上面的技术指标，技术人员应该综合评估它们的合理性。所谓可实现性是指根据客户的预算、厂商的报价、不同指标之间的权衡以及当前的技术水平，是否存在实现客户需求的现实可能性。如果存疑，就需要与客户进行沟通，由客户权衡各项指标的优先顺序，做到完全可实现客户基本需求。

为了尽量满足客户对各项技术指标的要求，从而设计出能够满足客户需求的网络，工程师需要在规划阶段尽可能掌握这个网络的流量具备哪些特征，以及如何在流量层面对网络进行优化，并且根据客户对性能提出的要求来确定 QoS 需求。

- **流量特征**：流量特征包括对网络中不同协议、不同应用所产生的流量进行预估或统计，从而大致判断各类流量的时间曲线、总流量的峰谷时段以及峰谷时段的流量值。
- **QoS 需求**：明确 QoS 需求是指针对用户在性能和功能方面提出的技术指标以及网络的流量特征，考虑为满足不同流量的性能需求制定相应的 QoS 指标，并选择对应的 QoS 模型。

在技术方向上，技术人员在规划网络时也要判断这个网络会包含哪些功能模块，以及其中主要功能模块可以采用什么样的分层模型。例如，一个企业网可能会包含园区网模块、数据中心模块、Internet 边缘模块/网络出口模块等。其中，园区网模块可能会采用核心层、分布层和接入层的三层模型，也可能会采用（折叠）核心层和接入层的两层模型；而数据中心模块则有可能会采用二层胖树（Fat-Tree）模型的 Spine-Leaf 架构等。此外，园区网模块中可能还会包含无线接入这个子模块等。网络功能模块和主要模块的分层模型决定了这个网络的拓扑结构，因此这部分内容有必要在最初的网络规划阶段明确下来，这样才能为后续的网络设计工作提供基础和依据。关于如何在网络设计阶段使用规划阶段明确的网络功能模块和分层模型，本章在后面几节的内容中还会深入介绍。

1.1.5　网络规划总结

通过上面的论述，我们可以看出网络规划阶段的主要工作并不是工程师之间的坐而论道，而是通过勘测、调查、询问、沟通的方式明确项目的条件和需求，并且把这些内容汇总成一份可行性报告或者项目需求报告。因此，网络规划阶段的工作流程可以总结为图 1-3 所示的几个阶段。

在图 1-3 所示的流程中，调查是最初的步骤，调查的结果也构成了后续规划工作的基础。调查涉及工程师本人去项目现场确认项目实施的外部条件，包括现场的配套设施等。但调查的最主要方式还是和客户方面的人员进行现场沟通。当然，与客户方面负责提出和/或批准网络项目需求的人员进行沟通尤为重要。另外也常常涉及与客户方面负责网络维护的人员进行沟通，或者与客户网络的用户进行沟通。为了顺利完成所有上述工作，如果条件允许，工程师和客户共同工作一段时间也是网络规划阶段经常采用的一种做法，这样可以帮助工程师收集到最理想的第一手材料。如果条件不允许，在进行现场沟通之后，工程师也可以通过电子邮件、电话的方式与客户方面跟进沟通。社交软件和即时通信软件都不是正式的商务沟通方式，但是在和客户方面的人员熟络之后，也可以作为一种补充的沟通方式。

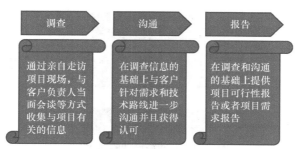

图 1-3　网络规划阶段的工作流程

在调查之后，工程师应该对收集到的信息进行汇总并且初步分析，并且把分析的结果再次和客户进行沟通。所有有志于从事工程技术领域的人员都应该认识到，工程师的工作方式并不是通过分析和计算获得一个正确的结果，而是需要在各个合理的结果之间进行权衡。具体到网络技术领域，性能和成本、安全性和便利性等因素之间往往就需要进行平衡，而工程师应该通过沟通，让客户做出权衡。沟通和调查的差异在于调查的主旨是从客户那里收集信息，而沟通则是把本方分析的结果提供给客户并且与客户讨论，从而了解客户的意见和倾向性，以便得出让客户满意的结果。

项目规划的最后一个阶段是把调查和沟通的结果汇总成一份报告呈现给客户和项目组成员。报告呈现给客户的目的是为了让客户认可这份报告中的内容或者提供修改建议，而客户最终认可的报告即可视为本方团队之后工作的基础、依据、标准和目标。

1.2　网络设计

1.1 节介绍了工程技术人员在网络规划阶段的具体任务。其中，全方位摸清与目标网络有关的信息是网络规划阶段的重要任务。到了网络设计阶段，工程技术人员可以根据自己或者同事在网络规划阶段所掌握的信息，从技术层面对目标网络进行规范化的描述。

为了根据网络规划阶段的信息设计出功能丰富、性能达标、技术可行、结构合理的网络，设计人员不仅需要熟悉网络设备厂商相关产品线的产品规格、特性和性能等参数，以便能够正确地完成设计选型，也需要熟悉与目标网络相关的各类网络技术，以便确保目标网络可以满足客户的需求。这就需要网络设计人员具备一定的项目经验，并且了解主流厂商为主流行业提供的网络解决方案。

与网络规划阶段不同，网络设计阶段的输出成果需要为售后工程师提供可以直接用来指导实施的明确且具体的文档，因此网络设计阶段不仅需要拓扑的规划、设备的类型、运行的协议、启用的特性、配置的参数，而且需要具体实现的命令。在本节中，我们会根据图 1-4 所示的 3 部分来介绍网络设计的内容。

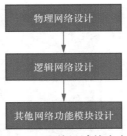

图 1-4　网络设计的内容

具体来说，这 3 部分的设计内容具体如下。

- **物理网络设计**：主要包括设计物理网络拓扑，完成硬件设备和互连链路的选型，也包括对设备基本配置的设计。因为涉及设备的部署和选型，物理网络设计和项目预算紧密相关，也和网络性能相关。逻辑网络设计需要建立在物理网络设计的基础之上，因此物理网络设计是整个网络的物质基础。
- **逻辑网络设计**：逻辑网络设计需要建立在物理网络设计的基础之上。在设计逻辑网络的过程中，技术人员需要从协议分层的角度把整个网络划分为二层网络和三层网络，其中二层网络按照地域范围又分为局域网和广域网的设计，而三层网络的设计则涉及 IP 地址规划和路由协议的设计。另外，企业网络的 Internet 边缘模块/网络出口都会采用一些特别的技术，因此需要作为一个独立的组成部分进行设计。此外，高可用性也是逻辑网络设计中需要考虑的重点内容。
- **其他网络功能模块设计**：除了局域网、广域网和网络出口之外，企业网络中往往也会包含其他独立的功能模块。读者从 1.1 节中的内容知道，这些独立的功能模块在网络规划阶段已经明确，包括但不限于安全模块、无线模块、数据中心模块、网络管理模块等。这些网络子系统都需要进行明确的设计。

显然，这 3 部分的设计工作需要按照图 1-4 所示的先后顺序进行。本章作为概述，为了对知识进行归类，我们首先把物理网络设计和逻辑网络设计部分中都要涉及的网络拓扑设计结合起来介绍，然后分别介绍物理网络设计和逻辑网络设计。网络功能模块设计比较零散，本章会在介绍网络拓扑设计、物理网络设计和逻辑网络设计时提及一部分功能模块（如无线模块），但不会对功能模块的设计单独介绍。不过，本书后面会用独立的章节来对物理网络设计、逻辑网络设计以及很多重要的网络功能模块设计进行专门介绍。

　　我们首先概述网络拓扑设计。

1.2.1　网络拓扑设计

　　所谓网络拓扑，是指由网络节点和连接节点的介质所组成的网络结构。一般来说，网络的基本拓扑结构可以分为全互连拓扑、部分互连拓扑、星型拓扑、环型拓扑、总线型拓扑等，这些拓扑的基本概念如下。

- **全互连拓扑**：指拓扑中任何一个节点均与其他节点直接相连所形成的网络结构，如图 1-5 所示。
- **部分互连拓扑**：指拓扑中存在节点与节点之间不直接相连的网络结构，如图 1-6 所示。

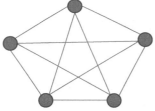　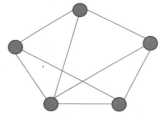

图 1-5　全互连拓扑示意图　　　　图 1-6　部分互连拓扑示意图

- **星型拓扑**：指由中央节点连接分支节点，而分支节点之间并不直接相连的网络结构，如图 1-7 所示。
- **环型拓扑**：指拓扑中各个节点彼此首尾相连所形成的网络结构，如图 1-8 所示。

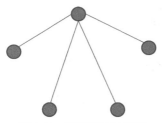　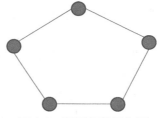

图 1-7　星型拓扑示意图　　　　图 1-8　环型拓扑示意图

- **总线型拓扑**：指拓扑中各个节点均连接到公共介质，而不直接相连所形成的网络结构，如图 1-9 所示。

图 1-9　总线型拓扑示意图

值得一提的是，上面介绍的基本拓扑结构既不是穷举，也不存在互斥关系。读者不难发现，无论是星型拓扑还是环型拓扑，实际上都属于部分互连拓扑。另外，网络的拓扑结构常常和这个网络使用的协议技术之间存在对应关系。关于各种网络的拓扑结构的常用拓扑与场景以及各类拓扑的优缺点，本书在下一章中进行详细介绍，这里仅作概述。在这里需要强调的是，网络拓扑的设计并不需要严格遵循任何一种特定的基本拓扑结构。企业网络的拓扑往往是根据实际设计需要将多种基本拓扑结构结合起来所形成的混合拓扑。虽然不同企业网络的拓扑结构各不相同，但是在设计时，技术人员都遵循下列共同的设计原则。

- **层次化**：层次化的设计方案相比全互连方案可以显著减少网络的成本，相比扁平的设计方案则可以提升网络的可靠性、优化流量转发的路径和降低设备资源的占用。不仅如此，层次化的网络设计方案还可以在网络受到攻击或者发生故障时，把风险隔离在一定的范围内，不至于对整个网络构成影响。因此，层次化的设计方案是当今企业网络设计的基本原则。
- **模块化**：1.1 节曾经提到，网络往往被分为多个不同的功能模块。模块化设计便于网络的管理和扩展。因此，对于任何稍具规模，或者任何对未来网络扩展存在基本预期的网络，都应该遵循模块化的理念进行拓扑设计。
- **可靠性**：在设计企业网络的拓扑时，技术人员应该尽可能规避单点故障，即避免网络中某一个组件发生故障而导致网络发生中断。因此，在进行网络拓扑设计时，通过冗余组件来提升可靠性也是一般性原则。当然，可靠性的提升必然是以增加网络复杂性和建设、维护成本为代价的。
- **安全性**：网络拓扑的设计需要考虑到这个网络的安全性，因此需要把安全策略、安全设备的引入和部署考虑在内。同样，安全性的提升也是有代价的，它同样会提升网络的复杂性和成本。
- **高性能**：网络拓扑的设计不应该让网络中存在显然易见的瓶颈，确保网络发挥尽可能高的性能也是拓扑设计的原则之一。
- **性价比和简化**：前面提到，可靠性和安全性的提升会增加网络的成本和复杂性，因此单方面提升可靠性和安全性并不是网络拓扑的普遍设计原则。真正普遍的设计原则是，技术人员在设计网络拓扑时，应在确保可靠性和安全性保障的前提下，尽可能提升网络的性价比，简化网络的设计方案。

关于层次化和模块化，1.1 节就已经进行过介绍。在大中型企业园区网络中，网络通常分为核心层、汇聚层和接入层 3 个层次。在这 3 个层次中，核心层承担高速数据转发，因此核心层设备采用高性能的模块化交换机。同时，因为核心层设备承担着为整个园区网所有设备提供高速转发的任务，核心层交换机通常不仅会为很多模块装配备用模块，而且会成对部署，以便充分保障核心层的可靠性。汇聚层则负责执行路由汇聚和汇聚来自于接入层的流量，其设备通常是中高性能的三层交换机，它们通常会通过两条上行链路连接一对核心层交换机。接入层的任务就是负责连接终端设备，同时为终端设备提供访问控制。图 1-10 所示为一个典型的核心层、汇聚层和接入层三层园区网络拓扑。

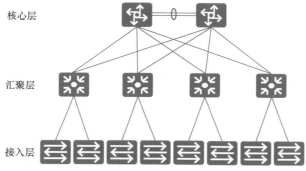

图 1-10 三层园区网设计模型拓扑

　　三层园区网设计模型的扩展性强，可以隔离网络故障，但这种设计模型也有不足。例如，如果图 1-10 最左侧的接入层交换机所连接的终端设备，希望和图中最右侧的接入层交换机所连接的终端设备进行通信，那么这次通信在企业网内部就要经过 6 台设备的转发。如果企业网的流量主要是终端往来于互联网的流量，那么这样的设计模型确实可以满足用户的需求。但是在数据中心网络这样的环境中，由于网络中主要的流量成为网络内部终端之间的流量，因此冗长的转发路径、复杂的转发机制就会给网络的效率带来影响，对网络的资源构成浪费。于是，在数据中心网络等环境中，目前主流采用的是一种称为二层胖树（Fat-Tree）拓扑的模型，这种模型也简称为 Spine-Leaf 模型。其中 Spine 仅连接 Leaf，Leaf 则连接 Spine 和终端，各个 Spine 和各个 Leaf 相连。在这样的拓扑中，Spine 承担高速转发，而 Leaf 承担接入和转发的任务，这种模型如图 1-11 所示。

图 1-11 Spine-Leaf 设计模型拓扑

　　除了层次化之外，当今企业园区网拓扑设计的最大特点就是模块化，也就是把一个企业网络分为多个不同的功能模块。这样也可以提升网络的扩展性，而且让网络更加便于管理。一般来说，一个企业网中除了局域网部分之外，可能还会包含数据中心模块、Internet 边缘/园区出口模块、管理模块等。图 1-12 所示为一个采用了模块化分层模型的园区网拓扑示例。

　　关于网络拓扑设计，本书在第 2 章还会进一步介绍，下面我们开始概述物理网络设计。

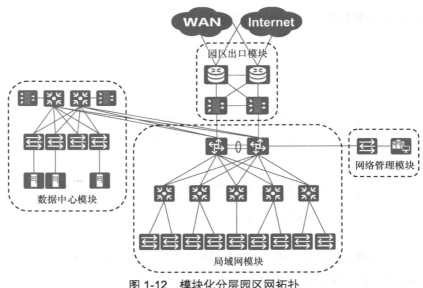

图 1-12   模块化分层园区网拓扑

1.2.2   物理网络设计

物理网络设计包括下列几项重点内容。

■   物理拓扑设计。

■   网络设备选型。

■   链路和端口类型选型。

■   可靠性设计。

下面我们对这几项内容分别说明。

1. 物理拓扑设计

本节前文已经对基本的拓扑类型进行了介绍。具体使用什么样的物理拓扑，网络设计人员需要从下面几个角度考虑。

■   **成本**：链路数量和设备数量的增加都会增加网络的建设和维护成本。对于成本浮动不大的网络项目，在设计网络拓扑的时候，应该考虑增加节点和链路的必要性。

■   **可靠性**：前文提到过，可靠性的提升需要以增加成本作为代价。因此对于成本浮动不大的网络项目，在设计网络拓扑的时候，应该在节点和链路已经满足客户基本需求的情况下，首先针对潜在单点故障会给网络带来重要负面影响的位置，通过增加冗余设备和链路来提升可靠性。

■   **扩展性**：网络拓扑的设计要给未来网络的扩张预留空间。一般来说，在设计网络拓扑时，应该为这个网络预留 5 年的发展空间。

- **场景**：不同场景的网络往往会采用不同的拓扑。例如，前文介绍的三层模型往往用于园区网中的局域网设计部分，而 Spine-Leaf 拓扑则用于数据中心设计。在设计网络拓扑时，要充分考虑每个模块适合采用哪种基本拓扑结构。

2. **网络设备选型**

顾名思义，网络设备选型是指为这个网络拓扑中的设备选择合理的硬件型号。在完成设备选型时，设计人员需要考虑的因素主要包括下面几点。

- **部署的层级**：在前文介绍分层模型时，我们曾经提到不同的层级（核心层、汇聚层和接入层）需要部署不同型号的交换机。实际上，对于哪些型号的设备适用于园区网中的哪个层级，设备的厂商都会通过在线产品说明或者白皮书提供指南。
- **需要的性能**：不同层级部署不同型号的交换机主要出于性能角度的考量。通常来说，高性能交换机都会部署在网络的核心层；中等性能的交换机会部署在网络的汇聚层，而低端交换机则会部署在接入层。再次强调，设备厂商会对自己生产的各型号设备所支持的性能参数提供详细的规格说明。
- **使用的场景**：除了分层之外，不同规模的网络、网络中的不同功能模块所适用的网络设备型号也大相径庭。如果以华为设备为例，那么局域网通常会部署 S 系列的交换机，而数据中心则会部署 CE 系列的交换机等。同样，设备厂商也会对自己生产的各型号设备适用于哪种场景提供明确的推荐方案。

总之，网络设备选型的合理程度取决于设计人员对各类网络解决方案和各厂商产品适用场景与规格参数的熟悉程度。

3. **链路和端口类型选型**

针对目标网络拓扑，设计人员不仅需要选择合理的硬件设备，还需要选择合理的链路介质，也就是选择通过什么样的端口和链路来连接这些设备。在针对链路和端口进行选型时，需要考虑的因素主要包括下面两点。

- **场景**：一般来说，链路所连接的距离不到 100 米时，可以考虑使用双绞线作为传输介质，并且在对应的设备端口上安装电模块；超过这个长度，则应该使用光纤链路，同时在对应的设备端口上安装光模块。
- **成本**：使用光纤作为链路介质的成本高于使用双绞线作为链路介质的成本。因此在使用这两种介质都可以满足客户需求的条件下，成本也可以作为设计的考量因素。

4. **可靠性设计**

关于可靠性设计的话题，我们在前文中介绍设计原则时就曾经多次提到。具体来说，在物理网络的设计层面，可靠性设计主要包括增加冗余的设备和链路来提升物理网络的可靠性。

- **冗余设备**：在介绍核心层的时候，我们强调过核心层交换机通常会为很多重要模块装配备用模块，这里所说的重要模块包括设备的引擎、电源、风扇、接口板等模块化设备的板卡。另外，我们也强调过核心层交换机往往成对部署，这也是通过冗余设备提升物理网络可靠性的常见做法。

■ **冗余链路**：在企业网络设计中，技术人员可以考虑在服务器与 Spine 交换机之间、接入层与汇聚层之间、汇聚层与核心层之间都通过不止一条链路相连，然后再在逻辑层面使用链路捆绑技术或者环路避免技术防止故障的产生。这样做当然也是为了提升网络的可靠性，避免单点故障的发生。

这里还要再次重申，可靠性的提升是以增加网络建设和维护成本作为代价的，因此技术人员在进行可靠性设计的过程中，不能不考虑网络的成本。

截止到这里，我们已经对物理网络设计中的要素进行了简单的介绍，下面我们来介绍逻辑网络的设计要点。

1.2.3 逻辑网络设计

逻辑网络设计的重点在于如何在物理网络和物理拓扑设计的基础上通过策略满足客户的需求，因此逻辑网络设计和网络的功能模块存在紧密的相关性，不同的网络模块需要进行设计的要素截然不同。除了功能模块之外，逻辑网络设计也包含对大量分布在网络当中、需要进行整体规划的策略进行设计，例如 IP 与路由协议、网络可靠性、网络安全等。下面，我们针对园区网中的局域网模块、广域网模块、无线局域网模块和网络出口模块分别介绍设计的要点。然后再对 IP 与路由协议、可靠性和网络安全的设计进行概述。

1. 局域网模块设计

本章前文中曾经提到，大型园区网的局域网部分往往采用核心层、汇聚层和接入层的三层结构，而中型、中小型的局域网则采用核心层和接入层的两层结构，而这些分层的组成设备均为交换机，它们之间采用的连网介质则是双绞线或者光纤。这就是园区网中局域网的物理拓扑结构。

在逻辑网络设计方面，管理员需要在这个基础上设计如何通过 VLAN 来隔离客户的不同部门，然后再通过 VLAN 间路由来实现各个部门之间的三层互访；如何针对不同部门（即不同 VLAN）之间的流量制定限制策略；如何部署 DHCP 来给网络中的设备分配地址；如何部署 STP 来避免网络中出现环路，在部署 MSTP 时将哪些 VLAN 划分为一个实例；哪些链路需要通过 Eth-Trunk 进行捆绑来提供更多的可用带宽、使用手工模式还是 LACP 来捆绑链路等。

2. 广域网模块设计

对于绝大部分企业网项目来说，广域网需要通过互联网服务提供商（ISP，Internet Service Provider）来提供，以便把企业位于各国、省、市的不同站点连接起来。

和其他模块相同，广域网针对不同行业也有如下 4 种不同的解决方案。

■ 一般企业广域互连。
■ 金融行业广域互连。
■ 教育行业广域互连。

- 电力政府广域互连。

互联网服务提供商通常会针对不同行业的机构提供适合的广域网解决方案和报价。此外，在网络设计阶段，技术人员需要针对广域网部分选择适合的技术方案，包括采用专线还是 VPN 技术。

- **专线技术**：专线技术是指通过物理或者逻辑的独占线路为企业传输业务流量。显然，专线技术的业务质量更有保障，但价格也非常昂贵。专线技术包括 SDH/MSTP/WDM 等。
- **VPN 技术**：VPN（虚拟专用网络，Virtual Private Network）是指通过各种封装技术对数据加以区分，然后通过公共网络来传输封装后的数据。通过封装手段，VPN 技术可以保证一些私密性和真实性，但业务质量无从保障，因此 VPN 的费用也比较低廉。

3. 无线局域网模块设计

无线局域网的设计包括针对网络规模选择使用胖 AP（接入点）架构还是瘦 AP 加 AC（无线控制器）的架构；如果使用瘦 AP 加 AC 的架构，那么它们之间是使用二层组网还是使用三层组网；AC 采用直连组网还是旁挂组网；如果采用旁挂组网，那么数据流量采用直接转发还是集中转发等。

为了帮助读者熟悉胖 AP 和瘦 AP 的概念，我们用一句话分别对它们进行解释。胖 AP 是指内置了管理平面的模块，因此用户可以直接连接设备管理平面并对设备发起管理的无线接入点，但功能比较有限；瘦 AP 是指用户需要通过无线控制器对其实施管理的无线接入点，但功能比较丰富。一般来说，胖 AP 适用于规模非常有限的网络，一方面是因为对大规模的无线局域网中的每一台 AP 分别通过各自的管理屏幕逐个实施管理的维护成本和难度太高，另一方面是因为分布式管理的胖 AP 自身在设计上就不会提供适用于大规模网络的丰富功能。相反，瘦 AP 则适用于具备一定规模的网络，因为瘦 AP 的集中式管理模型本身就方便管理员通过连接无线控制器对全网所有接入点实施统一管理。

综上所述，胖 AP 适用于家庭网络、分支机构网络和小型网络。自中小型网络到大型网络的无线局域网环境则基本应该部署瘦 AP 加 AC 的架构。

AC 和 AP 之间采用二层组网还是三层组网同样与网络的规模直接相关。二层组网效率高，部署非常简单，但是在稍具规模的网络中，AC 需要注册处于不同网络中的大量 AP，这时采用二层组网的方式就很难部署 AC。因此，二层组网往往只会用于临时网络或者小型、中小型规模的无线局域网环境。

AC 和 AP 之间的部署还涉及拓扑的选择，即 AC 采用直连组网还是旁挂组网，两者的区别如图 1-13 所示。

如图 1-13 所示，因为直连组网会由 AC 转发往返于各个 AP 的所有流量，所以这种组网便于在 AC 上对流量进行管理，而且组建简单、成本也相对低廉，但是对于 AC 的性能要求很高、扩展性不强，适用于小规模集中部署的无线局域网。右侧的旁挂组网正好相反，这种组网方式胜在扩展性强，对 AC 的要求不高，因此适用于大规模无线局域网的场景。

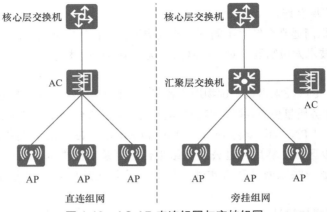

图 1-13 AC-AP 直连组网与旁挂组网

如果使用旁挂组网，那么设计人员还面临一种类似的选择，那就是使用直接转发还是集中转发。所谓直接转发就是 AP 只把管理流量转发给 AC，数据流量则不经过旁挂的 AC 直接发往目的地；集中转发则是让各个 AP 把管理流量和数据流量都转发给 AC，由 AC 代为转发，如图 1-14 所示。

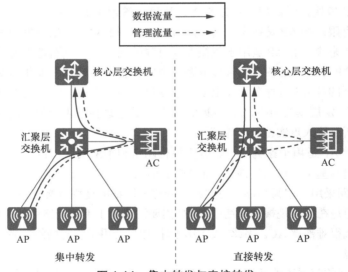

图 1-14 集中转发与直接转发

显然，集中转发在流量路径上与直连组网类似，所以直接转发同样便于在 AC 上对流量进行管理，同时依然存在对 AC 性能要求高、扩展性不强的缺点。直接转发的方式也依旧具有扩展性强、对 AC 的要求不高的特点。

最后，鉴于无线局域网模块最终要接入有线园区网当中，因此在无线局域网模块设计方面，除了在瘦 AP 配合 AC 和胖 AP 两类架构，二层和三层两种组网方式，直连与旁挂两种拓扑结构，以及集中转发和直接转发两类流量转发方式之间进行选择之外，这个模块依然需要进行一些和有限局域网模块类似的设计，例如如何通过 VLAN 来隔离客户的不同部门，然后再通过 VLAN 间路由来实现各个部门之间的三层互访；如何针对不同部门（即不同 VLAN）之间的流量制定限制策略；如何部署 DHCP 来给网络中的设备分配地址等。

4．网络出口模块设计

网络出口模块决定了这个园区网需要如何与互联网服务提供商（ISP）进行连接。总体来说，网络出口模块的设计至少考虑可靠性、技术和流量策略 3 个方面。

在网络出口模块的可靠性设计层面，设计人员需要考虑用一台设备还是多台设备来连接运营商，用一条链路来连接运营商还是用多条链路来连接运营商，以及从一个运营商购买服务还是从多个运营商购买服务。

在技术层面，设计人员需要考虑如何设计和实施网络地址转换（NAT），如何设计园区网内部路由，以及园区网内部去往互联网服务提供商的路由等。

在流量策略层面，网络出口设计主要包括出入向的流量是否优化，针对可靠性设计所采用的流量模式是主备模式还是负载分担模式，如何针对出入园区网的流量执行流量过滤等。

5．IP 和路由协议设计

IP 地址和路由策略的设计应该在网络设计阶段基于物理设计和各个模块的设计结果完成。具体来说，IP 地址的设计应该遵循下列原则。

- **唯一性**：在目标园区网中，IP 地址不能出现重合，包括应用于不同虚拟专用网络（VPN）的地址也不能出现重合。
- **连续性**：为了方便路由汇总，避免因为过度汇总导致路由黑洞，IP 地址的分配应该遵循连续性原则。这一原则尤其适用于网络基础设施之间的互连地址。
- **扩展性**：在划分子网时，要避免"可丁可卯"的地址范围，而要给未来的扩展预留空间。
- **实意性**：即尽可能给 IP 地址赋予一定的含义，以便之后对 IP 地址进行管理。
- **区分类型**：园区网中的地址应该分为用来向基础设施设备发起管理的管理地址、用来让基础设施设备彼此相连的三层互连地址（通常使用/30 子网掩码）和用来分配给终端设备的业务地址，这些地址显然应该属于不同的子网。

在完成了 IP 地址的规划和设计之后，需要对路由策略和协议进行设计。一般来说，采用何种机制路由数据包在很大程度上取决于具体的网络模块。例如，静态路由（包括默认路由）适用于规模很小，可以针对大量目的地采用相同转发路径的环境，因此多用于网络出口模块。在企业园区网内部的三层网络部分实现网络的互通，则通常采用开放式最短路径优先（OSPF）协议。

上述设计原则针对的是新建网络。对于网络改造、扩展类项目，IP 地址和路由协议的选择必须参照当前的生产网络，并在该网络的基础上进行设计。

6．可靠性设计

在物理网络设计方面，可靠性设计的目的是决定是否部署冗余链路、板卡和设备，因此在物理网络设计方面，可靠性的提升需要以成本的提高作为代价。

逻辑网络设计层面的可靠性设计是指在当前物理环境下，如何提升各层级协议的可靠性，通过策略的手段尽可能减少故障发生给网络带来的负面影响。例如，相比通过 STP 打断冗余链路，在两台交换机之间互连的两条平行链路上使用 Eth-Trunk 不仅可以提升链路带宽，而且可以在链路发生故障时迅速实现切换，避免生成树网络的重新收敛，因此也可以提升可靠性。

这里值得一提的是，逻辑层面的可靠性往往涉及网络在故障条件下自愈的能力，能够快速自愈的网络也称为具有弹性（Resilience）的网络。

7. 安全性设计

网络的安全性设计是一个重要、琐碎且复杂的命题。在物理网络设计层面，安全性设计不仅包括对网络机房的安全性保障（例如机房加装监控设备、要求刷脸进入，甚至对设备集中部署的场所安装十字转门以避免尾随等），也包括在网络设计中配备与安全技术相关的设备和板卡。

逻辑网络设计部分的安全性设计则依然强调在当前物理环境中，如何通过策略手段提升网络的安全性，其中包括对终端安全策略、接入安全策略、二层安全策略、三层安全策略、无线安全策略和流量过滤策略进行设计。

在本章的最后，我们还是需要强调一点，那就是网络设计是一项系统工程，也有一个复杂的流程。一般来说，设计人员在接到一个项目，并且通过网络规划阶段摸清了客户需求之后，往往会参考甚至套用客户主要购买网络基础设施产品的厂商针对客户所在行业提供的解决方案，按照本章解释的项目来完成网络设计。不过，本章关于网络设计部分的内容仅仅是网络设计的概述，后面的章节会对上面这些内容展开介绍。

1.3   总结

本章首先对网络规划和网络设计两个阶段的内容进行了区分，并且简要介绍了这两个阶段各自需要完成的任务，然后又分两节对这两个阶段各自的任务重点进行了说明。

1.1 节介绍网络规划阶段中工程师需要执行的任务。在这个阶段，工程师需要首先确定项目背景，包括确定客户机构的构成、明确本方在项目中的职责、确定项目的各个阶段和周期、如何控制外部风险等。另外，工程师还需要明确项目的需求，即客户希望通过这个项目达到怎样的目标，同时需要通过分析、汇总或者根据自己的经验估算这个项目的成本。选择技术方向也是网络规划阶段的重要内容。选择技术方向不是明确项目各个环节的具体技术策略和实施方法，而是理解客户如何权衡不同的技术方法。网络规划阶段始于和客户的沟通与现场调查，最终则应该通过报告的形式把这个阶段的结论明确下来。

1.2 节介绍的则是网络设计阶段的工作。因为网络设计阶段需要进行大量具体的技术设计，所以 1.2 节仅抛砖引玉，从网络拓扑设计、物理网络设计和逻辑网络设计 3 个角度概述了这个阶段的重点任务。在网络拓扑设计阶段，我们介绍了几种基本网络拓扑结构，并且说明了企业园区网的一般设计原则，同时对层次化和模块化的概念进行了简单的扩展。在物理网络设计部分，我们介绍了物理拓扑设计、网络设备选型、链路和端口类型选型的原则，以及可靠性设计的概念，同时再次强调物理网络的可靠性设计会以网络的成本提高作为代价。在逻辑拓扑设计阶段，本节概述了几个主要园区网模块（包括局域网模块、广域网、无线局域网模块、网络出口模块）的重要设计内容，同时介绍了 IP 和路由协议、可靠性，以及安全性的设计原则。

1.4 习题

1. 从一家主流网络设备制造商搜索任一行业的网络解决方案，并尝试讲解该解决方案。
2. 和所在院系网络实验室教师咨询其未来是否有网络改造计划，并尝试拟定网络规划报告。

第 2 章

网络物理拓扑总体设计

本书第 1 章对网络规划和网络设计这两个阶段中技术人员需要从事的工作进行了介绍。针对网络设计阶段，第 1 章把内容分为了网络拓扑设计、物理网络设计和逻辑网络设计 3 个部分。同时在介绍网络拓扑设计时提出了网络拓扑设计应该遵循层次化和模块化的原则，对于中等规模以上的网络来说尤其如此。

本章旨在对 1.2.2 节的内容进行深化，并充分展开这一节的内容，包括深入介绍物理拓扑的概念、解释典型的园区网物理拓扑结构、介绍物理设备和互连介质的选型，以及说明物理网络的可靠性设计原则。此外，本章还会在最后两节分行业介绍网络组网设计及其常见应用场景。

本章重点：

- 物理拓扑的概念；
- 物理拓扑的典型网络拓扑结构及其应用场景；
- 物理设备及互连介质选型；
- 物理网络可靠性设计；
- 模块化及层次化网络组网设计；
- 常见组网设计应用场景。

2.1 物理拓扑概念

在任何规模网络的实施和维护工作中，人们都会接触到很多拓扑架构。根据拓扑架构绘图侧重点的不同，我们可以将其分为物理拓扑、逻辑拓扑、动态路由协议拓扑等。其中物理拓扑是指将网络硬件设备通过线缆物理地连接在一起而形成的布局。在物理拓扑中，一般需要详细记录设备之间连接的线缆类型、端口号等信息。

正如本书第 1 章所述，人们所说的网络拓扑（Network Topology）是指用传输介质（例如双绞线、光纤等）互连各种设备（例如路由器、交换机、服务器等）所呈现的结构化布局。在网络工程领域，网络拓扑图可以描述网络的物理结构或逻辑结构，它是一种非常重要的网络内容，需要进行详细记录。

按照网络拓扑的形态，网络可以分为星型网络、总线型网络、环型网络、树型网络、全互连网络和部分互连网络。大多数拓扑已经在上一章中进行了概述，下面我们在上一章的基础进行一点延伸，介绍每种网络拓扑的优缺点，以及应用场景。

2.1.1　星型网络拓扑

星型网络拓扑是由中央节点，以及通过点到点通信链路连接到中央节点的各个站点组成的，如图 2-1 所示。中央节点负责执行集中式通信控制策略，因此中央节点的工作相当复杂，而各个站点的通信处理负担都很小。这种拓扑结构适用于网吧或院校的机房。

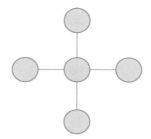

图 2-1　星型网络拓扑

星型网络拓扑结构的扩展性比较强，容易连接、管理和维护，并在同一个网段内可以支撑多种传输介质。强大的中央节点能够确保网络不会轻易瘫痪。由于所有站点都直接连接到中央节点，因此网络延迟时间小，传输误差低；同时在出现故障时，工程师也能够方便地检测和隔离发生了故障的节点。

但星型网络拓扑结构也有其缺点，首先它的安装和维护成本比较高，共享资源的能力较差。其次，一条通信线缆只能供它连接的中央节点和边缘节点使用，导致通信线路的利用率不够高。最后，星型网络拓扑对于中央节点的要求很高，因为一旦中央节点出现故障，整个网络都将瘫痪。

2.1.2　总线型网络拓扑

总线型网络拓扑结构采用一个信道作为公共传输媒体，所有站点都通过相应的硬件接口直接连到这一公共传输媒体上，该公共传输媒体即称为总线，如图 2-2 所示。任何一个站发送的信号都沿着公共传输媒体传播，而且能被所有其他站所接收。总线型网络拓扑适用于主干网络部分，比如银行总行、总公司外传部分。

总线型网络所需要的电缆数量少且线缆长度较短，易于实现和维护。由于结构简单且为无源工作，因此总线具有较高的可靠性，传输速率可达 1Mbit/s～100Mbit/s。与星型网络相同，总线型网络组网和扩展都很方便，易于增加或减少用户终端设备。在总线型网络结构中，多个节点共用一条传输信道，信道利用率较高。

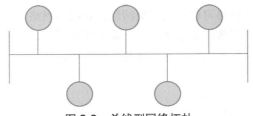

图 2-2 总线型网络拓扑

但是，总线型网络受限于总线的传输距离，其网络的通信范围有所限制。在发生故障时，故障的诊断和隔离都比较困难。另外，分布式协议无法保证信息的即时传送，不具有实时功能。目前，总线型拓扑已经基本被淘汰。

2.1.3　环型网络拓扑

在环型网络拓扑中，各节点通过环路接口连在一条首尾相连的闭合环型通信线路中，环路上任何节点均可以请求发送信息，如图 2-3 所示。环型网络拓扑适用于广域网环、铁路网络、城域网等。

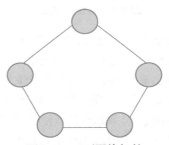

图 2-3 环型网络拓扑

环型网络的优势在于它所需的电缆长度与总线拓扑接近，相比于星型拓扑要短得多。

但是在环型网络拓扑中，增加新的节点相对麻烦，必须先中断已有的环，才能插入新节点以形成新的环。并且与总线拓扑类似，环型网络在出现故障时难以定位，因为缺乏集中控制，因此需要在各个节点上进行故障检测。由于媒体访问控制协议会采用令牌传递的方式进行，拿到令牌的节点才能够进行传输，因此环型网络的信道利用率较低，同时网络中传输的数据需要由中间节点进行转发，既占用了中间节点的处理资源，又对收发双方不够安全。目前，环型网络拓扑在应用中也已基本被淘汰。

2.1.4　树型网络拓扑

树型网络拓扑可以看作由多级的星型拓扑结构组成，只不过这种多级星型结构自上而下呈三角形分布，就像一棵树一样，顶端的枝叶少些，最下面的枝叶最多，如图 2-4 所示。树型网络结构适用于支干线网络段部分，比如分支机构的网络。

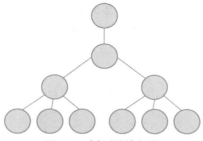

图 2-4 树型网络拓扑

树型网络结构易于扩展，可以轻松延伸出很多分支和子分支，这些新节点和新分支都可以很轻松地加入到网络中。树型网络在发生故障时，也比较容易将故障进行隔离，比如当某个分支上的节点或线路发生了故障，这些故障可以很容易与网络的其他部分隔离开来。

在可靠性方面，树型网络拓扑非常依赖于强大的"根"，如果"根"发生了故障，则会导致全网瘫痪，这一点与星型拓扑类似。

2.1.5 互连网络拓扑

互连网络拓扑又根据节点之间的连接形态分为全互连和部分互连，如图 2-5 所示。它适用于可靠性要求极高的园区网、城域网和广域网。

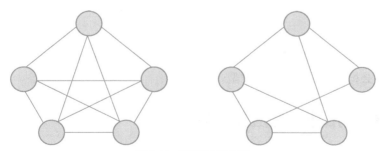

图 2-5 互连网络拓扑

互连网络拓扑在广域网中应用广泛，它的优点是不受瓶颈问题和失效问题的影响。由于节点之间有许多条路径相连，互连网络可以为数据流的传输选择适当的路由，从而绕过失效的部件或过忙的节点。同时，互连网络节点之间的路径较多，因此碰撞和阻塞的情况会随之减少。

不过，互连网络拓扑的网络关系复杂，组网难度大且不易扩展。同时，由于路径较多，网络控制机制复杂，互连网络必须采用路由算法和流量控制机制。

2.1.6　双星型网络拓扑

双星型网络拓扑结构融合了星型网络和互连网络的优点，既降低了链路数量，又能够获得互连结构的路由冗余和备份的优势，如图 2-6 所示。双星型网络适用于园区网，这一点在后一章介绍园区网的局域网模块时读者可以更加清晰地看到。

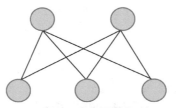

图 2-6　双星型网络拓扑

2.1.7　组合型网络拓扑

在工作中，人们经常会按照实际的业务、可靠性、安全性等需求，将多种网络拓扑形态结合使用，从而形成组合型网络拓扑，如图 2-7 所示。

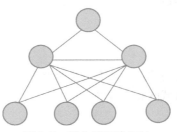

图 2-7　组合型网络拓扑

在理解了各种基本网络拓扑类型的优缺点之后，技术人员可以根据需求有的放矢地选择物理连接类型，不必拘泥于某一种拓扑类型。

2.2　典型网络拓扑结构应用场景

上一节我们提到根据"需求"来选择网络拓扑类型，本节会根据网络的规模（小型网络、中型网络和大型网络）对网络中可能出现的需求进行举例，并针对这些需求选择网络拓扑。

2.2.1　小型网络

小型网络应用于接入用户数量较少的场景，一般支持几个至几十个用户。小型网络覆盖范围也仅限于一个地点，网络结构无须分层，可以采用星型拓扑，如图 2-8 所示。小型网络建设的目的常常就是满足内部资源（打印机、文件）的共享及互联网接入。

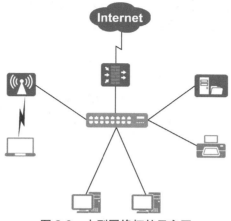

图 2-8 小型网络拓扑示意图

当前，无论在何种规模的网络中，连接互联网的需求和提供 WLAN 接入的需求都很普遍。在小型网络中，也往往需要实现这两个功能。

2.2.2 中型网络

中型网络一般能够支持几百至上千个用户的接入，是日常网络工程项目中碰到较多的类型，一般企业网络基本都可归入中型网络。中型网络设计中引入了按功能进行分区的思想，也就是功能模块化的设计思路，但功能模块相对较少。如图 2-9 所示，中型网络可以采用双星型拓扑。

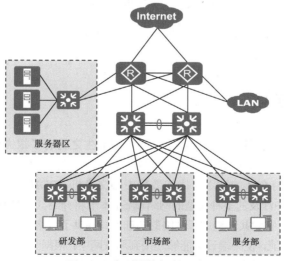

图 2-9 中型网络拓扑示意图

中型网络需要实现的需求因行业而有所不同，相对来说，规模越大的网络对于安全性和链路冗余性的要求也越高，并且实现难度也越大。这种按照功能区进行设计的思路可以将需求进行拆分和实现，并在整体上将各个分区结合在一起。

2.2.3　大型网络

大型网络应用于大型企业，具有覆盖范围广、用户数量庞大、网络需求复杂、功能模块全、网络层次丰富等特点。如图 2-10 所示，大型网络一般会采用混合型拓扑构建。

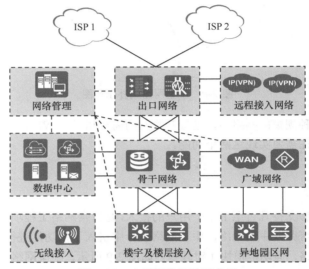

图 2-10　大型网络拓扑示意图

大型网络结构必须采用层次化的设计思想，这是解决网络系统规模所带来的结构和技术复杂性的最有效的方法之一。

2.3　物理设备选型

当前的网络设备经过了多年的发展，已经与网络诞生之初有了很大分别。最初构成网络的一些物理设备已经被淘汰，比如集线器、网桥等。同时随着新技术的出现，业界也推出了一些新型的网络设备，以支持全新的技术，比如数据中心交换机、SDN 交换机等。

针对现代网络部署中涉及的多种类型的网络设备，本节将介绍其中最基本也最重要的网络基础设施：交换机和路由器。它们共同构成了网络的基础，并提供了网络连通性服务。交换机提供了局域（本地）用户的接入功能，使终端设备能够连接到局域网中；根据交换机是否能够支持路由功能，我们可以将其分为二层交换机和三层交换机。路由器作为多协议设备，能够在同一台设备上运行不同的通信协议，因此它不仅在网络中提供了路由功能，还提供了异构网络之间的连接。

2.3.1 交换机

交换机最初是用来将终端设备连接入网络中的网络设备，因此交换机需要提供大量端口，每个端口需要支持高速率，交换机整体需要支持大吞吐量。就物理规格而言，交换机可以分为盒式交换机和框式交换机。盒式交换机通常拥有固定数量的端口，较难在单台设备的硬件层面进行扩展，但通过堆叠技术将多台交换机相互连接，就可以使它们构成一个整体，以此提高扩展性。框式交换机中的一些硬件配置，比如接口板卡、引擎和电源，都可以按照需求进行独立配置，框式交换机的可扩展性也由其所支持的槽位数量来决定。

具体来说，在网络工程中针对交换机进行选型时，主要考虑以下因素。

- **物理规格**：盒式交换机或框式交换机。
- **功能**：二层交换机或三层交换机，以及更多的具体功能，比如 PoE（以太网供电）、IPv6、堆叠等。
- **端口密度**：交换机能够提供的端口数量。对于盒式交换机来说，一个型号的交换机所能提供的端口数量是固定的。对于框式交换机来说，可以根据端口数量需求增加接口板卡，端口密度通常指配置最高密度的接口板卡时每台框式交换机所提供的最大端口数量。
- **端口速率**：通常分为 100Mbit/s、1Gbit/s、10Gbit/s。
- **交换容量**：交换容量的定义与交换机的制式有关。对于总线式交换机来说，交换容量指的是背板总线的带宽；对于交换矩阵式交换机来说，交换容量是指交换矩阵的接口总带宽。交换容量是一个理论计算值，但是它代表了交换机可能达到的最大交换能力。当前交换机的设计保证了该参数不会成为整台交换机的瓶颈。
- **包转发率**：一秒内交换机能够转发的数据包数量。交换机的包转发率一般是实测的结果，代表交换机实际的转发性能。我们知道以太帧的长度是可变的，但是交换机处理每一个以太帧所用的处理能力与以太帧的长度无关。所以，在交换机的接口带宽一定的情况下，以太帧长度越短，交换机需要处理的帧数量就越多，需要耗费的处理能力也越多。

除了上述基本指标，还有大量参数与交换机相关。在工作中，技术人员经常需要根据实际需求在交换机厂商的官方网站上查阅各种参数。本节将介绍华为盒式交换机和框式交换机的型号及其基本指标。表 2-1 列举了华为盒式交换机的型号及其基本指标。

表 2-1 华为盒式交换机的型号及其基本指标

型号	功能	端口
2700	二层百兆以太交换机	8/16/24/48 个 10/100M 自适应接入端口；1~4 个千兆上连端口
3700	三层百兆以太交换机	24/48 个 10/100M 自适应接入端口；2 个千兆上连端口
5700	三层千兆以太交换机	24/48 个 10/100/1000M 自适应接入端口；2 个千兆或万兆上连端口
6700	三层万兆以太交换机	24/48 个万兆 SFP+光端口

表 2-2 列举了华为框式交换机的型号及其基本指标。

表 2-2 华为框式交换机的型号及其基本指标

型号	接口卡插槽	接口	功能
7700	3 个型号分别提供 3/6/12 个接口卡插槽	100M/1G/10G/40G 接口卡，单一机框最多支持 480 个万兆接口	可提供 MPLS VPN、业务流分析、QoS、组播等特性
9700	3 个型号分别提供 3/6/12 个接口卡插槽	单一机框最多支持 576 个万兆接口，96 个 40G 接口	可提供防火墙、入侵检测、无线控制等模块，支持 CSS 集群技术
12700	3 个型号分别提供 4/8/12 个接口卡插槽	单一机框最多支持 576 个万兆接口，96 个 40G 接口	可支持 TRILL、FCoE（DCB）、EVN、nCenter、EVB、SPB、VXLAN 等数据中心特性

2.3.2 路由器

路由器作为连接异构网络的中间设备，通常需要具备不同类型的接口，比如以太网、E1/CE1、3G/LTE 等。同时，与交换机类似，路由器作为网络的出口或核心，通常也需要具备高速转发能力。

具体来说，在网络工程中针对路由器进行选型时，需要主要考虑以下因素。

- **物理规格**：分为盒式路由器、框式路由器或集群路由器。在单机容量到达技术极限、网络结构越趋复杂的情况下，集群路由器应运而生，也被称为路由器矩阵或多机框互连。
- **功能**：目前在低端路由器上通常集成了多种功能，比如网络安全和语音功能。这些功能都是基于软件实现的，适用于小型网络。如果需要在大规模高性能环境中使用这些功能，推荐使用专用的设备。
- **端口类型**：路由器最基本的一项功能是在不同类型的链路上承载 IP 流量，因此，路由器需要支持相应的链路类型。当前华为路由器能够支持以太网、POS/CPOS、EPON/GPON、同异步串口、E1/CE1、3G/LTE 等接口类型。
- **端口密度**：指路由器能够提供的端口数量。当路由器被用来接入大量线路时，高速端口及其密度是路由器选型时的重要参考。当前的高速端口类型并不多，大多数以以太网为主，少部分提供 POS 接口。
- **性能**：与交换机类似，路由器的性能也以交换容量和转发性能进行标识。

除了上述基本指标，还有大量参数与路由器相关，在工作中需要根据实际需求在路由器厂商的官方网站上进行查阅。本节将介绍华为路由器及其基本指标。表 2-3 列举了部分华为 AR 系列路由器的型号及其基本指标。

表 2-3 华为 AR 系列路由器的型号及其基本指标

型号	转发性能	功能
AR1200	2Mpps（数据包/秒）	无线局域网（AC）、VPN、安全性、QoS、可靠性、管理维护
AR2200	2～25Mpps（数据包/秒）	无线局域网（AC）、3G 功能、LTE 功能、局域网功能、IPv6 功能、MPLS、VPN、QoS、安全、可靠性、管理维护
AR3200	10～40Mpps（数据包/秒）	语音功能、无线局域网（AC）、3G 功能、LTE 功能、局域网功能、IPv6 功能、MPLS、VPN、QoS、安全、可靠性、管理维护

表 2-4 列举了部分华为 NE 系列集群路由器的型号及其基本指标。

表 2-4 华为 NE 系列集群路由器的型号及其基本指标

型号	转发性能	特点
NE20E-S	120～24000Mpps（数据包/秒）	NE20E-S 系列综合业务承载路由器适用于企业中各种类型和规模的网络。它是面向各行业用户推出的高端网络产品，主要应用在 IP 骨干网汇聚、中小企业网核心、园区网边缘、中小校园网接入等
NE40E	9 000～76800Mpps（数据包/秒）	NE40E 高端全业务路由器主要应用在企业广域网核心节点、大型企业接入节点、园区互连、汇聚节点以及其他各种大型 IDC 网络的边缘位置，与 NE5000E 骨干路由器、NE20E 汇聚路由器产品配合组网，形成结构完整、层次清晰的 IP 网络解决方案
NE5000E	48 000～384000Mpps（数据包/秒）	NE5000E 核心路由器是面向企业骨干网、城域网核心节点、数据中心互连节点和国际网关等推出的核心路由器产品

NE 系列路由器除了上述 3 个系列，还有其他系列，比如 NE08E/ NE05E 中端业务路由器。对此感兴趣的读者可以在华为官网查询路由器技术手册。

2.4 互连介质选型

在我们使用交换机和路由器组成网络时，需要使用线缆将网络设备相互连接在一起。上一节在介绍路由器时我们提到过接口类型，不同类型的接口需要搭配使用不同类型的线缆，本节将介绍网络中常见的线缆（介质）类型。

2.4.1 双绞线

首先，在以太网环境中最常见的是双绞线，也就是俗称的网线。双绞线分为屏蔽双绞线

（Shielded Twisted Pair，STP）与非屏蔽双绞线（Unshielded Twisted Pair，UTP）。根据线路的传输频率、带宽和串扰比等电气特性，双绞线又可分为当前常见的五类（CAT5）、超五类（CAT5e）、六类（CAT6）。其中五类线用于快速以太网，最高传输速率为 100 Mbit/s，超五类和六类线用于千兆以太网，最高传输速率为 1Gbit/s。七类双绞线最高传输速率为 10Gbit/s，但这个速率大多数情况下会使用光纤传输，因此七类双绞线的应用很少。双绞线如图 2-11 所示。

图 2-11　双绞线

一条双绞线中共有 8 根铜导线，两两一组，分为 4 组。通常在高于 100 Mbit/s 速率的环境中会同时使用到 8 根铜导线，100Mbit/s 速率以下会使用到 4 根线。这 8 根铜导线会以不同颜色标识，并按照线序分为 T568A 和 T568B 标准。早年间，网络设备的网卡无法识别网线的线序，因此在连接不同设备时，我们需要通过手动调整网线的线序来正确地连接设备。双绞线的类型可以分为平行线和交叉线。

- **平行线**：线缆两端的水晶头都以 T568A 的标准制作，这种线缆用于不同类别设备之间的连接，比如交换机连接计算机、路由器连接交换机等。
- **交叉线**：线缆一段的水晶头以 T568A 的标准制作，另一端以 T568B 的标准制作，这种线缆用于同类设备之间的连接，比如交换机连接交换机。

由于当前的网络设备网卡都具备自适应能力，因此便普遍采用 T568B 的标准来制作双绞线。表 2-5 展示了 T568B 标准的线序，在观察线序时，需要将能看到水晶头针脚的一面（另一面可看到卡扣）面向自己，并按照从左到右的顺序进行梳理。

表 2-5　T568B 标准的线序

线序	颜色
1	白橙
2	橙
3	白绿
4	蓝
5	白蓝
6	绿
7	白棕
8	棕

2.4.2 光纤

在 10Gbit/s 速率的环境中，光纤是最为常用的线缆类型。光纤是光导纤维的简称，材质一般分为玻璃或塑料，通过光的全反射原理实现信息传输。光纤可以分为单模光纤和多模光纤。单模光纤的传输距离为 2～70 千米，多模光纤的传输距离一般在 500 米以下。图 2-12 展示了光纤的外观。

图 2-12 光纤

在使用光纤时，网络设备上需要配备光模块。图 2-13 展示了光模块的外观。

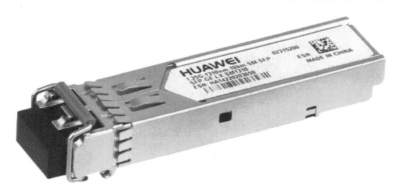

图 2-13 光模块

2.4.3 电话线

电话线由两根铜导线构成。20 世纪 90 年代，人们上网的方式是 ADSL 拨号，也就是通过电话线路实现互联网连接。这种上网方式仅支持 56kbit/s 的速率，并且拨号连接成功后，电话线路会被上网流量占用，因此电话就不能使用了。随着技术的发展，现在人们已经不再使用电话线来传输数据了，但有很多技术通过电话线来承载数据信号，比如同异步串行技术、DSL 技术等。

如果观察电话线水晶头（RJ11）的话，会发现电话线中有 4 条铜导线，一般模拟电话信号只使用其中的两根，数字电话信号会使用四根。图 2-14 展示了电话线水晶头的外观。

图 2-14　电话线水晶头

2.4.4　同轴电缆

同轴电缆最初是为了传输视频信号，后来为了承载数字信号也发展出了 Cable Modem 等承载技术，但随后在以太网领域被双绞线和光纤取代。同轴电缆一般由 4 层材料包裹而成，最内侧是一条铜导线，铜导线外面有一层用作绝缘体的塑胶，绝缘体外面有一层铜或合金构成的网状导电体，最外层是绝缘体做成的外皮。图 2-15 展示了同轴电缆的外观。

图 2-15　同轴电缆

2.4.5　无线

无线通信是当前发展最为迅猛的技术，从 WLAN 到 LTE，都得到了广泛的应用。无线技术增强了人们的移动性，在距离无线路由器较远的地方也可以连接到网络中。当前 Wi-Fi 技术使用最广泛的两个工作频段是 5GHz 和 24 GHz。频率越高，每秒发送的数据量就越大。因此 5GHz

适用于在两台设备之间发送大量数据。2.4GHz 波长较长，信号损耗较小，因此穿透力较强，覆盖范围比较大。在第 6 章中我们将会详细介绍无线局域网的规划设计。

2.4.6　介质选型

整体而言，在实际网络工程项目中，网络线路、视频线路、电话线路等均称为弱电。园区网大楼内部的弱电设计一般会采用结构化综合布线。结构化布线系统包括在楼宇中安置的所有电缆及其配件，但不包括交换机和路由设备。我们需要从整体上对综合布线进行设计，目标是满足网络的高速传输需求。

综合布线系统一般可以分为工作区子系统（用户端子）、水平子系统和垂直（主干）子系统。其中工作区子系统是由用户信息点插座以及连接终端设备的线缆和适配器构成，是连接用户终端设备的最后一段线路和组件。水平子系统是由楼层配线间到工作区用户信息点插座之间的水平电缆、配线设备等构成。在综合布线系统的部署中，水平子系统工作负载最大，但在建筑施工完成后不会轻易变更。垂直子系统是由主设备间与各楼层配线间之间连接的线缆构成的，主要是为了将各层配线架与主配线架相连。

除此之外，综合布线系统还包括设备间（机房）子系统、管理间（配线）子系统和建筑群（户外）子系统。设备间子系统用来连接公共设备，比如监控摄像头、语音和视频系统等。管理间子系统用来汇聚水平子系统的电缆和垂直子系统的电缆，由楼宇主配线架、楼层分配线架、条线、转换插座等部件构成。建筑群子系统存在于一个园区之中，由楼宇之间的各类电缆构成。

在设计并实施综合布线时需要遵守国际技术标准与规范，以及国家、行业及地方标准与规范。总体来说，在设计综合布线系统时，我们需要针对以下几个方面进行考量：可靠性、实用性、灵活性、模块化、可扩展性、标准化。

了解了园区中的综合布线系统后，下面我们对一个数据中心机房进行深入一点的说明。在机房中，布线结构通常分为 ToR（Top of Rack）和 EoR（End of Row）。ToR 是指在每个机柜的顶部安装交换机，用来将这个机柜中的服务器等设备通过光纤或网线连接到网络中，同时这台安装在机柜顶部的交换机会上连到汇聚层交换机。这种情况适用于设备较多或单机柜设备密度较高的环境。这种分布式的接入方式减少了服务器机柜与网络机柜之间的连接，使得连接的管理和维护变得简单，但同时将交换机分散在多个机柜中，不利于交换机的集中维护和管理。EoR 是指在每排机柜末端的一个或两个机柜中集中部署交换机，用来将这一排机柜中的服务器等设备连接到网络中。在采用 EoR 连接方式的环境中，大量来自不同服务器机柜的线缆会同时连接到网络机柜中，连接管理的难度较大，但可以对交换机进行集中维护和管理。随着数据中心服务器密度的提升，ToR 结构逐渐变得流行起来。

无论是在数据中心机房中，还是在楼层交换间，在面对众多设备时，为了能够快速且准确地定位具体设备，人们都需要为设备进行标识。一般这种标识可以包含设备的逻辑名称和物理标签。逻辑名称一般是由管理员在设备上配置的主机名，物理标签一般是贴在设备上的一张"便签"，上面记录了设备的一些信息，比如主机名、所属部门等。设备的标识方法并没有一定之规，但通常在一个企业内部，会根据企业网络的特点使用同一种标识方法。

除了设备需要标识之外，数量远远高于设备的各类线路更需要进行合理的标识。一般来说，我们会在各种线缆的两端粘贴标签，来标记这条线缆两端连接的设备及其接口。同样，在一个企业内部，建议使用相同的格式和信息进行标识。图 2-16 展示了线路标签的外观。

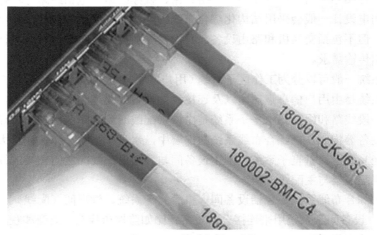

图 2-16　线路标签示例

2.5　物理网络可靠性设计

物理网络的可靠性设计可以从下列几个角度进行考量。

2.5.1　拓扑可靠性

拓扑可靠性通过 2.1 节介绍的多种拓扑进行网络设计。在结合成本的前提下，尽量做到冗余部署。也就是说使用多台设备承担相同工作，并且在它们之间使用多链路进行互连。在拓扑选型方面，读者可能已经意识到总线型拓扑和星型拓扑的缺陷：总线型拓扑中每台设备都是"单点故障"点，也就是说一台设备出现了连通性问题，就会割裂网络，使网络分成两部分，彼此之间无法进行通信；星型拓扑则严重依赖于中心点设备来连通整个网络，它自身就是"单点故障"点。要想做到拓扑可靠，在重要的位置消除这种"单点故障"点至关重要——比如在核心层和汇聚层使用双星型拓扑或部分互连拓扑。互连拓扑的设备成本（为了实现全互连，每台设备上需要更多的端口，而为了支持多端口同时进行传输，设备还需要拥有更高的背板带宽）和布线成本较高。为了平衡成本和可靠性，我们可以考虑在网络核心部分或者关键业务区域使用互连拓扑，并最终使整个网络呈现混合型拓扑的样貌。

2.5.2　网络设备可靠性

在考虑到设备及其互连链路的冗余部署后，设备自身的可靠性就显得尤为重要了——尤其是核心设备，因为这类设备通常会位于网络的核心位置并承载较重的工作负载，一旦设备出现故障，很难短时间内进行修复或替换。因此，我们需要做的就是在出现故障时，尽可能争取到更多的修复时间。我们可以从以下两个方面进行选择：一个是为核心层选择高端设备。因为网络核心是所有流量的汇聚点，工作负载较重，高端设备拥有更高的性能，使设备能够在处理时游刃有余。

下面以华为 CloudEngine S12700E-8 为例具体说明在高端设备上能够添加的可靠性选项。图 2-17 中的编号 1 所示为双主控板部署（控制板是设备的主要控制中心，整个设备要做什么都需要控制板给出一个详细的操作信息）。在部署了双主控板的设备中，当一个控制板发生了故障，人们可以在不影响业务的情况下从容更换故障控制板。如果设备只有一个控制板，一旦控制板发生故障，很难不影响业务的运行，因此在核心层最好规避这个单点故障点。此外，编号 5 所示的多电源模块部署也值得注意。在设计设备所需电源数量时，需要考虑到设备的工作负载和用电量，在此基础上进行冗余部署。

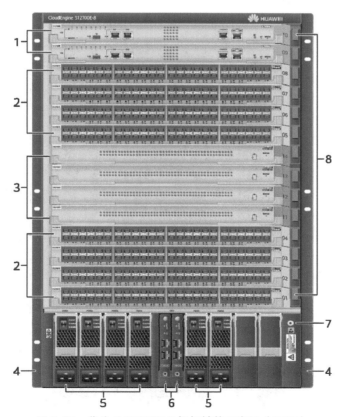

图 2-17　华为 S12700E-8 机框结构示意图（正面）

图 2-17 中的编号分别指代以下模块。

1．2 块主控板。

2．8 块业务板，支持千兆接口板、千兆/万兆混合速率接口板、万兆接口板、25GE 接口板、40GE/100GE 混合速率接口板、100GE 接口板。

3．4 块交换网板。

4．一对挂耳，用来固定交换机。

5．6 个电源模块。

6．2 块监控板。

7．机框正面的 ESD（静电放电，Electro Static Discharge）插孔，用来实现防静电手环的接地。

8．分线齿，用来分隔各个单板槽位中的线缆，辅助布线。

下面通过华为 CloudEngine S12700E-8 的背面来解释另一个非常重要的网络设备可靠性选项——多风扇模块部署，详见图 2-18（编号 1）。高端设备会有专用的风扇模块为设备提供散热服务，与电源模块类似，人们可以根据设备所处环境（温度、湿度等）和设备上安装的其他模块及其负载，来设计风扇模块的部署。

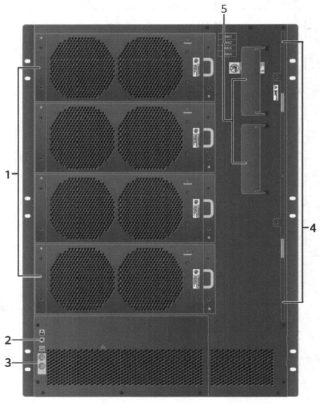

图 2-18   华为 S12700E-8 机框结构示意图（背面）

图 2-18 中的编号分别指代以下模块。

1．4 个风扇模块。

2．机框背面的 ESD 插孔，用来实现防静电手环的接地。

3．一个接地端子，通过接地电缆将网络设备接地。

4．防尘网，用来阻挡空气中的灰尘等杂物进入设备内部。

5．一对抬手，可以将抬手安装在机框侧面来搬动机框。

2.5.3　互连介质可靠性

除了高性能的网络设备之外，网络设备之间的电缆也是构成网络的重要基础设施之一。网络规模越大，电缆数量就越庞大，并且有些电缆的更换比较复杂，比如水平布线系统中从楼层设备间连接到办公室工位墙点（信息点）的电缆。

在选择双绞线时，应该尽量选择高品质的成品线缆，这些成品线缆在制作时会严格遵循标准并且经过严格测试。在不可避免地需要自己制作双绞线的情况下，应当选用高品质的水晶头，并且要在使用前进行测试。

在选择光纤时，也应该选择高品质的光纤，并且在实施的过程中不要过度弯折光纤电缆。对于暂时不使用的备件需要做好防尘处理。

2.5.4　机房可靠性

机房是集中部署众多网络设备的房间。首先，在机房场地的设计中，我们需要选择位置安全、远离磁场、远离潮湿、灰尘度低的位置，此外最好选择低楼层，且靠近电梯或楼梯口的位置。

机房通常是一个"恒温"的房间，我们需要随时监测它的温度和湿度。根据国标 GB 2887—89 标准，A 级机房的环境温度要求为 22±2℃，环境湿度要求为 45%～65%；B 级机房的环境温度要求为 15℃～30℃，环境湿度要求为 40%～70%；C 级机房的环境温度要求为 10℃～35℃，环境湿度要求为 30%～80%。一般通信机房都应该达到 A 级标准。

其次，机房的供电模块必须满足机房内所有设备的整体耗电量，并且提供不间断电源（UPS，Uninterruptible Power Supply）。

最后，机房的访问安全也不容忽视。通常我们需要对进入机房这个行为进行分级定义，比如日常的设备巡检和环境检查只需要登记，但不允许工程师携带电子设备入场；如需对机房内的设备进行操作，工程师需要提前进行申报和审批，并且机房管理人员需要对工程师带入和带出机房的电子设备进行检查。

2.6　网络组网设计

本章的前半部分内容专注于物理网络的各个组成部分（网络设备、连接电缆等），从本节开始我们会将其聚合在一起进行整体考量，讨论物理网络组网设计的一些基本思路和适用场景。

当针对一个园区网进行物理网络的组网设计时，我们需要考虑很多基础信息，比如这个网络的规模、网络所要实现和提供的功能、网络所有者（机构）的行业特点等。整体而言，我们可以将两种设计思路并行，并根据机构的具体情况进行细节设计，这两种设计思路就是模块化组网和层次化组网。接下来我们会介绍这两种组网设计思路的具体内容，以及它们的优势。

2.6.1 模块化组网

模块化组网是指将一个大型的企业网按照不同功能分为不同的模块。这里所说的"模块"是指"子网络区域"或者"功能区域"，如图 2-19 所示。

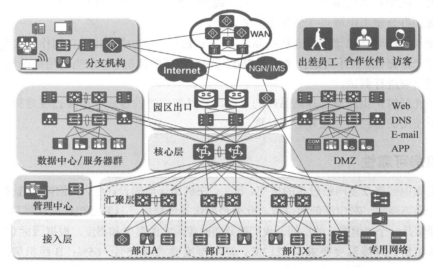

图 2-19 模块化组网示意图

从图 2-19 中可以看出，这个企业网络被分为了多个模块，每个模块中的流量都具有类似的访问方式、业务模型、需求等特点，因此人们可以清晰地根据不同模块的具体需求进行具有针对性的设计，其中几个重要模块的简介如下。

- **总部**：图 2-19 中间部分详细描绘了总部的组成部分，包括接入层、汇聚层、核心层、园区出口，以及各类外部连接。一个企业的总部通常规模最大，并且连接了所有其他与企业相关的内部或外部网络。
- **分支机构**：分支机构原本是指在总部之外设立的非法人组织，比如分公司、分行、办事处等。在网络规划设计中，我们将它们的网络统称为分支机构网络，简称分支机构。分支机构通常可以被看作一个完整的企业网络，它会部署自己的防火墙和安全策略，也可以有自己的互联网出口。

- **移动用户**：移动用户包括图 2-19 中所示的出差员工、合作伙伴、访客。这个模块中的用户会通过互联网连接到总部中，并且他们的连接是按需的，无须建立永久连接。因此企业通常会为这部分用户提供 VPN 访问。
- **数据中心/服务器群**：当企业需要为外部提供服务，或企业中有大量数据需要处理时，会单独建立数据中心。数据中心的网络结构与企业总部和分支机构的设计思路不同，因为它们的需求不同。后文中会针对数据中心的需求进行数据中心网络设计介绍。
- **DMZ**：DMZ（Demilitarized Zone，非军事区）来自军事用语，在网络行业中，这个区域也被称为对外网络。顾名思义，这个模块介于不受信任的外部网络和可信任的内部网络之间，能够设置用于对外提供服务的服务器。
- **管理中心**：这是指企业网络自身的管理系统。通常为了提高安全性，企业会希望使用带外管理方式，即管理流量与业务流量相分离，使用专用的管理端口和线路实现网络的管理。在这个模块中，除了汇聚大量管理线路之外，一般还会部署日志服务器、管理平台等系统。

模块化组网可以有效地将一个大网分隔为多个子网，每个子网都可以实现单独的部署和维护，使企业网络形成一个松耦合的关系。这样做既有其必要性，也有一些好处。

首先，上文提到过，数据中心网络结构与企业网络结构有所不同，企业网络通常会采用三层分层模型，数据中心网络则会采用 Spine-Leaf（主干-枝叶）双层结构。采用哪种结构设计是由它们的流量特点决定的。这一点在第 1 章曾提及，后文还会对此进一步介绍。

其次，企业内网、DMZ，以及园区出口是需要分离的 3 个模块，这主要考虑到了安全性。企业内网具有的安全性最高，园区出口具有最低的安全性，DMZ 区域居中。因此我们需要针对园区出口以及 DMZ 设置相应的安全管理措施，来保护企业内网。

最后，将每个分支机构作为单独的子网络进行设计和构建有助于企业网络的扩展和维护。在企业的发展过程中，随着企业及其业务的扩张，可以逐步添加分支机构，并且分支机构自身的扩展不会影响到总部的网络结构。

由模块化组网带来的好处包括：每个模块相对独立，针对一个模块进行网络改造或升级不会对其他模块产生影响；便于扩容，可以轻松地增加模块，而不会带来整体网络的改变；便于管理，不同的模块需要不同的安全策略和流量策略，将其汇总在一起会导致管理上的混乱。

2.6.2 层次化组网——三层结构

企业网络的三层结构模型为接入层、汇聚层和核心层，详见图 2-20。三层结构模型可以帮助工程师设计、实施和维护一个具有可扩展性、稳定且高效的网络。三层结构中的每一层都有自己的特性和功能，极大程度上降低了网络复杂性。三层网络被广泛应用于园区网和广域网中。

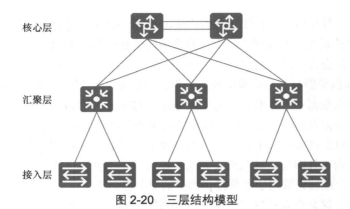

核心层

汇聚层

接入层

图 2-20　三层结构模型

三层结构从下至上分别是接入层、汇聚层和核心层。

- **接入层**：接入层会向本地网段提供终端接入，并控制用户和其他终端设备对网络资源的访问。接入层的特点是端口密集且带宽充足，通常由二层交换机和无线接入点构成，用户设备通过这里连接到网络中。接入层负责一些用户管理功能，比如认证、授权和审计，同时我们还可以在这里收集用户信息，比如 IP 地址、MAC 地址、上线和离线时间等。
- **汇聚层**：汇聚层是接入层与核心层之间的互通点。它的主要功能是提供路由和过滤，并确定数据包如何访问核心层。汇聚层会处理来自接入层设备的所有通信量，同时为其提供去往核心层的上行链路。与接入层设备相比，汇聚层设备需要更少的端口数量和更高的交换速率。这一层通常由路由器和三层交换机构成，以达到网络隔离和分段的目的。
- **核心层**：这是网络的高速交换主干，提供高速转发通信。核心层会与汇聚层之间进行交互，负责快速传输大量数据流量。核心层设备需要具备良好的冗余性、容错性、可管理性、适应性，通常由高速网络设备组成，比如具有冗余链路的高端路由器和交换机。

通过使用上述三层结构模型，可以使每一层的设备专注于提供该层所需的功能，这种做法能够带来以下好处。首先，这种设计能够合理分配成本，比如高端交换机上的接口卡价格较高，我们可以在需要大接口密度的接入层使用经济实用的二层交换机，在合适的位置部署合适的设备，无须为不必要的特性花费更多资金。其次，这种设计将网络进行了简化且便于理解，每层之间的交界比较清晰，在出现故障时易于进行故障隔离。最后，网络的可扩展性得到了增强，我们对网络中一个元素进行的升级或更改可以被控制在一个子集中，对网络的整体影响较小。

2.6.3　层次化组网——二层结构

前文提到过，广域网、数据中心网络等环境的流量特点和需求与企业网不同，因此这些网络并不适用三层结构，而是使用二层结构。

在企业网络中，大多数流量都是从用户终端设备去往分支机构、数据中心或互联网，如图

2-21 所示。这种流量模型也称为南北向流量。以去往分支机构的流量为例,它的流量路径是终端设备→接入层→汇聚层→核心层→分支机构。这种流量模型能够很好地适应三层网络结构。

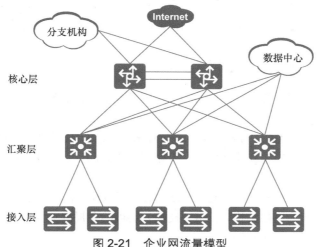

图 2-21 企业网流量模型

在数据中心,南北向流量指的是进入和离开数据中心的流量。而数据中心中绝大多数的流量是服务器与服务器之间交互的流量,也称为东西向流量。如果我们在数据中心仍使用三层网络结构,服务器之间的流量路径会变为服务器 1→接入层→汇聚层→核心层→汇聚层→接入层→服务器 2。这种流量模型显然更适合一种"扁平"的网络结构,因此我们在数据中心往往使用二层机构,或者也称为 Spine-Leaf(主干-枝叶)结构,如图 2-22 所示。

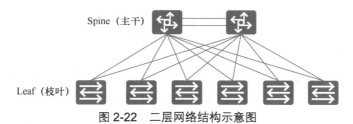

图 2-22 二层网络结构示意图

在选择网络结构模型时需要根据企业网络的需求进行,比如对小型企业而言,可以使用二层模型来降低网络复杂性并控制成本。下一节我们将会展示一些常见的组网设计应用场景。

2.7 常见组网设计应用场景

在这一节中,我们将会对二层网络结构和三层网络结构进一步展示和解析,使读者理解在选择网络结构模型并进行设计时,应该考虑业务特点和实际需求,并在架构建议的基础上进行有针对性的优化。

本节将会展示二层网络结构在数据中心的应用，以及在企业网中的应用。对于三层网络结构，本节会根据行业的不同，为读者展示 5 个行业（一般企业、教育、金融、铁路、电力）的组网示例，并介绍每个行业的特点，以及如何在网络设计中考虑到行业特点。

2.7.1   二层结构——数据中心网络

上一节介绍过在数据中心使用二层结构的原因，本小节将从整体上对数据中心网络的结构设计进行说明。

数据中心网络也称为 DCN（Data Center Network），它是承载数据中心业务的基础设施。数据中心一般都会与企业总部建立连接，但多个数据中心之间也可以相互建立连接，甚至使数据中心直接连接互联网或广域网。

随着虚拟化的普及和云计算的兴起，数据中心的流量模型已转向东西向流量。如图 2-23 所示，数据中心一般构建为二层结构，Leaf（枝叶）层可能会根据业务和功能的不同被分为不同模块，但它们有着同一个 Spine（主干）。

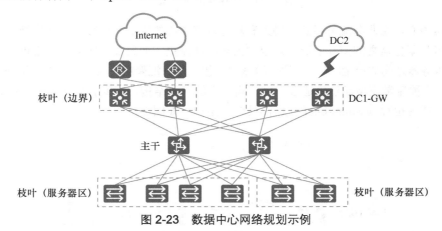

图 2-23   数据中心网络规划示例

在 Spine-Leaf 架构中，Spine 交换机和 Leaf 交换机的作用分别如下。

- **Spine 交换机**：类似于三层结构中的核心层交换机。与核心层交换机所不同的是，Spine 交换机的作用是为 Leaf 交换机提供一个具有弹性的三层路由网络。
- **Leaf 交换机**：类似于三层结构中的接入层交换机。与接入层交换机相同的是，Leaf 交换机负责将服务器连接到网络中，区别在于此时二层和三层的分界点位于 Leaf 交换机上。Leaf 交换机参与三层路由。

传统的三层网络结构是垂直结构，Spine-Leaf 架构是扁平结构。对于数据中心业务来说，扁平结构的网络也更易于扩展。

2.7.2　二层结构——企业城域网

城域网（MAN，Metropolitan Area Network）是一种计算机网络，它将一个城域大小的地理范围内的终端相互连接。企业城域网是指在一个大型企业中，将所有企业资源连接在一起并实现高速访问的网络。它既提供企业总部与其分支机构、数据中心及其他部分的连接，也提供互联网连接，其结构如图 2-24 所示。

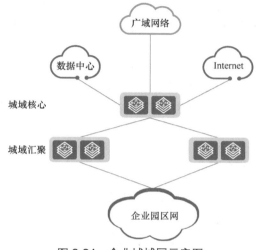

图 2-24　企业城域网示意图

根据企业规模，企业城域网可以采用二层结构和三层结构，并以光纤作为传输媒介，满足企业对高速率、高质量的数据通信业务需求，提供数据、语音、视频的传输服务。对于拥有众多分支机构的大型企业，甚至跨国企业来说，城域网能够为其提供高效且安全的网络环境。

2.7.3　三层结构——企业园区网

正如本章前文提到的，中大型企业网络一般采用三层结构设计：核心层、汇聚层和接入层。图 2-19 正是企业园区网的示例，结合模块化设计理念，大型园区网可以规划出以下模块。

- **出口区**：是企业内网与外部网络的边界，用来实现内部终端对公网的访问，以及移动用户对企业内网的访问（通过 VPN）。
- **核心层**：是企业园区网的数据交换核心，负责园区网各组成模块之间的路由和数据传输。
- **汇聚层**：主要为终端之间的"横向"流量执行转发，同时负责转发终端与核心层之间的"纵向"流量。
- **接入层**：为终端提供所需的接入方式（有线和无线），是终端设备的入网点。
- **终端层**：指介入到企业园区网络中的各种类型的终端设备，比如计算机、IP 电话、打印机、摄像头、手机、平板电脑等。

- 数据中心：是部署服务器和应用系统的区域，为企业内部和外部用户提供数据和应用服务。
- 网管运维区：部署网络管理系统，比如网管系统、认证服务器等。

2.7.4   三层结构——教育行业

教育网络是指为各类教育机构、科研机构、高校、中小学等提供信息交流、资源共享等业务的基础网络平台。我国的教育网全称为中国教育和科研计算机网（CERNET，China Education and Research Network），始建于 1994 年，由教育部负责管理，赛尔网络有限公司负责运营，清华大学等高校承担建设和运行工作。

CERNET 采用三层网络结构：骨干网、区域网和校园网。其中骨干网由 CERNET 网络中心和分布在全国 36 座城市的 41 个 CERNET 核心节点组成，CERNET 网络中心负责骨干网的运行、维护和管理。2004 年 12 月，CNGI-CERNET2 建成，它是中国第一个采用纯 IPv6 技术的大型互联网主干网。

2.7.5   三层结构——金融行业

金融骨干网是指金融行业为了满足自身的业务发展和经营需要，在全国范围内建设的骨干网络，为企业信息化和核心业务的运营提供支持。以银行为例，根据银行组织结构的特点，银行一般从上到下分一级分行、二级分行、网点。同时考虑到安全性，银行通常会有多个数据中心，分别建设在不同的地理位置，甚至不同城市，以便实现灾备的目的。银行网络的结构如图 2-25 所示。

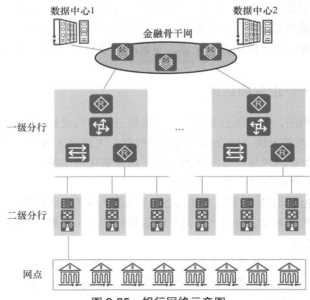

图 2-25   银行网络示意图

银行网络服务主要集中在数据中心，并且对于安全性要求很高。在网络层面，数据中心由总行进行管理，分行和网点的用户需要通过各地分支机构连接到骨干网，接着再访问总行数据中心。考虑到金融交易对于时效有延迟的要求，银行网络也要为其数据中心访问提供足够高的访问效率和速度。

2.7.6 三层结构——铁路行业

铁路数据通信网是专为铁路运营建立的数据通信网，为铁路运营提供可靠、安全和高质量的传输服务。以中国铁路系统为例，铁路数据通信网采用二级网络设计：一级网是骨干网，二级网是区域网。

- **一级网**：也是骨干网，由铁路局高性能核心路由器和多个大区节点构成。
- **二级网**：也是区域网，采用三层网络结构设计，下连各区的售票大厅系统、乘客信息系统等，上连本路局的大区节点。各路局之间的通信都需要通过骨干网来实现。

铁路数据通信网络如图 2-26 所示。

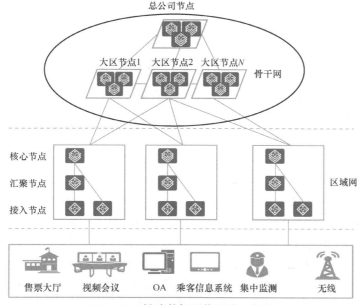

图 2-26 铁路数据通信网络示意图

2.7.7 三层结构——电力行业

根据承载业务的不同，电力行业的网络系统分为调度网和综合数据网，它们是两个在物理上完全独立的网络。以中国电力行业综合数据网为例，它承载了办公系统、生产管理系统、气象信息、无人变电站遥视等应用。

　　电力行业综合数据网分为多级：国家骨干网、省综合数据网、地市综合数据网，其中国家骨干网采用三层结构，由遍布全国各省的公司骨干节点构成，如图 2-27 所示。

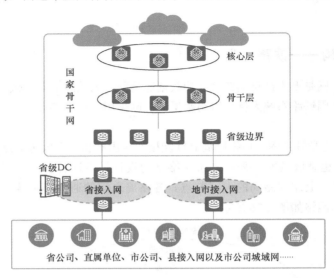

图 2-27　电力行业综合数据网示意图

　　各省公司的数据网络通过骨干网的升级边界节点接入骨干网，并由此实现各省级网络之间的相互通信。

2.8　总结

　　本章对网络物理拓扑的总体设计进行了介绍。2.1 节介绍了物理拓扑的概念，以及在规划物理拓扑时应考量的要点。2.2 节解释了典型的网络拓扑结构及其应用场景，根据网络规模提供了不同的设计思路。2.3 节和 2.4 节分别介绍了物理设备的选型和互连介质的选型。在进行设备选型时，不仅要考虑到设备性能，还要综合考虑实际性能需求、未来扩建需求，以及建设成本。2.5 节介绍了物理网络的可靠性设计，其中包括拓扑、网络设备、互连介质、机房等可靠性考量。2.6 节介绍了网络组网总体设计思路。2.7 节针对组网设计，对不同的行业展示了具体应用。

2.9　习题

1. 了解本学校网络的物理结构，以及它如何连接到 CERNET。
2. 了解本学校（或任意企业）机房的构建环境和空调系统。

第 3 章

局域网规划设计

对于几乎任何一个园区网，局域网模块的设计都应该被视为整个网络设计的起点和核心。无论顺序还是重要性，局域网模块的设计都应该先于其他的园区网模块，毕竟园区网的任何其他模块都需要围绕着局域网进行规划和设计。局域网模块的设计同样应该从物理拓扑设计开始，并且在此基础之上对局域网中的技术进行设计。这些局域网的技术包括但不限于 VLAN、GVRP（GARP VLAN 注册协议）、VLAN 间通信方式、STP（生成树协议）、DHCP（动态主机配置协议）和 ACL（访问控制列表）。有鉴于此，我们在本章中会针对物理网络的设计方法，以及上述这些技术与策略的设计方法分别进行介绍。

本章重点：

- 局域网模块的物理拓扑设计；
- 局域网模块中的 VLAN 设计；
- 局域网模块中的 GVRP 设计；
- 局域网模块中的 VLAN 间路由设计；
- 局域网模块中的 STP 设计；
- 局域网模块中的 DHCP 设计；
- 局域网模块中的 ACL 设计。

3.1 局域网物理架构设计

本书第 2 章对物理拓扑的设计原则进行了详细介绍，其中也包含局域网物理架构设计的相关内容。本节旨在承上启下，会从上一章中提炼出与局域网模块相关的物理设计部分，帮助读者对这些进行复习，为学习后面几节局域网相关技术的设计打下基础。

例如，关于园区网中局域网部分的物理拓扑，本书已经多次介绍。归纳起来，大型和大中型园区网往往会采用如图 3-1 所示的核心层-汇聚层和接入层三层物理拓扑结构，而中型、中小型园区网则通常会采用如图 3-2 所示的核心层-接入层两层拓扑结构。当然，更小规模的小型园区网络也可能不会采用分层的拓扑结构，如图 3-3 所示。

为了帮助读者加深对上述设计方案的理解，本节接下来对图 3-1～图 3-3 中涉及的设备进行说明，并由此解释物理拓扑的设备选型。

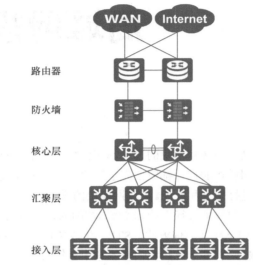

图 3-1 大型、大中型园区网设计方案：三层物理拓扑

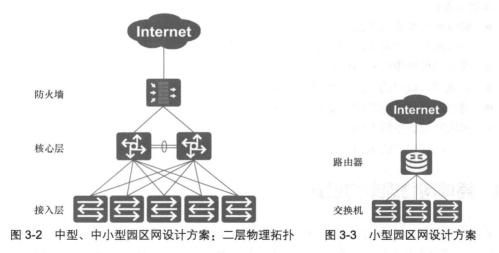

图 3-2 中型、中小型园区网设计方案：二层物理拓扑　　图 3-3 小型园区网设计方案

3.1.1 有线局域网中的常见设备与设备选型

如本章上文中的 3 张示意图所示，局域网中往往会包含路由器、交换机和防火墙等设备，其中交换机还可以根据是否支持三层功能分为二层交换机和三层交换机。读者通过图 3-1～图 3-3 也可以看出，交换机（包括二层交换机和三层交换机）如今是局域网中使用最广泛、部署数

量也最多的一类设备。而且，按照最严格的模块化分类，路由器往往部署在园区网的网络出口模块。网络出口模块虽然在策略和设备方面有所区别，但是有时也会被粗略地归类到局域网模块当中。所以，路由器也可以被视为有线局域网中经常部署的一类设备，且主要部署在网络出口位置，用来连接服务提供商，在局域网与外部网络之间提供数据包转发。防火墙部署的位置和路由器相同，除了可以执行局域网与外部网络之间的数据包转发任务之外，还可以把网络划分为不同的区域，执行区域间的数据过滤。

当然，路由器、交换机和防火墙如今未必会作为独立设备部署在局域网当中，因为三层交换机本身就具备一定的路由功能，也都拥有一定的流量监控和过滤功能。同样，一些路由器本身也支持一定的流量监控和过滤功能，并且可能携带交换模块。至于在大型或中大型网络中广泛部署的框式设备，它们更可以根据网络的实际设计需要来配备对应的模块，例如框式路由器可以配备交换模块、防火墙模块；框式交换机也可以配备防火墙模块等。

这里介绍的所谓框式设备是指由机框和若干个可插拔模块组成的网络基础设施，通常最少占用 4 个机架单元（RU），大的框式设备可达十几个机架单元。因为人们可以根据网络的需要为每台框式设备选配可插拔模块，包括前文提到的拥有高端口密度的交换模块、防火墙模块，以及入侵防御系统（IPS）模块等。因此框式设备非常灵活且拥有强大的扩展性，而且框式设备性能都很强大，价格也非常昂贵。具体到交换机，框式交换机不会是纯二层交换机，一般来说，框式交换机都会被部署在局域网的核心层和汇聚层。图 3-4 所示为华为 S12700 系列框式交换机。

图 3-4　华为 S12700 系列框式交换机[①]

与框式设备相对应的是盒式设备。这类设备最为常见，它们拥有固定的接口数量、性能和功能，虽然自身并不提供扩展功能，但体积小，价格相对便宜，往往被部署在局域网的接入层。

---

① 图片选自华为公司官方网站。

三层盒式交换机也有可能充当小型局域网的核心层设备。华为 S5700 系列交换机为盒式设备。图 3-5 所示为华为 S5732-H 系列光电混合交换机（盒式）。

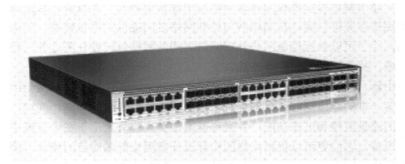

图 3-5　华为 S5732-H 系列光电混合交换机（盒式）[①]

当然，独立的二层交换机、三层交换机、路由器、防火墙也拥有各自适合的应用场景和特点。

- **二层交换机**：二层交换机只能根据 MAC 地址表来执行数据帧的转发，除管理端口之外没有其他三层功能。它们都是盒式设备，价格也很便宜，这类设备只部署在局域网的接入层中，用来把终端设备连接到局域网的汇聚层（如有）或核心层。
- **三层交换机**：三层交换机既可以根据 MAC 地址表来为本地数据帧执行转发，也可以根据路由表为跨网络的数据包执行路由。从价格低廉的盒式交换机到昂贵的大型框式交换机，三层交换机的价格区间非常大，这类设备往往被部署在局域网的汇聚层和核心层。
- **路由器**：路由器的工作就是根据路由表中的路由信息为跨网络进行传输的数据包执行路由转发。路由器的价格区间也很大，大型框式路由器的价格和大型框式交换机价格一样非常昂贵，而低端盒式路由器的价格往往会比低端盒式三层交换机更高。如前文所述，路由器通常被部署在局域网连接外部网络的出口位置。
- **防火墙**：防火墙可以根据会话表执行流量转发和地址转换，也可以根据区域对流量实施过滤。独立防火墙多为盒式设备，但价格比较昂贵。这类设备和路由器一样，多被部署在局域网连接外部网络的出口，以便对出入局域网的流量实施监控和过滤。

3.1.2　有线局域网中的介质类型

有线局域网目前多采用两种介质进行连接，即双绞线和光纤。

双绞线可以进一步细分为屏蔽双绞线（STP，Shielded Twisted Pair）和非屏蔽双绞线（UTP，Unshielded Twisted Pair），顾名思义，两种类型的区别即是否通过一层金属屏蔽网来屏蔽外部电磁场对介质内传输信号的干扰。非屏蔽双绞线和屏蔽双绞线如图 3-6 所示。

---

① 图片选自华为公司官方网站。

图 3-6　非屏蔽双绞线和屏蔽双绞线

除了可以按照是否配备屏蔽层分类之外，双绞线还可以根据线路传输速率、带宽和串扰比等，分为五类线（Cat 5）、超五类线（Cat 5e）、六类线（Cat 6）、超六类线（Cat 6A）等。

双绞线的传输距离不应大于 100 米，超过 100 米应该使用中继器连接，否则丢包率会大大增加。同时，一条线路最多可以安装 4 个中继器。因此，在传输距离比较大的情况下，应该考虑使用光纤作为有线局域网的介质。

光纤可以分为单模光纤（SMF）和多模光纤（MMF），其中单模光纤的传输距离最大可以达到 70 千米，而多模光纤的传输距离一般在 500 米以下。单模光纤的跳线是黄色，多模光纤的跳线颜色取决于这个多模光纤的模式带宽（Modal Bandwidth）根据 ISO 11801 标准应该分为哪一类，例如 OM2 类型的多模光纤跳线为橙色，OM3 类型的多模光纤跳线为天蓝色，如图 3-7 所示。

SMF　　　　　　　　　MMF（OM2）　　　　　　　MMF（OM3）

图 3-7　各类光纤跳线

3.1.3　总结

综上所述，一个园区网的以太网模块分为几层或者是否分层，取决于这个以太网的规模。一般来说，大型、中大型以太网应该分为核心层、汇聚层和接入层；中型、中小型以太网则可以分为核心层和接入层两层；小型以太网则可以把接入层交换机直接连接到以太网出口设备上。无论是在上述哪种情况下，核心层设备应该使用高性能或者较高性能的框式交换机，汇聚层交换机（如有）则可以考虑使用框式交换机或者盒式三层交换机，而接入层交换机则通常会选择盒式二层交换机，出口模块可以部署路由器和/或防火墙。不过，三层交换机、路由器或防火墙均可以以框式设备模块的形式部署在局域网中，甚至直接使用其他设备上集成的功能作为替代，它们并不一定需要在网络中以独立设备的形式进行部署。

目前，有线局域网中的介质往往是双绞线和光纤。除了性能之外，传输距离是选择介质的一项重要考量因素。当传输距离在数百米甚至更长时，光纤几乎成了唯一的选择，而接入层到汇聚层之间的接线距离有时就会长达数百米，因为接入层交换机常常需要连接到机房外部；当传输距离小于 100 米时，双绞线互连是更加经济高效的选择，而汇聚层和核心层之间的距离往往不到 100 米。

关于局域网模块的物理网络设计，本书就介绍到这里。从下一节开始，我们会按照局域网中常用的技术，介绍局域网逻辑设计的方法。

3.2 VLAN 设计

VLAN 是虚拟局域网的简称。在技术上，VLAN 通过限制交换机泛洪数据帧的端口范围，来实现在逻辑上把一个局域网划分为多个虚拟局域网的目的。

VLAN 的配置非常简单。在网络设计层面上，针对 VLAN 进行设计通常需要考虑几个因素，即如何规划网络中的 VLAN，采用什么方式来划分 VLAN，以及 VLAN 的编号如何进行分配。

3.2.1 VLAN 规划原则

在讲解 VLAN 技术的时候，很多教程都会以隔离一家企业的不同部分、隔离一所高校的不同院系为例来引出把一个局域网划分成多个 VLAN 的必要性。根据组织机构的行政架构来规划 VLAN 也是实践当中最常见的一种 VLAN 规划原则，即根据业务来规划 VLAN，如图 3-8 所示。

在图 3-8 所示的企业中，工程部、财务部和市场部被分别划分到 3 个不同的 VLAN 中。一般来说，几乎所有具备一定规模的园区网（无论是否同时采用了其他的 VLAN 划分原则）都会根据组织机构的架构来规划 VLAN。

根据业务规划 VLAN 的原则还有另外一种操作方式，那就是根据流量类型（例如数据流量、语音流量）来划分 VLAN。例如，在大规模部署 IP 电话的网络中，针对 VoIP 流量规划专门的语音 VLAN 就是一种必要的方式。

除了根据业务规划 VLAN 之外，地理位置也是规划 VLAN 的原则之一，如图 3-9 所示。

在图 3-9 所示的酒店中，位于酒店主楼的套间楼层设备被划分到了一个 VLAN 中，这些设备会连接到这个楼层的接入层交换机，然后再连接到主楼的汇聚层交换机；位于酒店翼楼的豪华间楼层被划分到了一个 VLAN 中，位于酒店翼楼的标准间楼层被划分到另一个 VLAN 中，它们会各自连接到所在楼层的接入层交换机，这些接入层交换机则会连接到翼楼的汇聚层交换机。

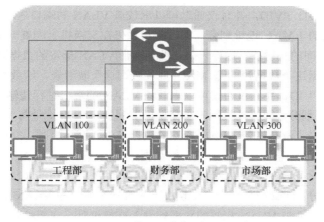

图 3-8 按照业务规划 VLAN

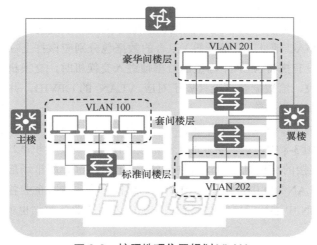

图 3-9 按照地理位置规划 VLAN

读者通过这一部分的介绍可以看到，VLAN 规划原则针对的是设计层面，这个园区网的设计人员应该考虑把哪些终端划分到一个 VLAN 中、按照什么原则把终端划分到不同的 VLAN 中。下面，我们介绍在实施方时，人们可以按照哪些方式来划分 VLAN。

3.2.2 VLAN 的划分方式

归纳起来，VLAN 可以按照下面几种方式进行划分。

- **按照（交换机的）端口划分**：即管理员预先给交换机的不同端口配置不同 VLAN 的 PVID。这样一来，没有携带 VLAN 标签的数据帧进入交换机时就会被交换机打上（属于该 VLAN 的）PVID，并且仅通过可以承载该 VLAN 的端口进行传输。

- **按照（终端的）MAC 地址划分**：即管理员预先在交换机上配置一个终端 MAC 地址与 VLAN ID 之间的映射表。这样一来，没有携带 VLAN 标签的数据帧进入交换机时，交换机就会根据这个数据帧的源 MAC 地址查询这个映射表，给数据帧打上（属于对应 VLAN 的）PVID，并且仅通过可以承载该 VLAN 的端口进行传输。
- **按照 IP 子网划分**：即管理员预先在交换机上配置一个 IP 地址与 VLAN ID 之间的映射表。这样一来，没有携带 VLAN 标签的数据帧进入交换机时，交换机就会根据这个数据包的源 IP 地址查询这个映射表，给数据帧打上（属于对应 VLAN 的）PVID，并且仅通过可以承载该 VLAN 的端口进行传输。
- **按照协议划分**：即管理员预先在交换机上配置一个协议与 VLAN ID 之间的映射表。这样一来，没有携带 VLAN 标签的数据帧进入交换机时，交换机就会根据这个数据包的协议查询这个映射表，给数据帧打上（属于对应 VLAN 的）PVID，并且仅通过可以承载该 VLAN 的端口进行传输。
- **按照策略划分**：即管理员预先在交换机上配置策略，指定携带各类参数（包括交换机端口、终端 MAC 地址、IP 地址等）组合的数据包分别应该打上哪个 VLAN ID 的标签。这样一来，没有携带 VLAN 标签的数据帧进入交换机时，交换机就会根据这个策略查询这个映射表，给数据帧打上（属于对应 VLAN 的）PVID，并且仅通过可以承载该 VLAN 的端口进行传输。

显然，在上述各种 VLAN 划分方式当中，按照端口划分 VLAN 的方式在目前网络中最为常用。比如在上文中的图 3-8 中，这家企业的工程部设备所连接的交换机端口均被划分到了 VLAN 100、财务部设备所连接的交换机端口均被划分到了 VLAN 200，而市场部设备所连接的交换机端口则被划分到了 VLAN 300 中，如图 3-10 所示。这样一来，这家企业各个部门内部的数据只会在自己部门的 VLAN 中进行二层转发和泛洪，部门之间的业务数据也就实现了二层的隔离。

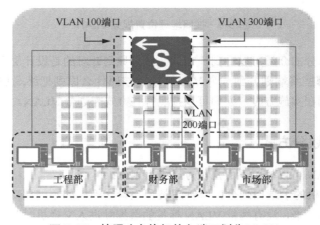

图 3-10   按照（交换机的）端口划分 VLAN

按照 MAC 地址划分 VLAN 是除了按照端口划分 VLAN 之外比较常用的一种方式。如果还以图 3-8 所示的环境为例，那么工程师就需要预先在交换机上创建一个 MAC 地址与 VLAN ID 之间的映射表，把工程部计算机的 MAC 地址与 VLAN ID 100 建立映射关系，把财务部计算机的 MAC 地址与 VLAN ID 200 建立映射关系，把市场部计算机的 MAC 地址与 VLAN ID 300 建立映射关系，如图 3-11 所示。

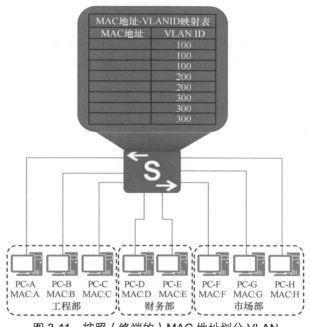

图 3-11　按照（终端的）MAC 地址划分 VLAN

当然，按照 MAC 地址划分 VLAN 的方式扩展性不佳，因为网络管理员需要针对每个连接到网络中的终端执行配置。此外，因为伪装 MAC 地址如今已经几乎成为一种没有成本的技术操作，所以这种 VLAN 划分方式也存在安全性方面的隐患。

鉴于其他 VLAN 划分方式在实践当中使用的频率更低，而且读者可以从按照 MAC 地址划分 VLAN 的方式举一反三，因此不再进行单独说明。

3.2.3　VLAN 编号的分配

本节最后简单说明一下在网络设计当中，人们通常会如何分配 VLAN 编号。

VLAN 编号的取值范围是 1～4094。除了 VLAN 1 推荐作为保留 VLAN 之外，其他 VLAN 编号如何分配在技术上没有专门的规范。不过，在管理层面，人们常常会按照下面两种原则为 VLAN 分配编号。

- **子网一致原则**：让 VLAN ID 与该 VLAN 的子网进行关联是一种比较常用的 VLAN ID 分配方式，这种做法便于网络的运维管理。例如，某个企业局域网中采用了 RFC 1918 地址 10.0.0.0/8，且给工程部子网规划的 IP 地址为 10.0.100.0/24、给市场部子网规划的 IP 地址为 10.0.150.0/24、给财务部子网规划的 IP 地址为 10.0.200.0/24，那么我们就可以把这 3 个子网的 VLAN ID 分别设置为 100、150 和 200。
- **连续分配原则**：如果园区网的 VLAN 首先是按照地域进行规划的，那么同一个地域范围的 VLAN 可以考虑分配连续的编号。例如在图 3-9 中，同样位于翼楼的两个 VLAN 就被分配了连续的 VLAN ID，即 VLAN 201 和 VLAN 202，而位于主楼的 VLAN 则分配了 VLAN 100。

这里需要再次强调的是，VLAN ID 的分配原则不存在技术标准，一切以方便未来的运维管理和排错工作为准。

3.3 GVRP 设计

GVRP 的全称是 GARP VLAN 注册协议（GARP VLAN Registration Protocol），因此 GVRP 的工作机制是基于 GARP（通用属性注册协议，Generic Attribute Registration Protocol）。为了解释 GVRP 的设计原则，我们首先对 GARP 和 GVRP 的概念进行简单的概述。

3.3.1 GARP 与 GVRP 概述

GARP 定义了交换机在大型局域网中注册和注销（如 VLAN 标识符和组播地址等）属性值的标准。这个标准界定了配置在一台设备上的属性值如何传播到整个以太网环境中，从而避免了管理员必须在整个以太网环境中逐台手动配置相同的属性值的问题。所以，利用 GARP 可以提高网络的效率，同时大幅降低因人为输入错误所引起的故障。GVRP 正是交换机上实现 GARP 的一种 GARP 应用，它的目标是在局域网中注册和注销 VLAN 标识符这个属性值。

因此，在实际的以太网环境中，支持 GVRP 的交换机可以维护这台交换机上的 VLAN 注册信息，并且与其他运行这个协议的交换机相互交换这些 VLAN 注册信息，同时用对方发来的信息更新自己的数据库。其中，管理员在一台交换机上手动配置的 VLAN 称为静态 VLAN，而通过 GVRP 同步到这台交换机上的 VLAN 则称为动态 VLAN。GVRP 传播的 VLAN 注册信息既包括管理员在设备本地手工配置的 VLAN，也包括这台设备通过 GVRP 学习到的 VLAN 信息。如果局域网中支持 GVRP 的设备运行这项协议，那么这些设备最终可以针对 VLAN 注册信息达成一致。

3.3.2 GVRP 的设计重点

GVRP 注册 VLAN 信息是以交换机端口为单位的，即每个交换机端口针对 GVRP 的设置决定了交换机发布和学习 VLAN 信息的行为。针对交换机端口，GVRP 提供了 3 种不同的注册模式。

- **Normal 模式**：这是华为交换机默认的 GVRP 注册模式，表示交换机会根据这个端口接收到的 VLAN 注册信息动态创建、注册和注销 VLAN，同时会通过这个端口向外部传播这台交换机上的 VLAN 注册和注销信息。
- **Fixed 模式**：如果一个交换机端口被配置为 GVRP Fixed 模式，那么交换机就不会根据这个端口接收到的 VLAN 注册信息更改自己的 VLAN 数据库，即禁止这个端口动态注册和注销 VLAN。同时，交换机也只会通过这个端口向外部传播管理员在这个交换机本地手工配置的静态 VLAN。
- **Forbidden 模式**：如果一个交换机端口被配置为 GVRP Forbidden 模式，那么交换机同样会禁止这个端口动态注册和注销 VLAN。同时，交换机也只会通过这个端口向外部传播 VLAN 1 的信息。

在 GVRP 设计层面，如果要在网络中使用 GVRP，那么 GVRP 就应该在整个局域网的所有设备上运行，否则 VLAN 信息的同步就有可能出现问题。具体到设备的端口，GVRP 只能在 Trunk 模式的端口上启用，同时 GVRP 只会通过启用的端口对外传播 Trunk 允许列表中的 VLAN。针对 GVRP 的注册模式，设计人员需要根据目标网络的客观需要为交换机端口选择相应的 GVRP 模式。

另外，GVRP 的注册行为是"单向注册"，即 VLAN 信息的注册、注销消息只会作用于接收到该消息的端口，如图 3-12 所示。

图 3-12　GVRP 的单向注册机制

在图 3-12 所示的环境中，假设图中所示的设备和端口均启用了 GVRP 且端口均工作在 Normal 模式下，那么如果管理员在 SW1 上创建了一个 VLAN，SW2 的 G0/0/1 端口并不会添加这个 VLAN，因为在图中我们可以看到，SW2 的 G0/0/1 不会接收到这个 VLAN 注册信息。这也引出了本节要介绍的最后一项 GVRP 运用原则，那就是在 GVRP 环境中配置、修改、删除 VLAN 时，应该考虑在每个方向上都进行操作。例如在图 3-12 所示的网络环境中，当我们设计创建、修改、删除 VLAN 时，就应该考虑同时在 SW1 和 SW3 上执行操作。

3.4　VLAN 间路由的设计

在使用 VLAN 把一个局域网分割为多个子网之后，这个局域网的 VLAN 之间也就实现了数据链路层（二层）隔离，只有同一个 VLAN 内部的设备才能直接建立二层通信。如果希望在不同 VLAN 之间建立通信，就需要借助三层设备才能实现。这样的通信称为三层通信，实现它的方式称为 VLAN 间路由。这种通信的逻辑（三层）拓扑如图 3-13 所示。

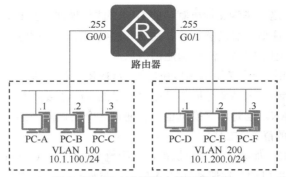

图 3-13　VLAN 间路由的逻辑拓扑

在图 3-13 所示的逻辑拓扑中，隐去了连接各个终端设备的交换机，因此也就隐去了交换机和三层设备之间的连接建立方式。换言之，这个拓扑只能展示出路由器为属于不同 VLAN 的终端之间路由数据包的逻辑结构，却完全无法展示出这个 VLAN 间路由环境的具体设计方法。

3.4.1　使用物理接口的 VLAN 间路由设计方案

在设计上，VLAN 间路由有 3 种主流的设计方法。最简单的设计方法为使用交换机连接终端，然后在路由器上用两个接口、两条链路连接交换机，这两个路由器接口上的 IP 地址分别作为对应 VLAN 中各个终端的默认网关地址。这种设计方案称为使用物理接口的 VLAN 间路由设计方案，其具体的接线图如图 3-14 所示。

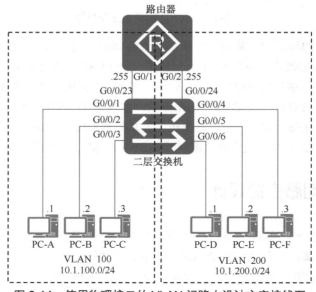

图 3-14　使用物理接口的 VLAN 间路由设计方案接线图

顾名思义，图 3-14 所示的设计方案需要路由器为每个 VLAN 提供一个专门的物理接口。考虑到路由器不仅价格相对昂贵，而且本身也不属于高端口密度的设备，所以这种 VLAN 间路由设备方案在扩展性方面乏善可陈。它在面对哪怕仅仅部署了数十个 VLAN 的中型局域网环境时，就已经显得难以为继。

3.4.2　使用物理子接口的 VLAN 间路由设计方案

另一种设计方案与使用路由器物理接口的 VLAN 间路由类似。不过，为了节省路由器接口，这种设计方案只需要使用一条链路连接二层交换机和路由器。而路由器连接交换机的接口则通过虚拟化技术，在这个物理接口的基础上虚拟出与各个 VLAN 相对应的逻辑接口，这些逻辑接口称为子接口，这个解决方案因而称为使用物理子接口的 VLAN 间路由设计方案。

在使用物理子接口的 VLAN 间路由环境中，管理员需要给每个路由器子接口配置各个 VLAN 的网关地址，同时把交换机连接路由器的接口设置为 Trunk 模式。这种设计方案的具体接线图如图 3-15 所示。

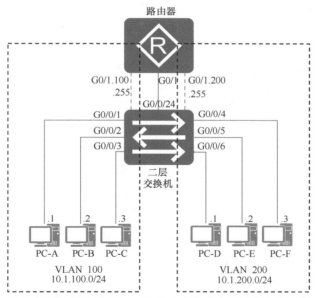

图 3-15　使用物理子接口的 VLAN 间路由设计方案接线图

如图 3-15 所示，在使用物理子接口的 VLAN 间路由设计方案中，二层交换机和终端之间的连接与设计和使用物理接口的 VLAN 间路由设计方案别无二致，两者的区别仅存在于二层交换机和路由器之间。在图 3-15 所示的环境中，路由器 G0/1 这个物理接口被划分为了 G0/1.100 和 G0/1.200 两个子接口，并且分别用来处理往返于 VLAN 100 和 VLAN 200 的流量，同时它们的 IP 地址分别充当 VLAN 100 和 VLAN 200 中终端的默认网关。图 3-15 中没有显示的是，为了在二层交换机和路由器之间承载各个 VLAN 的流量,G0/0/24 应该被设置为 Trunk 端口。

在设计层面,有一项最佳实践值得一提,在使用物理子接口的 VLAN 间路由方案中,出于方便维护和管理的需要,服务某个 VLAN 的子接口,其子接口编号往往会使用其服务的 VLAN 编号。正如图 3-15 中的环境,服务 VLAN 100 的路由器子接口被创建为 G0/1.100,而服务 VLAN 200 的路由器子接口则被创建为 G0/1.200,它们都是物理接口 G0/1 的子接口。

使用物理子接口的 VLAN 间路由需要通过一条链路承载大量 VLAN 之间的流量,这不仅会带来流量负载严重不均衡的问题,而且存在显而易见的单点故障隐患,因此这种设计方案只适用于中等规模以下的网络。

3.4.3 使用三层交换机的 VLAN 间路由设计方案

除了使用路由器物理接口和物理子接口这两种 VLAN 间路由方案之外,另一种 VLAN 间路由方案是直接使用三层交换机的 VLAN 间路由设计方案。这种解决方案的接线方式几乎没有其他的选择,那就是用三层交换机的各个接口连接不同的终端。接下来,管理员还需要把不同的端口划分到不同的 VLAN 当中。

当然,为了实现 VLAN 间路由,我们必须在三层交换机上为每个 VLAN 创建出一个专门的虚拟接口(称为 VLAN IF 接口)。这样一来,这个 VLAN 虚拟接口所连接的 IP 网络就是这台路由设备(三层交换机)的直连网络。同时,所有划分给这个虚拟接口对应 VLAN 的交换机端口,它们连接的终端必须和虚拟接口处于同一个子网中,并且以这个虚拟接口的 IP 地址作为它们(去往其他子网)的默认网关。这个使用三层交换机实现 VLAN 间路由的设计方案结构如图 3-16 所示。

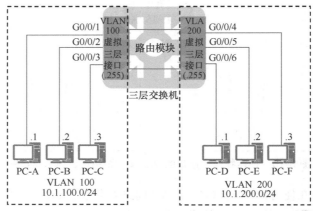

图 3-16 使用三层交换机的 VLAN 间路由设计方案结构

图 3-16 所示的这种使用三层交换机的 VLAN 间路由设计方案是目前绝大多数园区网中局域网模块采用的部署方案,同时也是在预算充足的条件下最理想的局域网 VLAN 间路由解决方案。

关于 VLAN 间路由的几种设计方式，本书的介绍暂时告一段落。在下一节中，我们会对生成树协议的设计进行介绍。

3.5 STP 的设计

生成树协议（STP，Spanning Tree Protocol）的目标是在逻辑上发现并且打断二层网络中存在的环路，避免因为环路导致的广播风暴给网络带来灾难性的后果。在这一节中，我们会首先概述几个 STP 的 IEEE 版本，然后介绍 STP 在局域网的一些设计原则。

3.5.1 STP 的 IEEE 版本

生成树协议有 3 个主流版本，包括简称 STP 的传统生成树协议（IEEE 802.1d）、简称 RSTP 的快速生成树协议（IEEE 802.1w）和简称 MSTP 的多生成树协议（融入 IEEE 802.1q-2005）。其中，RSTP 在 STP 的基础上，通过定义 P/A 机制和边缘（edge）端口大幅提高了收敛速度，而 MSTP 则可以允许管理员自己定义哪些 VLAN 属于一个生成树实例，避免了整个局域网为一个生成树实例的做法所带来的隐患。

图 3-17 所示为一个简单的局域网场景。在这个场景中，因为 3 台交换机各自连接了两个 VLAN，导致如果所有 VLAN 都收敛为同一棵生成树，那么这个网络中就会存在大量流量必须按照次优路径进行转发。

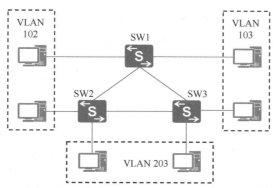

图 3-17 所有 VLAN 收敛成一棵生成树造成的潜在次优路径问题

在图 3-17 所示的环境中，如果所有 VLAN 收敛为一棵生成树，那么无论 3 台交换机之间的哪个互连端口被生成树阻塞，都一定会造成某些流量沿着次优路径转发的后果。例如，如果 SW1 连接 SW2 的端口被阻塞，那么 VLAN 102 中的两台终端在通信时，就必须通过 SW3 进行转发。反之，如果把 VLAN 102 和 VLAN 203 定义为一个实例，该实例的生成树阻塞 SW1 和 SW3 之间的某个端口；VLAN 103 为另一个实例，该实例的生成树阻塞 SW1 和 SW2 之间的某个端口（或者 SW2 和 SW3 之间的某个端口），流量次优路径的问题就不复存在。

显然，针对 MSTP 的设计，为了确保网络可以按照管理员设定的 VLAN 与实例对应关系完成 MSTP 收敛，各 MSTP 交换机上的 VLAN 和实例绑定关系都应该相同。然而，一个局域网中的交换机未必都处于同一个管理域中，或者未必都应该按照相同的 VLAN-实例映射关系完成生成树网络的收敛。为了避免这个矛盾，MSTP 定义了"域"的概念。只有同一个域中的 MSTP 交换机需要保证 VLAN-实例映射关系的一致性。

在默认情况下，每台华为 VRP 交换机都是一个独立的 MSTP 域，域名即这台交换机的 MAC 地址。同时，每台交换机上都只有一个生成树实例——Instance 0，所有 VLAN 都会映射到这个实例当中。

生成树协议从 MSTP 到 RSTP 再到 STP 向下兼容。在默认情况下，华为 VRP 系统默认执行的生成树版本是 MSTP。MSTP 可以兼容 RSTP，只是允许 MSTP 的交换机会认为运行 RSTP 的交换机处于不同域中。同样，RSTP 也可以兼容 STP。

3.5.2   STP 的设计原则

在核心层、汇聚层和接入层的三层架构中，接入层和汇聚层之间往往会采用二层（数据链路层）通信，而汇聚层和核心层之间则会使用三层（网络层）通信，如图 3-18 所示。因此，如果使用 STP，那么 STP 就会在汇聚层和接入层之间运行。

在设计原则层面，应该尽可能确保阻塞端口出现在次要的、非关键的链路上。为了达到这个设计目的，结合图 3-18 所示的网络环境，园区网的汇聚层交换机应该设计为 STP 的根网桥和备份根网桥，而不应该把接入层交换机配置为 STP 的根网桥。于是，接入层连接汇聚层的两个端口之一就会被 STP 阻塞，形成如图 3-19 所示的结构。

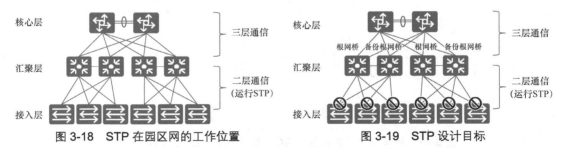

图 3-18   STP 在园区网的工作位置   图 3-19   STP 设计目标

除了上述设计目标之外，STP 设计层面的其他原则还包括合理运用一些交换机上的 STP 相关特性，其中包括以下几点。

- 在指定端口上启用根保护，防止根角色被其他交换机抢占。
- 把接入层交换机连接终端设备的端口配置为边缘端口，以提升这些端口开始转发数据帧的速度。

- 在启用边缘端口的设备上运行 BPDU 保护（BPDU guard）机制，防止网络出现环路。
- 光纤链路上也可以启用环路保护（loop guard）机制，这同样是为了防止潜在的环路。

鉴于本书的重点是介绍系统集成方面的原则，目标读者是已经掌握了基本网络协议、特性和配置的人员，这里不再对上述特性的功能展开具体介绍。

3.6 DHCP 的设计

DHCP 全称动态主机配置协议，其目的是在网络中自动为终端设备分配 IP 地址、默认网关地址、DNS 服务器地址等配置参数。鉴于 DHCP 可以避免网络管理人员手动为设备设置配置参数，在网络规模不断扩大、终端数量不断增加的背景下，DHCP 几乎已经成为一切稍具规模的局域网中用以给终端设置配置参数的不二手段。

DHCP 是一个典型的客户端服务器模型，而 DHCP 服务器为 DHCP 客户端分配的最核心配置参数就是 IP 地址。因此，DHCP 服务器需要定义一个在客户端自身没有 IP 地址、也不知道 DHCP 服务器 IP 地址的条件下，依然可以完成配置参数的机制，这个机制毫无疑问依赖广播。换句话说，DHCP 客户端要从 DHCP 服务器租借配置参数，它们就应当处于同一个广播域中。然而，在实际网络环境中，DHCP 服务器未必可以和客户端处于同一个广播域中。例如，当今的局域网往往被划分为很多 VLAN，在每个 VLAN 中都设置一台 DHCP 服务器的设计方法显然会增加网络的建设成本和维护难度。为了让 DHCP 客户端能够和与自己不处于相同广播域中的服务器完成 DHCP 通信流程，并且从 DHCP 服务器获得配置参数，DHCP 定义了 DHCP 中继代理（DHCP Relay）的角色。DHCP 中继代理可以收集本地网络中 DHCP 客户端发往 DHCP 服务器的消息，并且代表客户端把这些消息跨网络转发给（不处于同一个广播域中的）DHCP 服务器。当然，DHCP 中继代理在使用 DHCP 的网络中也是一个可选的角色，是否需要设置 DHCP 中继代理视乎网络的客观需求而定。同样，DHCP 服务器是由局域网中的三层交换机、路由器等网络基础设施来充当，还是需要部署独立的 DHCP 服务器，这也和网络的规模、DHCP 客户端的数量直接相关。

有鉴于此，DHCP 在设计层面大致可以按照网络规模分为针对小型局域网的设计方案，针对中型局域网的设计方案和针对大型局域网的设计方案。

3.6.1 小型局域网的 DHCP 设计方案

图 3-3 所示的小型局域网环境虽然很可能划分了多个 VLAN，但是因为网络中的交换机都是二层交换机，所以由出口部分的路由器来充当 DHCP 服务器就可以为二层交换机连接的（处于各个 VLAN 中的）所有终端提供地址分配。换言之，这个环境只需要把出口设备设置为 DHCP 服务器即可，而且不需要配置 DHCP 中继代理。

上述小型局域网的 DHCP 设计方案如图 3-20 所示。

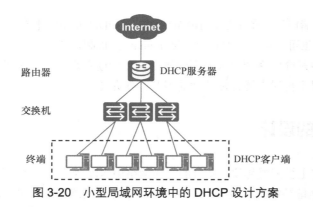

图 3-20　小型局域网环境中的 DHCP 设计方案

3.6.2　中型局域网的 DHCP 设计方案

在图 3-2 所示的中型局域网环境中，可以考虑把核心层的三层交换机配置为 DHCP 服务器，用它们为接入层交换机连接的终端提供地址分配。因为这些三层交换机也和局域网中的终端处于同一个广播域中，所以把三层交换机设置为 DHCP 服务器，同样不需要额外设置 DHCP 中继代理。

图 3-2 所示的中型局域网的 DHCP 设计方案如图 3-21 所示。

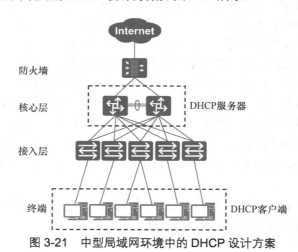

图 3-21　中型局域网环境中的 DHCP 设计方案

当然，很多中型局域网也会部署独立的 DHCP 服务器。对于部署独立 DHCP 服务器的中型局域网，这种网络的 DHCP 设计方案可以参照下文中的大型局域网 DHCP 设计方案。

3.6.3　大型局域网的 DHCP 设计方案

在大型局域网中，因为终端数量庞大，三层交换机应该尽可能把资源用于数据流量的转发，所以部署独立的 DHCP 服务器为全网中所有终端动态提供配置参数是最常见的做法。当然，因为 DHCP 服务器是为了给局域网内部的终端分配配置参数，所以 DHCP 服务器往往会连接在防火墙内部接口的网络区域中，而不是连接在防火墙的 DMZ 中。例如，在图 3-1 所示的环境中，DHCP 服务器可以与核心层交换机连接在一起。

前文提到，在核心层、汇聚层和接入层的三层架构中，接入层和汇聚层之间往往采用二层（数据链路层）通信，而汇聚层和核心层之间则会使用三层（网络层）通信。这样一来，接入层交换机所连接的终端与核心层交换机所连接的 DHCP 服务器之间就不会处于同一个广播域中。因此，要想让终端能够从 DHCP 服务器那里获得配置参数，设计方案就需要在连接终端的广播域中包含 DHCP 中继代理。一般来说，DHCP 中继代理可以配置在汇聚层网关上。

图 3-1 所示的大型局域网的 DHCP 设计方案如图 3-22 所示。

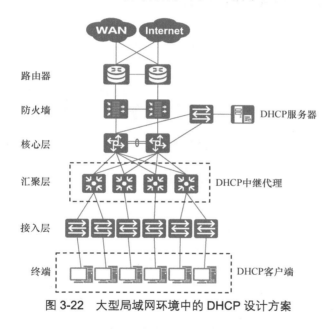

图 3-22　大型局域网环境中的 DHCP 设计方案

正如本章前文中介绍的那样，DHCP 设计的重点是针对需求判断是否有必要部署独立的 DHCP 服务器，如果不需要则判断由哪个或者哪些网络基础设施来充当 DHCP 服务器，如果需要则判断由哪个或者哪些网络基础设施来充当 DHCP 中继代理——因为在需要部署独立 DHCP 服务器的环境中，DHCP 服务器往往很难和网络中的所有终端处于一个广播域中。

DHCP 的原理比较复杂，但本节已经基本阐释了 DHCP 在有线局域网中的设计层面需要关注的内容。在 3.7 节中，我们将介绍有线局域网中访问控制列表的设计。

3.7　ACL 的设计

　　访问控制列表（ACL）是为了放行或者拒绝过滤符合语句条件的数据，从而达到对跨网络的流量进行控制的目的。

　　访问控制列表的运用非常灵活，需要根据目标园区网络的需求决定。当然，访问控制列表的设计也不是没有规律可循。例如，基本访问控制列表是根据数据包的源 IP 地址执行过滤，所以需要部署在尽可能接近目的网络的位置，以免错误过滤掉其他流量。

　　例如，在图 3-23 所示的环境中，如果希望使用基本访问控制列表过滤掉从 VLAN 100 中的终端去往 FTP 服务器的流量，应该把基本访问控制列表部署在靠近目的网络的路由器 G0/0 接口（出方向上）。如果管理员在 G0/2 接口的入方向过滤了源为 10.1.100.0/24 的流量，那么不仅 VLAN 100 中的终端无法把流量发往 FTP 服务器，而且它们发送到 VLAN 200 的流量也会被过滤掉。

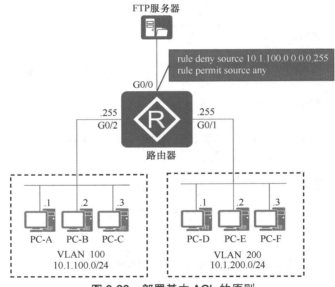

图 3-23　部署基本 ACL 的原则

　　再比如，高级访问控制列表应该部署在尽可能接近源网络的位置。这是因为高级访问控制列表可以针对数据包的源地址、目的地址、协议等参数执行更加精确的匹配，不会过滤掉无关的流量。在这样的情况下，让流量在穿越整个网络之前就尽早被访问控制列表过滤掉，可以避免流量对设备和带宽资源带来的浪费。

　　除了一些基本的设计原则之外，了解局域网设计中 ACL 有哪些常见的部署场景，对于网络设计阶段的工作同样十分重要。

在对局域网模块进行网络设计时，下列场景中都应该考虑设置访问控制列表。

- **针对子网间流量进行过滤**：把一个局域网划分为多个 VLAN 是为了把一个大型局域网切割为多个独立的广播域，让处于不同 VLAN 中的终端必须通过三层通信才能实现互访。这样做就是因为三层通信更容易实现访问控制。因此，在局域网中部署 ACL 最常见的环境是对不同 VLAN 或者局域网中不同子网之间的流量执行过滤。图 3-23 所示正是这样的场景，这里不再赘述。

- **针对进入内部网络的外部流量**：通过访问控制列表过滤外部流量访问内部网络中的设备和资源也是局域网中 ACL 常用的场景之一。在这样的场景中，访问控制列表会部署在出口设备出接口的入站方向上，这里所说的出口设备可能是三层交换机、路由器，或者防火墙。

- **针对向内部网络设备发起的管理访问**：对于需要进行远程管理的设备，设计时可以通过访问控制列表配置允许向其发起管理访问的网络，然后在虚拟终端（VTY）下进行调用。这样一来，其他网络向这些设备发起的管理访问就会被拒绝，设备安全也可以得到保证。

本节首先介绍了基本访问控制列表和高级访问控制列表在设计时应该遵循的不同原则，之后介绍了局域网环境中常常需要部署访问控制列表的几种场景。截至本节，关于园区网中有线局域网模块设计的介绍完毕。

当然，本章中介绍的内容并不包含有线局域网中涉及的全部技术。限于篇幅，本章仅仅只能围绕着有线局域网中常用技术的设计进行说明，诸如堆叠与集群、链路聚合等同样在局域网中得到了广泛部署的技术，它们的设计方法则需要读者在学习中主动了解。

3.8 总结

本章围绕园区网设计工作中局域网模块的规划和设计进行了介绍。在结构上，本章大致可以分为两大部分。其中，3.1 节可以视为本章的第 1 部分，主要介绍了局域网物理结构的设计，包括不同规模局域网物理拓扑的设计，以及局域网中常见设备和介质的选型等；本章后续的 5 节则可以视为第 2 部分，它们介绍了局域网中 5 项常见技术的设计原则。

3.2 节围绕 VLAN 技术进行介绍，首先介绍按照什么原则划分 VLAN，然后介绍了可以根据哪些技术参数划分 VLAN，并且着重介绍了根据端口和 MAC 地址划分 VLAN 这两种方式。3.2 节最后介绍了为 VLAN 分配编号的两项原则，这些原则并非技术规范，而是为了方便对网络的管理和维护。

3.3 节从 GARP 说起，介绍了 GVRP 的目的和一系列核心概念，此后则先后提到了 GVRP 的几种模式、GVRP 的单向注册原理，并且由此引出了 GVRP 设计的注意事项。

3.4 节的主题是 VLAN 间路由的设计方案。本节从一个统一的 VLAN 间路由逻辑拓扑出发,一一介绍了这个逻辑拓扑的几种物理实现方式,讲述了使用路由器物理接口实现 VLAN 间路由、使用路由器物理子接口实现 VLAN 间路由和使用三层交换机实现 VLAN 间路由这 3 种设计方案的要点。

3.5 节围绕着生成树协议的设计进行介绍。本节首先介绍了生成树协议的三大 IEEE 标准版本,即 STP、RSTP 和 MSTP,并且介绍了华为 VRP 系统的默认设置,以及几个版本之间的兼容关系。接下来结合前面这些背景知识,介绍了 STP 的设计原则。

3.6 节介绍的内容是 DHCP 的设计方法。本节首先提出了 DHCP 动态分配配置参数需要借助广播,并且由此引出了 DHCP 中继代理的重要性。接下来,本节分别围绕着由谁来扮演 DHCP 服务器、是否需要部署 DHCP 中继等要素,介绍了小型、中型和大型局域网中的 DHCP 设计方案。

3.7 节以访问控制列表为主题,首先介绍了基本 ACL 和高级 ACL 在设计层面的区别,而后介绍了局域网环境中的 3 种重要的 ACL 部署场景,即使用 ACL 过滤子网间流量、使用 ACL 过滤外部流量和使用 ACL 限制远程设备访问。

3.9 习题

在网上或者现实中寻找或构思一家企业的机构设置、员工数量、人员构成、场地平面图等信息,并以此作为依据,从设备和介质选型开始,为该企业完成局域网模块的设计。

第 4 章

广域网规划设计

在过去的几十年中，很多公司在其私有局域网（LAN）中构建和使用了诸多关键型应用程序，这种私有数据通信基础设施的访问会受到严格的限制，并且没有与我们今天所知的 Internet 等网络实现外部链接。如今，Internet 成为商业解决方案的推动者，公司可以使用 Internet 与客户进行交流，与合作伙伴密切联系，或者将自己的办公站点相互连接起来。因此将本地设备连接在一起，实现它们之间的互连互通已经不能满足当代企业对于网络的需求。企业和机构不仅需要实现本地的内部互连，也要实现跨地域的远程互连，以及与 Internet 之间的连接。本书第 2 章介绍了不同行业所适用的物理网络结构规划。读者可以发现，在每个行业网络规划中，总是出现"骨干网"部分，并且作为整个网络的"核心"，起到将其他网络部分连接在一起的功能。这个用来提供互连服务的"骨干网"就称为广域网。

本章将会介绍与广域网相关的规划设计原则、接口类型、协议类型，以及各种技术所适用的场景举例。

本章重点：
- 广域网概念介绍；
- 广域网常用互连方式；
- 广域网常用物理接口类型；
- 广域网常用接口协议类型；
- 裸纤专线及其应用场景；
- SDH/MSTP/WDM 专线及其应用场景；
- MPLS VPN 专线及其应用场景；
- VPN 技术及其应用场景。

4.1　广域网概念介绍

广域网（Wide Area Network，WAN）与局域网正好形成互补关系，它在不同地区、城市，甚至国家之间提供网络互连服务。每个局域网都离不开广域网，有时仅仅是为了连接 Internet，使内部用户能够上网，使移动用户能够连接到企业网中；有时是为了连接其他局域网，并与之形成企业或机构的内网。广域网通常会跨越很远的地理范围，从几十千米到几千千米，为了满足这种远距离传输需求，广域网多是由光纤作为传输媒介构建的。

本章主要介绍企业广域网，也就是将处于不同物理位置的企业总部、数据中心、企业分部、办事处、移动办公人员等永久或按需连接在一起的网络架构。企业广域网一般依赖于运营商网络（广域网）所提供的连通性服务，其中可以选择专线或 VPN。本章后文中会对专线和 VPN 技术进行介绍，并展示与之相适应的应用场景和规划。一些企业（或行业）具有部署光纤的资质，因此会自建其广域网（骨干网），来为业务提供更为安全和高效的连通性服务。本章不重点讨论这种自建型企业广域网。

首先我们来介绍搭建广域网时常用的互连方式：运营商专线和 VPN。

4.1.1   广域网互连方式——运营商专线

运营商专线是指运营商在两点或多点之间提供专用的永久通信通道，为某一家企业传输数据、语音、视频。对于需要高网络可靠性和高网络安全性的企业来说，在构建企业广域网时向运营商租用专线是最有保障的选择。运营商负责为客户提供与专线传输相关的技术支持和维护。这种构建企业广域网的方式费用较昂贵，一般会根据带宽、SLA（服务级别协议）、距离等因素按月收取租用费。

企业可以选择两种运营商专线租用方式：租用传输专线，或租用 MPLS 专线。下面我们具体介绍这两类专线的优缺点，以及它们所依赖的技术。

传输专线又分为租用裸纤，以及租用依赖于 SDH、MSTP、WDM 等底层技术的运营商专线产品。裸纤是指运营商为客户机构提供一条专用的物理光纤线路，连接在客户机构的两个站点之间。客户两端的互连设备决定了这条光纤线路的传输能力。运营商只需要对这条物理光纤线路，以及中间经过的光纤跳线等设施提供维护，不提供数据处理服务，并通常根据光纤的铺设距离进行收费。裸纤主要面向对数据接入以及对服务质量有较高要求的机构，比如高校的主校区与分校区之间可以租用运营商裸纤来实现互连。由于裸纤是一根铺设在地下的物理光纤，因此它面临的风险是物理破坏，比如光纤被挖断。裸纤中间没有传输设备，因此运营商网络中的设备故障不会对其造成影响。

除了裸纤，运营商还会提供多种传输专线产品，它们所依赖的底层技术有所不同，比如 SDH、MSTP、WDM 等。SDH（同步数字体系，Synchronous Digital Hierarchy）是在 SONET（同步光网络，Synchronous Optical Networking）的基础上发展起来的更先进的标准，主要以光纤作为传输介质，也可以使用微波作为传输介质。MSTP（多业务传输平台，Multi-Service Transport Platform）集成了多种设备的业务功能，比如二层交换机、边缘路由器、SDH 复用器等。MSTP 技术的基础是 SDH，它还能实现 TDM、ATM、以太网等业务的接入、处理和传输。WDM（波分复用，Wavelength Division Multiplexing）是在单条光纤线路上实现同时发送多束不同波长激光的技术，它极大地增加了现有光纤基础设施的容量。这些传输专线产品与裸纤相比，在客户使用方面是没有区别的，看似都是"直连"的效果。只不过裸纤是真实的一条光纤，而其他传输专线产品是通过底层技术造成了"直连"效果。因此其他传输专线产品会面临运营商设备故障的风险，同时也依赖运营商提供数据处理服务。

传输专线如图 4-1 所示。

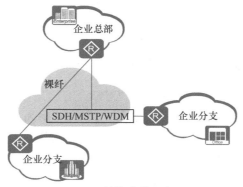

图 4-1　传输专线示意图

MPLS 专线也称为 MPLS VPN，它是基于运营商 MPLS 环境构建的专用网。运营商会根据客户的需求，为客户构建、管理和维护 MPLS VPN 通道。MPLS VPN 分为 L2VPN 和 L3VPN。其中 L2VPN（二层 VPN 或 VPLS，Virtual Private LAN Service）在运营商 MPLS 云中为客户提供交换服务，有能力在不同的企业站点之间实现 VLAN 的扩展。L3VPN（三层 VPN 或 VPRN，Virtual Private Routed Network）通过三层 VRF（虚拟路由转发）技术为每个客户提供单独的路由表，实现客户隔离的专用服务。MPLS VPN 如图 4-2 所示。

图 4-2　MPLS VPN 示意图

4.1.2　广域网互连方式——VPN

VPN 的全称为虚拟专用网络（Virtual Private Network），是部署在公共网络上的公司网络。它通过在 Internet 上使用隧道协议建立一个虚拟的点对点连接，将企业或机构网络延伸到公共网络中。企业可以使用 VPN 技术实现总部和分支机构之间的连接，也可以使用 VPN 技术为远程办公人员提供内部资源访问服务。

相对于专线来说，VPN 是由企业进行建立和维护的，当企业拥有了连接 Internet 的线路后，可以使用每个站点的出口路由器建立 VPN，无须为 VPN 单独付费。企业可以使用多种 VPN 技术，其中包括 PPTP、L2TP、SSL VPN、IPSec VPN、DSVPN、A2A VPN 等。VPN 场景如图 4-3 所示。

图 4-3   VPN 场景示意图

4.1.3   专线还是 VPN

当一个企业需要连接总部和分支机构时，是租用运营商专线还是自主构建 VPN？对于有些企业来说，这两者之间的选择并不是最需要考虑的问题，比如银行业。对于需要高安全性且高可靠性的行业来说，专线是它们的不二选择，即使投资和维护成本可能会比较高，但对比线路出现故障导致网络瘫痪的风险，这些企业往往选择最稳妥的实施方案。更不用提那些具有光纤铺设资质，能够自主构建广域网的机构。我们主要针对中大型企业进行讨论，在选择专线还是 VPN 进行互连时，企业可以从以下几方面进行考量。

在安全性方面，专线无疑具有比较高的安全性，并且它的安全性是由运营商进行保障的。通过公有网络建立 VPN 通道乍一听似乎安全性不那么高，毕竟公有网络并不是一个安全的网络，但企业在构建 VPN 通道时，可以选择对通道中传输的数据进行加密，这样也可以实现非常高的安全性。

在可靠性方面，除了裸纤之外，传输专线和 VPN 都依赖于运营商的网络可靠性，因为它们都需要连接到运营商云中。

在实施周期方面，对于专线来说，要想增加与一个站点之间的连接，需要依赖运营商进行大量工作，一般实施周期较长。如果两端接入点不在一个城市，还需要协调两边的运营商，有时周期可能会长达几个月之久。VPN 在扩展性方面表现更好，只要建立 VPN 连接的两个站点都连接了 Internet，两个站点的网络管理员就可以协商并建立 VPN 通道。

在传输速率方面，在租用裸纤的环境中，线路速率取决于企业中连接该裸纤的设备。设备上配备更高速率的光模块，就可以实现更高速率的传输。但专线和 VPN 的速率并不取决于企业端的设备，而是由与运营商签订的合同决定的，速率越高，价格越贵。如果进一步比较专线和 VPN 的价格，我们会发现相同带宽下，租用专线的价格比接入 Internet 的价格高很多。如果企业需要高带宽同时较低的维护成本，可以选择高带宽的 Internet 接入，并自主搭建 VPN。

在连接远程办公人员方面，专线无法服务于移动办公人员，因为它只是固定地连接在两个站点之间。要想支持远程办公人员连接到企业内网中，只能通过 VPN 来实现。即便是银行业，有时也需要将远程办公人员连接到银行网络中。

因此对于一个企业来说，它的广域网可能会由多种技术构成。比如企业可以在总部和数据中心之间租用传输专线，在总部和分支机构之间租用 MPLS VPN 专线，并使用 L2TP VPN 为远程办公人员提供接入服务。企业也可以将 MPLS 专线作为主线路，并将 Internet + VPN 作为备用线路。

4.1.4　广域网接口类型

总体来说，连接广域网的接口标准分为 POS 接口和以太网接口。本节将分别对这两种接口进行介绍。

1. POS 接口

首先介绍 POS 接口。这里所说的 POS 可不是收付款的 POS 机，而是 Packet Over SDH 的简称。它是一种广域网技术，可以使用 PPP（点对点协议，后文会介绍），将以太网数据包封装到 SONET/SDH 链路中，实现了通过 SONET/SDH 链路传输 IP 业务的需求。在前文对传输专线的介绍中我们提到过 SONET/SDH，SONET 和 SDH 在本质上是相同的，都通过光纤线缆同步传输多个数字比特流。目前 SONET 只在美国和加拿大使用，而 SDH 是 ITU-T 定义的标准，在世界其他地区（包括中国）都使用。

SONET 中的基本传输单位称为 STS-1（同步传输信号 1）或 OC-1（光载波 1 级），其运行速率为 51.84 Mbit/s。SDH 中的基本传输单位称为 STM-1（同步传输模块 1 级），其运行速率为 155.52 Mbit/s。表 4-1 中列出了 SONET/SDH 的名称及其带宽。

表 4-1　SONET/SDH 的名称及其带宽

SONET 光载波级别	SONET 帧格式	SDH 级别和帧格式	带宽（Mbit/s）
OC-1	STS-1	STM-0	51.84
OC-3	STS-3	STM-1	155.52
OC-12	STS-12	STM-4	622.08
OC-24	STS-24	——	1244.16（1.25G）
OC-48	STS-48	STM-16	2488.32（2.5G）
OC-192	STS-192	STM-64	9953.28（10G）
OC-768	STS-768	STM-256	39813.12（40G）

2. 以太网接口

读者应该已经对以太网及其接口非常熟悉了，1973 年，Xerox 公司的 PARC（帕洛阿尔托研究中心）首次提出了以太网。经过多年的发展，以太网已经发展出了多种标准，并且可以支持的传输速率也得到了极大的提升。根据接口类型进行划分，以太网接口分为双绞线以太网接口（也称为电口）和光纤以太网接口（也称为光口）。下面我们对这两种以太网接口及其支持的速率进行介绍。

第 2 章介绍了双绞线的物理特性和线序，这部分我们会从传输速度的角度对双绞线以太网进行介绍。当前有多种不同的标准适用于双绞线以太网，其中使用最为广泛的包括 10BASE-T（速率为 10Mbit/s）、100BASE-TX（100Mbit/s）和 1000BASE-T（1Gbit/s）。这 3 种标准都使用相同的连接头（RJ45 标准水晶头），并且高速标准会兼容低速标准。按照标准，它们都可以在长达 100m 以上的距离中正常工作。

光纤以太网标准所支持的常见速率包括 100Mbit/s、1000Mbit/s、10Gbit/s、40Gbit/s、100Gbit/s。其中吉比特（1000Mbit/s）以太网有以下常用的光纤标准，这些标准定义在 IEEE 802.3z 中。

- 1000BASE-SX：在多模光纤上利用 770nm～860nm 短波红外光传输数据，通常用于在楼宇内部进行互连。
- 1000BASE-LX：主要使用单模光纤，利用 1270nm～1355nm 长波红外光传输数据。1000BASE-LX 特定用于 10μm 单模光纤，最大工作距离为 5000m。当运行在常见的多模光纤链路时，最大工作距离为 550m。
- 1000BASE-LX10：使用单模光纤，工作距离小于 10km。
- 1000BASE-LHX：使用单模光纤，工作距离为 10～40km。
- 1000BASE-ZX：使用单模光纤，工作距离为 40～70km。

万兆（10G）光纤以太网有以下常用标准，这些标准定义在 IEEE 802.3ae 中。

- 10GBASE-SR：使用多模光纤，根据电缆类型，其工作距离为 26～82m。使用新型 2GHz 多模光纤，工作距离可达 300m。
- 10GBASE-LX4：使用波分复用，在多模光纤上工作距离为 240～300m。使用单模光纤工作距离超过 10km。
- 10GBASE-LR：使用单模光纤，工作距离为 10km。
- 10GBASE-ER：使用单模光纤，工作距离为 40km。
- 10GBASE-SW、10GBASE-LW-10GBASE-EW：用于广域网 PHY、OC-192/STM-64 同步光纤网/SDH 设备，使 10G 以太网无缝接入光传输网。物理层分别对应 10GBASE-SR、10GBASE-LR 和 10GBASE-ER 标准，所支持的工作距离与相应的物理层标准相同。

100Gbit/s 光纤以太网有以下常用标准，这些标准定义在 IEEE 802.3ba 中。

- 40GBASE-SR4/100GBASE-SR10：使用多模光纤，工作距离在 100m 以上。
- 40GBASE-LR4/100GBASE-LR10：使用单模光纤，工作距离超过 10km。
- 100GBASE-ER4：使用单模光纤，工作距离超过 40km。

4.1.5 广域网接口常用技术

这一小节主要关注广域网中所使用的数据链路层技术。广域网中广泛使用的 OSI 第 2 层技术包括 PPP（点到点协议）、HDLC、帧中继、ATM 等，其中最常见的做法是采用 PPP。PPP 被定义在 RFC 1661 中，它主要工作在支持全双工的同步或异步链路上，进行点到点之间的数据传输。由于它能够提供连接认证、传输加密、数据压缩且易于扩充，支持同步或异步通信，因而获得了广泛应用。本小节后文会进一步介绍 PPP。

HDLC 的全称为高级数据链路控制，它是由国际标准化组织在 ISO/IEC 13239:2002 中定义的通信标准，工作在数据链路层，用来在同步网上传输数据。作为 PPP 的基础，HDLC 在很多服务中被用来实现广域网的接入，最为常见的是接入 Internet。

帧中继是标准化的广域网技术，定义了使用包交换技术的物理层和数据链路层的数字通信信道，它通过使用无差错校验机制，加快了数据转发速度。帧中继最初是为了实现在 ISDN（综合业务数字网）架构中数据传输而设计的。随着一些新技术在广域网中的应用，当前帧中继的使用越来越少了。

ATM（异步转移模式）是由 ANSI（美国国家标准学会）和 ITU-T（国际电信联盟电信标准化部门）定义的通信标准，它是建立在电路交换和分组交换基础上的一种面向连接的交换技术。在 OSI 参考模型的数据链路层（第 2 层）中，基本传输单元一般称为数据帧。在 ATM 中，这些固定长度为 58 字节的帧被称为信元。在 PSTN（公共交换电话网络）和 ISDN 网络中，ATM 网络是其 SONET/SDH 骨干网中的核心技术，但现在已经在很大程度上被 IP 技术取代。

PPP

PPP 的全称是点到点协议（Point-to-Point Protocol），顾名思义，它会在两个节点之间建立直接连接。PPP 工作在数据链路层（OSI 模型的第 2 层），除了提供数据传输之外，它还可以提供连接认证、传输加密和数据压缩。

到目前为止，有很多与 PPP 相关的 IETF RFC 文档，其中包括 RFC 1661（详细描述了 PPP）、RFC 1334（描述了密码认证协议［PAP］，用于在建立连接时进行身份认证）、RFC 1994（描述了握手挑战认证协议［CHAP］，用于在建立连接时进行身份认证）、RFC 2516（描述了 PPPoE，用于在以太网上传输 PPP 数据）、RFC 2364（描述了 PPPoA，用于在 AAL5 上传输 PPP 数据）。

PPP 可以广泛支持多种物理层介质，比如光纤线路 SONET/SDH（即 POS）、串行线路、电话线等。在 Internet 发展的早期，PPP 就被用于实现互联网接入。运营商会使用 PPP 为客户提供接入 Internet 的拨号连接，由此衍生出了 PPP 的两种应用：PPPoE（PPP over Ethernet）和 PPPoA（PPP over ATM）。无论是个人用户还是企业用户，在选择拨号上网所使用的协议时并没有太大的自主选择空间，使用 PPPoE 还是 PPPoA 主要取决于运营商的网络。但目前 PPPoE 是拨号上网场景中应用的主流协议。

PPP 是一种分层协议，它自下而上定义了以下 3 个组成部分。

- **封装组件：**用来在特定的物理层上实现数据报的传输。
- **LCP（链路控制协议）：**用来对链路进行建立、配置和测试，同时也用来对链路上的设置、选项，以及特性进行协商。

- **NCP（网络控制协议）**：用来对网络层的可选配置参数和功能进行协商。PPP 所支持的每种更高层协议都有一个与其对应的 NCP，比如与 IP 协议相对应的网络控制协议称为 IPCP，定义在 RFC 1332 中。

图 4-4 描述了 PPP 的分层架构。

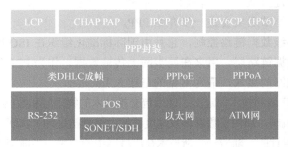

图 4-4　PPP 的分层结构

　　PPP 帧是在较低层协议中进行封装的，这个较低层协议提供了成帧功能和其他功能，比如提供校验和来检测传输错误。在串行链路上，PPP 通常会被封装为类似 HDLC 的成帧格式，详见 RFC 1662 中的描述。相应地，在以太网上会使用 PPPoE 协议对 PPP 帧进行封装，在 ATM 网上会使用 PPPoA 协议对 PPP 帧进行封装。

　　PAP 和 CHAP 是我们可以在 PPP 链路上实现身份认证的两个协议。PAP 使用两次握手来完成用户会话的认证，CHAP 则使用三次握手。二者认证的过程类似，但 CHAP 提供了更高的安全性。PAP 使用一个标准的登录流程，其中远端系统会通过用户名和密码的组合来认证自己的身份。PAP 认证过程中可以将密码通过加密隧道进行传输，从而增加安全性，但由于用户名和密码属于静态组合，PAP 仍暴露在众多攻击中，比如密码猜测和密码欺骗。CHAP 使用一种更为复杂且安全的方法来进行认证。它会在每次认证中生成唯一的挑战字段，在这个挑战字段中包含设备的主机名，并使用单向散列函数对其进行计算。这种方法使 CHAP 不会每次都通过线路发送静态的凭据信息。

　　下面详细描述 PAP 和 CHAP 的认证过程。PAP 的两次握手过程如下所示。

- **客户端向服务器发送自己的用户名和密码**。想与服务器建立 PPP 会话的客户端会通过认证请求（authentication-request）数据包向服务器发送用户名和密码。
- **服务器接收到凭据信息并进行验证**。如果凭据正确，服务器会向客户端发送认证响应（authentication-ack response）数据包，接着建立服务器与客户端之间的 PPP 会话。如果凭据不正确，服务器会向客户端发送认证响应（authentication-nak response）数据包，并且不会建立会话。

CHAP 的 3 次握手过程如下所示。

- **链路建立后，服务器会向客户端发送认证挑战**。服务器会在客户端上执行用户名查找，并通过向客户端发送"问询挑战"来初始化 CHAP 认证流程，在这个挑战中包含一个随机生成的字符串。

- **客户端响应挑战**。客户端会在挑战字符串的基础上，使用正确的密码创建单向散列并将其加密。
- **服务器解密散列并进行验证**。服务器会对散列进行解密，并根据计算的结果进行验证。如果散列值相同，服务器会以认证成功（authentication-success）消息进行回应。如果不同，服务器会以认证失败（authentication-failure）消息进行回应，并中断会话。

PPP 提供了一种提高吞吐量的方法——多链路 PPP（Multilink PPP），也称为 MP。MP 可以通过在多条不同的 PPP 链路中传递数据包，从而增加额外带宽。MP 定义在 RFC 1990 中，属于链路聚合技术的范畴。

4.2 专线技术及其应用场景

4.1 节介绍过，专线技术分为裸纤专线、SDH/MSTP/WDM 传输专线和 MPLS VPN 专线。本节将分别介绍这 3 类专线技术所适用的场景。

4.2.1 裸纤专线

裸纤是由运营商提供的一条光纤，只为一个客户提供传输服务，按光纤距离收费且价格昂贵。一条光纤的最大传输距离一般为 300 千米，超过 300 千米的站点之间需要架设中继设备。光纤链路上承载的带宽取决于客户站点中接入光纤的网络设备。图 4-5 所示为裸纤专线示意图。

在实际项目中，裸纤应用较多的场景是大学两个校区之间的连接，相当于使用一条物理光纤将两个校区相互连接在一起；或者在教育城域网的部署中，将教育局网络与其辖区内的各所高校相互连接，所有高校都通过教育局网络的统一网络出口接入 Internet，如图 4-6 所示。

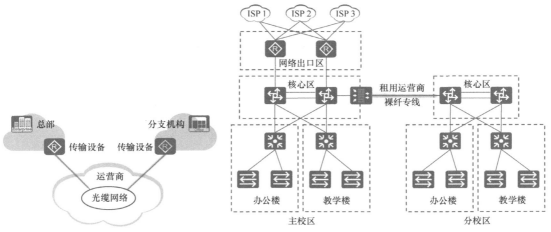

图 4-5 裸纤专线示意图   图 4-6 裸纤专线应用场景（校区）

4.2.2 SDH/MSTP/WDM 传输专线

运营商基于底层技术（SDN/MSTP/WDM）所提供的各种专线产品对于客户来说相当于使用一根网线将两个局域网连接在一起，效果看似与裸纤差不多。它们的本质区别在于，裸纤中间不会经过路由器/交换机等网络设备，是一根真实的线缆；而传输专线是运营商通过技术模拟出来的一根线，中间会经过运营商网络中的路由器/交换机等网络设备。图 4-7 所示为传输专线示意图。

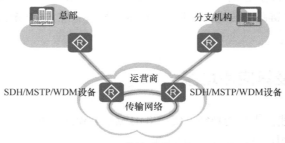

图 4-7 传输专线示意图

在实际使用中，对于那些需要长距离传输，并且对网络可靠性和安全性要求较高的企业和机构，可以向运营商租用 SDH/MSTP/WDM 专线产品。对于运营商来说，每个专线客户被称为租户。每个租户会独占传输专线中的一部分带宽，多个租户共享传输网络。因为这类专线基于带宽计价，所以价格会比裸纤便宜。当前使用较多的是 MSTP 和 WDM 专线，少量区域还在使用 SDH 专线。

金融行业（比如银行）在连接不同站点时为了保障网络的可靠性和安全性，一般会选用运营商传输专线产品。比如总行与位于其他省市的一级分行之间就可以使用传输专线进行连接，一级分行于其下辖的二级分行之间也可以使用传输专线进行连接，如图 4-8 所示。

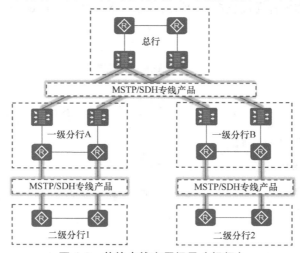

图 4-8 传输专线应用场景（银行）

4.2.3 MPLS VPN 专线

MPLS VPN 专线包括 MPLS L2VPN（VPLS）和 MPLS L3VPN（VPRN）两种，都是性价比较高的专线方案，目前被广泛使用在各类企业中。

VPLS 是一种通过 MPLS 或 IP 网络提供多点到多点以太网通信的方法。在 VPLS 中，每个站点的局域网（LAN）都会延伸到运营商网络边缘，并通过运营商网络模拟交换机，实现所有站点 LAN 的相互连接，最终创建出单个 LAN。由于使用 VPLS 模拟 LAN，因此需要提供全互连连接，其中控制平面是由 PE（运营商边缘）路由器之间的自动发现和信令交互构建的。自动发现是指 PE 路由器寻找其他参与同一 VPN 或 VPLS 的 PE 路由器的过程。信令交互是建立伪线的过程，伪线构成了数据平面，PE 路由器借此向其他 PE 路由器发送客户的 VPN/VPLS 流量。PE 路由器之间的自动发现和信令交互是通过 BGP（边界网关协议）提供的，其机制与建立 VPRN 时使用的机制类似。图 4-9 所示为 VPLS 场景示意图。

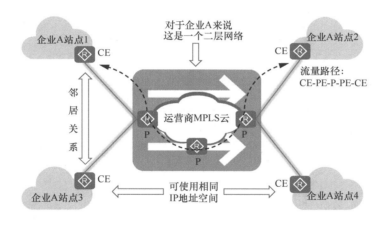

图 4-9　VPLS 场景示意图

VPRN 是一种通过运营商网络构建三层连接的方法。从客户的角度来看，两个站点之间是通过路由器（也就是运营商）相连的。在 VPRN 中，运营商会利用 VRF（虚拟路由转发）技术为每个客户划分出单独的路由表。运营商网络中同时需要依赖 MP-BGP 提供控制平面功能。图 4-10 所示为 VPRN 场景示意图。

图 4-10 所示场景也是现网中应用较多的方案。从运营商的视角看来，它可以在同一个网络基础设施中同时为众多企业客户提供 MPLS VPN 服务。PE 路由器之间会使用 MP-BGP 来分发 VPN ID 以及与 VPN 相关的连通性信息，由此实现客户站点的连通性，以及不同客户 VPN 的隔离。图 4-11 所示为运营商网络中的 VPRN 示意图。

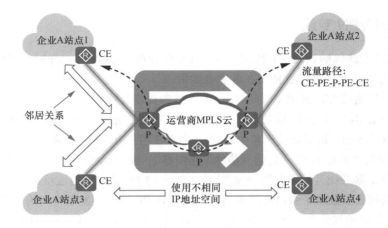

图 4-10　VPRN 场景示意图

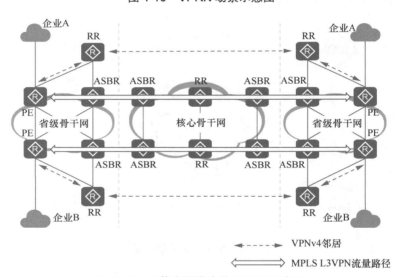

图 4-11　运营商网络中的 VPRN 示意图

4.3　VPN 技术及其应用场景

　　作为成本开销最低、最为灵活的站点互连方式，VPN 技术被广泛应用于企业广域网方案中。正如物理网络拓扑结构千差万别一样，VPN 也有多种结构。本节将会按照业务用途将 VPN 技术划分为 3 类：Access VPN（远程访问 VPN）、Intranet VPN（企业内部 VPN）和 Extranet VPN（扩展的企业内部 VPN）。

　　Access VPN 是指远程访问 VPN，又称拨号 VPN，通常依赖于 L2TP VPN 技术，用来为远程办公人员、远程办公室，以及出差员工提供一种方式，使其能够通过 Internet 与企业的接入网关之间建立 VPN 连接，并安全地连接到企业网络内部。Access VPN 可以由用户发起 VPN 连接，也可以由网络接入服务器（NAS）发起 VPN 连接。

Intranet VPN 是指企业内部 VPN，建立在网关与网关之间，也就是在 Internet 上通过 GRE 隧道或 DSVPN（动态智能 VPN）技术将企业的两个站点安全地连接在一起。它是传统专线方案的替代选项，由企业自主构建、维护和管理 VPN 连接，并保障 VPN 中数据的安全性。

Extranet VPN 是指扩展的企业内部 VPN，通常利用 SSL VPN 技术与合作伙伴的企业网络相互连接，构成扩展的企业网络。这种连接是由企业与合作伙伴协商建立的，由双方共同构建、维护和管理，并保障安全性。

本节将会对这 3 类 VPN 技术的应用进行介绍。

4.3.1 Access VPN 的应用

Access VPN 提供了基于拨号的 VPN 服务，主要使用 VPDN（虚拟专用拨号网）技术来实现拨号行为，可以让远程用户随时随地访问企业内网。VPDN 采用隧道技术，在隧道中传输企业网的数据。被封装的数据包在 Internet 上传递时所经过的逻辑路径被称为"隧道"。隧道技术的基本工作原理是在源局域网与公网的出口处将数据作为载荷封装在一种可以在公网上传输的数据格式中，在目的局域网与公网的入口处将数据解封装并取出载荷。

企业通过使用 VPDN，可以实现站点之间的互连，也可以为移动办公人员提供接入服务。图 4-12 展示了 VPDN 的应用场景。在对拨入用户进行认证时，企业还可以通过部署 RADIUS 服务器来增强认证安全性。

图 4-12 VPDN 的应用场景

VPDN 常用到的隧道技术包括 PPTP（点对点隧道协议）和 L2TP（二层隧道协议）。PPTP 是第一个被 Microsoft 拨号网络支持的 VPN 协议，能够在 Internet 上建立安全的 VPN 隧道。部署 PPTP 需要 Windows 系统的支持，并且在外网接入时需要将内网的 Windows 服务器通过 NAT 进行映射，因此当前较少使用。

L2TP 本身不提供加密和认证，常会通过 IPSec 来确保 L2TP 的安全性，这两种协议的组合称为 L2TP/IPSec。在 L2TP 的定义中，LAC 和 LNS 是建立隧道的两个端点，LAC（L2TP 接入集中器）是发起拨号的端点，LNS（L2TP 网络服务器）则是接入服务器。

在 L2TP 的环境中，图 4-12 所示场景中的设备可以被标记为图 4-13 中所示的角色。

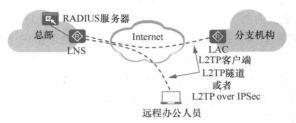

图 4-13 通过 L2TP 搭建 VPDN 的应用场景

4.3.2 Intranet VPN 的应用

随着网络的发展，企业越来越将企业网络视为基础设施的重要部分。没有网络的支持，企业业务的开展就会变得困难、昂贵，甚至无法进行。对于拥有远程办公室的公司而言，这些远程站点必须能够完全访问企业网络，以实现无缝通信来提高生产力。这一小节介绍一种更经济且灵活的方法来实现企业站点之间的互连：Intranet VPN。

Intranet VPN 能够将企业的内部资源和应用从总部/数据中心扩展到分支机构，它通常是全时连接的，通过跨越 IP 网络的安全隧道创建。对于任何形式的 VPN 实施方案，运营商都是解决方案的合作伙伴之一。运营商可以向企业提供基本 Internet 连接，也可以提供完全外包的 VPN 解决方案。也就是说，运营商可以在其 IP 骨干基础设施上为不同客户创建众多 VPN，这也是为什么 VPN 解决方案的成本效益更高。当然，每个客户（企业）的流量与任何其他客户的流量会完全隔离且相互不可见，并且不同客户之间不会相互影响对方的网络性能。因此，完整的 VPN 解决方案中会结合隧道、安全、服务质量、管理和配置功能。在构建 Intranet VPN 时，主要使用的技术包括 GRE 和 DSVPN 等。图 4-14 所示为 Intranet VPN 的应用场景。

图 4-14 Intranet VPN 的应用场景

1. GRE 简介

GRE 称为通用路由封装（Generic Routing Encapsulation），它会构建一条虚拟的点到点链路，对网络层数据报文进行封装，并在由另一种网络层协议构建的网络中传输被封装的数据报文。我们以在 IPv4 网络中传输由 GRE 封装的 IPv6 数据包为例，图 4-15 所示为 GRE 的应用场景。

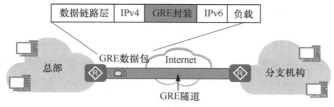

图 4-15 GRE 的应用场景

GRE 隧道的两端被称为 Tunnel 接口，对数据包执行封装和解封装操作。隧道两端的物理接口称为隧道接口。

GRE 封装本身不会对数据提供加密服务，在 Internet 上传输未经加密的企业数据是很危险的，因此 GRE 常会与 IPSec 结合使用，称为 GRE over IPSec，这是企业中一种常用的点到点 VPN 技术。图 4-16 所示为 GRE over IPSec 的应用场景。

图 4-16 GRE over IPSec 的应用场景

2. DSVPN 简介

当企业网络中分支机构的数量逐渐增多时，GRE over IPSec 构建的虚拟点到点链路的下列局限性就慢慢展示出来了，如图 4-17 所示。

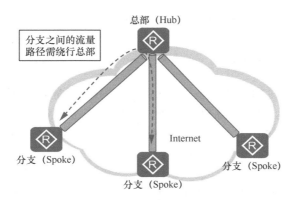

图 4-17 GRE over IPSec 的应用局限

- 每增加一个新的分支站点，总部站点的配置都必须随之改变。
- 所有隧道都建立在总部与分支之间，导致不同分支之间的流量会穿越总部站点。
- 当流量从分支 1 去往分支 2 的过程中经过总部站点，总部站点需要对流量进行解封装和重新封装，从而会引入额外的网络延迟。
- 若分支站点的公网 IP 地址是动态变化的，部署 GRE 隧道会存在问题。

DSVPN 是指动态智能 VPN，它的出现弥补了 GRE over IPSec 的缺陷。DSVPN 可以在 Hub-Spoke 组网方式下为公网地址动态变化的分支之间建立 VPN 隧道提供解决方案。它通过 NHRP（下一跳解析协议）和 mGRE（多点 GRE）弥补了 GRE over IPSec 的缺陷。

- 通过 NHRP 动态地收集、维护和发布各个节点的公网地址等信息，从而在分支站点使用动态公网地址的情况下，仍能够在分支与分支之间动态建立 VPN 隧道。并且由此实现分支与分支之间的直接通信，减轻了总部站点的流量负担。
- 通过 mGRE 使一个 Tunnel 接口可以与多个对端建立 VPN 隧道，当增加新的分支站点时，减轻了总部站点中 VPN 隧道的配置变更量。

使用 DSVPN 构建的网络如图 4-18 所示。

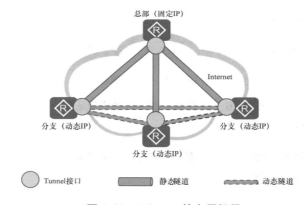

图 4-18　DSVPN 的应用场景

4.3.3　Extranet VPN 的应用

Extranet VPN 是指通过 VPN 来连接合作伙伴，这项技术通常被企业用来为其商业合作伙伴或客户提供各种信息服务，比如产品信息、合作项目、价格表、备忘录等。Extranet VPN 主要使用到的技术是 L2TP 和 SSL VPN，如图 4-19 所示。本节将主要介绍 SSL VPN 在 Extranet VPN 中的应用。

1．SSL VPN 简介

SSL VPN 无须专门的软件就可以访问企业内网中的服务和资料，它会通过加密连接为所有类型的设备提供安全、可靠的通信，无论用户是通过 Internet 还是其他网络访问企业内网。Web

浏览器和 SSL VPN 设备之间的所有流量都会使用 SSL 或 TLS 进行加密，用户无须在加密协议之间做出选择。相反，SSL VPN 会自动使用安装在用户浏览器上最新的加密协议。用户也无须手动更新浏览器上的加密协议，每当浏览器或操作系统更新时，加密协议也会随之更新。

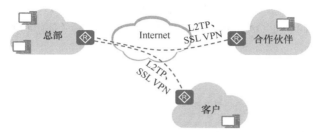

图 4-19　Extranet VPN 的应用场景

　　SSL VPN 分为两种类型：SSL 门户 VPN 和 SSL 隧道 VPN。在使用 SSL 门户 VPN 时，用户会在访问网站时输入身份验证信息并启动安全连接，以保护这个 SSL 连接。此外，用户也可以通过 SSL 门户 VPN 来访问企业中特定的应用或服务。SSL 隧道 VPN 允许通过 Web 浏览器安全地访问多个网络服务，而不仅仅是基于 Web 的服务。这些服务可能是专为企业搭建的私有网络或服务，并且无法通过 Internet 直接访问。

　　图 4-20 展示了使用 SSL VPN 来实现 Extranet VPN 的场景。

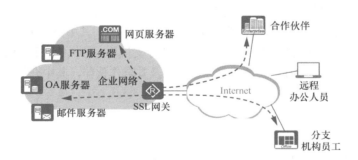

图 4-20　SSL VPN 的应用场景

2. SSL VPN 与 IPSec VPN

　　多年来，IPSec VPN 被用来在两个端点之间建立安全隧道。IPSec 使用硬件和软件结合的方式保障了企业站点之间连接的高质量，并且允许访问企业内部的任何内容。大多数 IPSec VPN 解决方案都需要安装特殊的硬件和软件，才能为用户访问网络提供安全隧道服务。这种设置的最大好处是提供了额外一层安全性。当网络中不仅有软件，而且有硬件提供保护时，黑客更难以渗透到网络中并获取关键数据。不过，正因为有了专用的硬件和软件，IPSec VPN 的部署和维护成本比较高，并且需要企业拥有相关专业知识的工程师。

　　SSL VPN 无须专用的硬件和软件，当前大多数 Web 浏览器都支持 SSL，并且无须进行额外安装。由于大多数设备（包括智能手机和平板电脑）都至少安装了一种浏览器，因此大多数人都拥有了通过 SSL VPN 建立连接的"客户端软件"。

SSL VPN 的另一个主要优势在于，它允许通过隧道连接到特定的应用程序。也就是说，当企业不希望 VPN 接入用户随意访问企业中的全部资源时，SSL VPN 会很方便。比如出差员工可以通过 SSL VPN 访问企业 OA。SSL VPN 可以根据员工信息（部门和职位等）为其提供不同的访问权限。

4.4 总结

本章主要围绕广域网远程互连规划进行介绍。首先从概念上对广域网进行了介绍，广域网与局域网形成互补关系，它将众多局域网相互连接在一起。然后介绍了企业广域网的连接选项。4.1 节对这些选项进行了介绍，其中包括裸纤、运营商专线和 VPN，并且对各种选型进行了对比。接着介绍了常用到的广域网接口类型和技术。

4.2 节着重介绍了各种专线技术及其应用场景。其中裸纤是稳定性最高且最昂贵的连接选项，运营商提供的各种传输专线产品可以作为裸纤专线的高品质替代解决方案。MPLS VPN 专线是运营商提供的另一种服务，对于大型企业来说，分支机构的连接可以选择性价比更高的 MPLS VPN 专线。

4.3 节主要介绍 VPN，并按照业务用途将 VPN 划分为 Access VPN、Intranet VPN 和 Extranet VPN。Access VPN 主要用来将远程办公人员连接到企业网络，其中介绍了 VPDN 和 VPDN over IPSec 技术。Intranet VPN 主要用来连接企业总部和分支机构，其中介绍了 GRE、GRE over IPSec 和 DSVPN 技术。Extranet VPN 主要用来连接企业及其合作伙伴，其中介绍了 SSL VPN 技术。

4.5 习题

一所高校希望开展远程教学项目（即网课），这种情况下可以使用哪些技术？

第 5 章

数据中心网络规划设计

与有线局域网、无线局域网、网络出口和广域网不同，很多园区网设计方案中是不包括数据中心模块的。不仅如此，数据中心网络中部署的技术也和园区网其他模块中部署的技术相当不同，而这些技术通常不会包含在大多数计算机网络的基础课程中。有鉴于此，本章会首先对数据中心中主要技术进行概述，然后才会对数据中心物理拓扑的设计原则进行介绍，并继续介绍数据中心网络的逻辑设计方法，其中包括数据中心网络的 IP 地址规划、VNI 规划设计、网络分区设计、底层（Underlay）设计、覆盖层（Overlay）设计和高可靠性设计。

本章重点：

- 数据中心主要技术概述；
- 数据中心网络的物理拓扑设计；
- 数据中心网络的 IP 地址规划；
- 数据中心网络的 VNI 规划设计；
- 数据中心网络的网络分区设计；
- 数据中心网络的底层网络（Underlay）设计；
- 数据中心网络的覆盖层网络（Overlay）设计；
- 数据中心网络的高可靠性设计。

5.1 数据中心主要技术概述

如本章开篇提到的那样，在园区网的各类功能模块中，数据中心模块中常常使用一些在其他模块中不会用到的技术，要么用一些特殊的方式部署一些常用的技术。鉴于读者对于数据中心环境中的技术有可能并不熟悉，本章会首先用一节的篇幅对数据中心环境中主要技术的部署方式进行概述，以便读者学习本章后文关于数据中心网络物理拓扑设计和逻辑技术设计的内容。

5.1.1   链路聚合与 M-LAG

链路聚合（Eth-Trunk）不仅应用于数据中心网络中，而且广泛应用于局域网模块中。首先概述链路聚合是为本节的下一项技术进行铺垫。

所谓链路聚合是指通过逻辑的方式把多条物理以太网并行链路捆绑在一起，使之成为一条逻辑的链路，从而避免其中一条或多条链路因生成树的作用而被阻塞。链路聚合可以达到增加链路带宽、提升网络可用性的目的。

在生成树环境中，图 5-1 左侧所示的生成树网络会有一个端口被选举为预备（Alternate）端口。为了避免网络中出现环路，该预备端口被生成树协议阻塞。如果使用了链路聚合，那么两条物理链路就会被捆绑为一条逻辑链路，因此没有端口会被阻塞，所有链路的带宽都可以得到充分地利用，两条平行链路可以对流量实行负载分担。在任何一个端口或者任何一条链路发生故障时，另一条链路可以继续承担全部的转发职能，网络的可靠性因此得到保障，如图 5-1 的右侧所示。

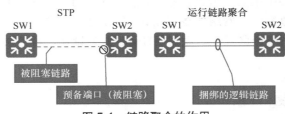

图 5-1   链路聚合的作用

关于上述链路聚合的内容，在计算机网络阶段的课程中应该进行过详细介绍。在数据中心环境中，链路聚合更常见的一种部署方式称为 M-LAG，全称为跨设备链路聚合组（Multichassis Link Aggregation Group）。M-LAG 可以让两台设备通过称为 Peer-Link 的链路连接在一起，形成一个链路汇聚组，再把这两台设备连接到另一侧同一台设备的两条链路，从而捆绑成一条逻辑链路。在那台设备看来，对端的两台设备就像是一台逻辑的设备。这样一来，连接到这两台设备的链路也就成了执行链路聚合的平行链路，如图 5-2 所示。

在实际的数据中心环境中，M-LAG 多用于两类连接。图 5-2 所示为其中一种连接，即服务器通过 M-LAG 双上行连接两台 Leaf 交换机，这种设计是为了避免因为任何一台交换机或者服务器连接交换机的链路发生故障而导致的服务中断。

除了用于服务器连接 Leaf 交换机之外，M-LAG 的另一种常用部署方式是位于数据中心边界（Border）的 Leaf 交换机连接防火墙，防火墙则连接园区网的局域网模块，如图 5-3 所示。

链路聚合和 M-LAG 的部署都是为了提升网络的可靠性。在数据中心网络中，除了通过链路聚合和 M-LAG 之外，使用堆叠技术来提升网络可靠性也是极为常用的做法。

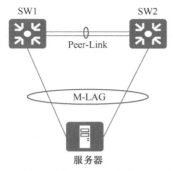

图 5-2 服务器通过 M-LAG 连接 Leaf 交换机

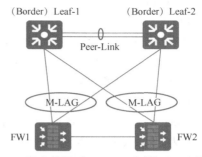

图 5-3 防火墙通过 M-LAG 连接 Leaf 交换机

5.1.2 堆叠技术

如果链路聚合是把两条或多条链路捆绑为一条虚拟的逻辑链路，那么堆叠技术就是把两台或多台交换机捆绑为一台逻辑的交换机。概括地说，堆叠技术可以带来以下好处。

- **简化运维**：在管理方面，多台交换机堆叠成的一台逻辑交换机是作为一台交换机进行管理的，所以堆叠技术可以简化网络的运维工作。
- **可靠性高**：堆叠中的一台设备发生故障，整个堆叠的工作并不会受到影响，而且堆叠中的其他设备还可以接管故障设备的转发，所以可以避免单点故障。
- **无环网络**：和链路聚合类似，堆叠后的设备在逻辑上成为一台设备，因此堆叠和其他设备的互连不会形成环路，这个环境也就不需要通过生成树等防环机制来逻辑地阻塞某些可用链路，如图 5-4 所示。

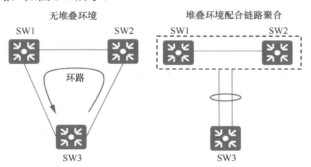

图 5-4 堆叠在逻辑上避免了二层环路

- **链路均衡**：堆叠支持跨设备的链路聚合，可以让链路和带宽的利用率达到 100%。

综上所述，堆叠技术可以简化网络管理、提升转发性能。与此同时，堆叠的交换机所具备的特性会被继承下来，所以堆叠不会给网络造成任何损失。

在实际操作中，如果要建立堆叠，需要技术人员手工把这些（参与堆叠的）交换机通过堆叠线缆连接在一起，然后进行一些简单的配置。在华为的技术术语中，堆叠分为两种类型，即智能堆叠（iStack，intelligent Stack）和集群交换机系统（CSS，Cluster Switch System）。

- **iStack**：如果堆叠的设备是盒式交换机，如 CE5800、CE6800、CE7800 系列交换机，对应的堆叠技术就称为 iStack。具体的做法是通过速率高于 10GE 的端口（以及高速铜线或者光纤）把要堆叠的交换机连接起来——这里的连接既可以是环状也可以是链状。鉴于 iStack 堆叠的是盒式交换机，所以 iStack 不仅不需要使用专门的线缆，而且不需要安装专门的堆叠板卡。

- **CSS**：如果堆叠的设备是框式交换机，如 S9300、CE12800 等，那么对应的堆叠技术就称为 CSS。CSS 包含两种方式。
  - **专用线卡式 CSS**：即交换机之间通过专用的堆叠线卡和线缆进行互连。这种堆叠方式不占用线卡槽位，而且专用的堆叠端口也可以增强堆叠设备之间的互连带宽。这是早期 CSS 支持的堆叠方式。
  - **业务线卡式 CSS**：在专用线卡式 CSS 之后，华为又推出了业务线卡式 CSS，即交换机之间通过业务线卡上的端口和普通的高速铜线或者光纤相连。这种堆叠的优势在于不需要为建立堆叠专门添置配件，而且通过光纤实现长距离堆叠，并通过链路聚合来提升 CSS 互连带宽，从而建立起图 5-4 右侧的逻辑环境。

在应用层面，iStack 和 CSS 差异不大。但是两者在设计层面有一个值得注意的差异，即 iStack 支持多台设备的堆叠，而 CSS 只支持两台设备的堆叠。

5.1.3　VxLAN 与 EVPN

在当今数据中心网络中，虚拟化技术已经得到了极为广泛的部署。换言之，为客户端设备提供服务的单位早已从物理服务器变成了虚拟机。在这种大背景下，一种需求应运而生，那就是物理服务器上的虚拟机（虚拟服务器）跨网络迁移。

不过，当虚拟机跨网络或子网进行迁移时，它们的 IP 地址就会发生变化，因此客户端与虚拟机（服务器）之间的连接就会断开。如果希望虚拟机在从一台物理设备迁移到另一台物理设备的过程中不造成连接中断，就需要确保虚拟机在二层网络中进行迁移。

VxLAN 就是这样一种技术，它可以在 IP 路由可达的两个网络之间建立一个二层的隧道，从而把两个网络"打通"，建立一个"大二层"网络，让虚拟机可以跨越中间的环境完成迁移。在这个过程中，客户端的连接并不会断开，如图 5-5 所示。

如上所述，VxLAN 是一种点到点的数据链路层隧道技术，这种技术可以在两个路由可达的网络之间叠加一个二层网络。

VxLAN 数据包中包含了 VNI（VxLAN 网络标识符）字段，它的目的是区分 VxLAN 隧道所连接的两个站点中所包含的多个网络，因此 VNI 类似于 VLAN ID。VxLAN 隧道则可以承载所有 VNI 的流量。于是，在部署 VxLAN 的环境中，就涉及相同 VNI 终端之间的通信和不同 VNI 终端之间的通信。鉴于 VxLAN 旨在建立所谓的"大二层"网络，因此前者属于二层通信，如图 5-6 上半部分所示，后者则属于三层通信，如图 5-6 下半部分所示。

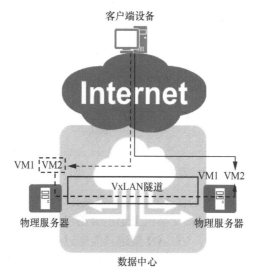

图 5-5 虚拟机跨越 VxLAN 隧道迁移

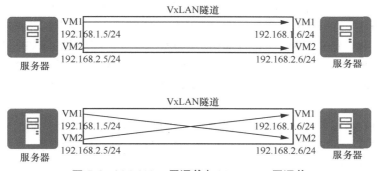

图 5-6 VxLAN 二层通信与 VxLAN 三层通信

为了支持图 5-6 所示的这两种通信，VXLAN 定义了 VXLAN 二层（L2）网关和 VXLAN 三层（L3）网关的概念。其中，VXLAN L2 网关用于建立相同 VNI 终端之间的通信，一般由连接终端的 Leaf 交换机充当；而 VXLAN L3 网关则用于建立不同 VNI 终端之间的通信，既可以由各个 Leaf 交换机充当，也可以由 Spine 交换机充当。如果由各个 Leaf 交换机同时充当 VxLAN L2 和 VxLAN L3 网关，这样的设计方案就称为分布式 VxLAN 网关设计方案，如图 5-7 所示。

鉴于分布式设计方案需要在各个 Leaf 节点上进行配置，如果整个数据中心不通过控制器进行集中式控制，那么这种设计方案部署较复杂。但这种设计方案比下一种设计方案的流量路径更优，也不容易在任何设备上造成资源瓶颈，因此扩展能力强。

与之相对的是使用 Spine 充当 VxLAN L3 网关，这样的设计方案称为集中式 VxLAN 网关设计方案，如图 5-8 所示。

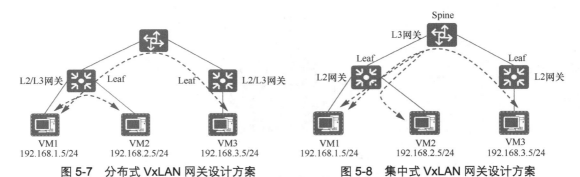

图 5-7 分布式 VxLAN 网关设计方案   图 5-8 集中式 VxLAN 网关设计方案

集中式 VxLAN 网关设计方案的优缺点与分布式设计方案正好相反。集中式配置和实施简单，但是存在流量次优的问题，Spine 交换机上也更容易形成资源瓶颈。

在最初定义的 VxLAN 标准中，VxLAN 隧道只能通过手工的方式进行配置，同时 VxLAN 隧道端点（VTEP）通过泛洪的方式学习主机地址。不过，这种方式不仅会导致泛洪流量数量庞大，而且会降低网络的可扩展性。

VxLAN 的后续方案引入了 EVPN 作为 VxLAN 的控制平面。EVPN 可以在 VxLAN 隧道端点设备之间动态建立 VxLAN 隧道，形成 EVPN 对等体关系。EVPN 对边界网关协议（BGP）进行了扩展，在其中定义了 3 种 EVPN 路由。EVPN 对等体之间会通过 EVPN 路由在 VTEP 之间传输 VTEP 地址、VNI 和主机信息。这就避免了针对各个 VTEP 进行互连的隧道配置，因此也就降低了实施和配置的难度，同时还减少了网络的泛洪。因此，EVPN 方案适用于中等规模以上的 VxLAN 网络。

本节对 3 种在数据中心网络中非常常用的技术（即 M-LAG、堆叠和 VxLAN）进行了简单的概述，内容着重于介绍这些技术的作用和它们在数据中心网络中的用法。在本章的后续章节中，这些技术都会陆续出现。

5.2 数据中心网络物理架构设计

随着虚拟化技术大行其道，数据中心的流量构成从外部客户端访问内部服务器的内外流量为主，变成了内部虚拟机之间的互访流量为主。在技术上，数据中心流量特征的趋势由以南北向流量为主，变为以东西向流量为主。然而，局域网模块那种"核心层、汇聚层、接入层"的设计方案是针对南北向流量为主的环境所设计的，这种设计方案不仅会造成终端之间的流量经历过多设备的转发，而且会导致从接入层到核心层逐层压缩链路和端口数量——这在技术上称为"端口高压缩比"。在这样的设计环境中，东西向通信难免效率偏低，因为网络中更有可能出现延迟和阻塞，如图 5-9 所示。

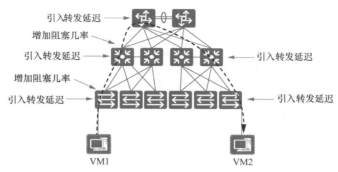

图 5-9　内部（东西向）流量在传统的三层局域网模块中面临的延迟和阻塞

5.2.1　数据中心网络的拓扑设计

为了解决上述问题，数据中心网络会采用本书第 1 章曾经提到的二层胖树（Fat-Tree）拓扑。在这样的环境中，服务器连接 Leaf 交换机，同时每台 Leaf 交换机连接每台 Spine 交换机、每台 Spine 交换机也连接每台 Leaf 交换机，所以不存在端口数量逐层减少的问题，从而极大降低了网络拥塞的可能性；又因为任意两个终端之间只会由 3 台高速交换机执行转发，所以也不会引起太高的设备转发延迟，如图 5-10 所示。

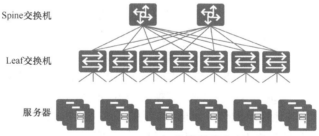

图 5-10　Spine-Leaf 架构的数据中心网络

在 Spine-Leaf 架构的数据中心网络中，Spine 交换机提供高速的 IP 转发，Leaf 交换机则负责为网络设备提供接入。因此，如果人们需要接入更多的设备，那就可以在网络中增加更多的 Leaf 交换机；如果通信设备更多，人们需要提供更高的转发效率和数据吞吐量，那就只需要在网络中增加更多的 Spine 交换机，以此类推。因此，Spine-Leaf 设计方案拥有非常强大的扩展能力。

此外，关于扩展性，各个交换机也可以是多台交换机组成的堆叠。例如，Leaf 交换机可以是多台盒式交换机通过 iStack 组成的堆叠，Spine 交换机也可以是两台框式交换机通过 CSS 组成的堆叠，从而组成图 5-11 所示的环境。

如今，主流数据中心均采用了 Spine-Leaf 架构的拓扑，这种拓扑设计也是本节要介绍的唯一拓扑设计方案。在开始介绍数据中心的设备选型之前，下面对初学者可能对这种拓扑产生的两个常见疑问进行简单澄清。

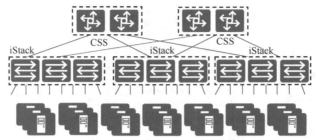

图 5-11 通过堆叠提升数据中心网络的可用性

首先，本书在第 1 章介绍 Spine-Leaf 设计方案时曾经提到，在这种设计方案中，Spine 仅连接 Leaf，Leaf 则连接 Spine 和终端，但很多技术读物中都存在 Leaf 和 Leaf 相连、Spine 和 Spine 相连的拓扑。在实际的数据中心环境中，Leaf 和 Leaf 之间、Spine 和 Spine 之间的链路是信令链路，它们只会承载两台交换机之间的管理流量，但终端之间相互传输的数据流量在设计上不应该通过这类链路进行传输；在实际网络中也仅在不当设计且网络发生故障的情况下，会用其传输业务流量。例如，当服务器通过 M-LAG 双上行连接 Leaf 交换机时，那两台 Leaf 交换机之间就需要通过它们之间 Peer-Link 的链路相互转发 M-LAG 同步信令；再如，当 Leaf 交换机建立堆叠时，它们之间也需要通过线缆相连。然而，这些链路基本不会用来传输数据中心网络中终端与终端之间的数据流量。在终端设备看来，它们所连接的接入交换机只是一台设备。因此，在数据转发层面，Spine 仅连接 Leaf，Leaf 仅连接 Spine 和终端。但在实施数据中心网络时，Leaf 交换机和 Leaf 交换机之间、Spine 交换机和 Spine 交换机之间常常会出于可用性、可靠性和性能方面的考虑而连接一条用于传输信令（管理流量）的流量。

其次，对于数据中心应该通过 Spine 还是 Leaf 来连接园区网中的局域网模块，初学者也很容易产生疑问。理论上，Spine 仅连接 Leaf 交换机是 Spine-Leaf 设计方案的最佳实践。因此，连接其他网络或者网络其他模块的任务，也应该由 Leaf 交换机来完成——在技术上，称这类连接外部网络的 Leaf 交换机为 Border Leaf。不过，最佳实践只是推荐方案，而不是技术标准。在实际数据中心网络——尤其是规模不大的数据中心网络中，Spine 连接外部网络的方案也不为罕见。

下面介绍数据中心网络的硬件选型。

5.2.2 数据中心网络中的常见设备与设备选型

数据中心网络主要包含以下 3 大类设备。

- **网络设备**：虽然一些数据中心网络也会部署防火墙和负载均衡器，但数据中心网络中的网络设备几乎都是高速交换机。
- **计算设备**：即服务器。
- **存储设备**：存储设备主要包括存储交换机和存储阵列/存储系统。

鉴于存储方面的知识相对独立，网络和存储技术也往往由不同的团队负责，两个团队所掌握的技能并不十分相同，因此本书不会对存储设备的选型和存储网络的设计进行过多介绍。网络系统集成的从业者只需要了解，在数据中心网络的设计方案中，服务器会通过专门的网络和协议连接到存储系统/阵列即可，如图 5-12 所示。

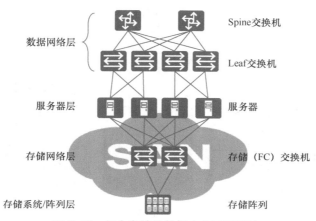

图 5-12　包含存储的数据中心网络设计

在涉及存储的数据中心网络设计方案中，还有一点需要特别指出。从 2018 年开始，伴随着软件定义网络（SDN）技术的实践，一种在数据中心环境中融合网络、计算和存储 3 大资源的趋势开始成为一种重要的发展方向，其目的是提升数据中心网络的部署效率、简化数据中心网络（由网络和存储团队各司其职）的复杂运维模型、提升数据中心网络的扩展能力。概括地说，这种趋势是把数据中心的 3 大资源统统整合到服务器层当中，由服务器利用自身的资源对数据网络层进行虚拟，同时把存储系统和介质直接融合到服务器当中，不再通过存储网络进行连接。所有服务器中的计算和存储资源彻底池化，并且为租户按需调用。

上述理念在本书写作之时还没有完全在数据中心环境中实现，但融合存储和计算资源的做法已经开始普及，这类融合存储资源的服务器产品/系统，称之为超融合（Hyperconvergence）服务器/系统。简言之，如果在一个数据中心中部署了超融合服务器，那么这个数据中心的现状或未来就是不再通过存储网络层连接存储系统，整个数据中心环境也就简化为了图 5-10 所示的、不包含存储网络和存储系统层的数据中心环境。目前，华为公司的 FusionCube 1000 超融合产品就为旨在搭建超融合数据中心的网络提供了对应的基础设施。超融合技术同样超出了本书的范围，感兴趣的读者可以在充分掌握存储技术，并且对 SDN 技术有所了解的前提下，自行阅读相关技术的图书和文档。

在网络设备的选型方面，Spine 交换机可以选用华为 CloudEngine 16800 系列或 12800 系列（简称为 CE16800 系列或 CE12800 系列）框式交换机，或者 CE8800 系列盒式交换机。其中，CE16800 系列和 CE12800 系列是华为针对数据中心应用推出的新交换机。CE16800 系列的交换机包括

CE16804、CE16816 和 CE16808 三款，如图 5-13 所示；而 CE12800 系列的交换机则包括 CE12804、CE12808、CE12812、CE12816、CE12804S、CE12808S 六款，如图 5-14 所示。在各种型号的编号中，最后两位数字代表了这个交换机的插槽数量，而 S 标识该框式交换机为 V100R005C00 版本新增款。

CE16804　　　　　CE16816　　　　　CE16808

图 5-13　CE16800 系列数据中心交换机[①]

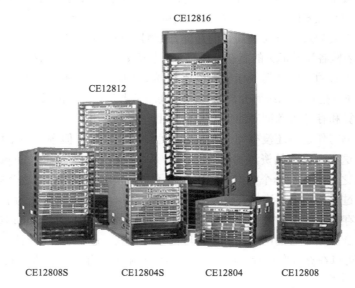

CE12808S　　　　CE12804S　　　　CE12804　　　　CE12808

图 5-14　CE12800 系列数据中心交换机[②]

---

① 图片选自华为官网，未删减，图中型号为作者添加。
② 图片选自华为官网，未删减，图中型号为作者添加。

CE8800 系列盒式交换机既可以充当数据中心网络中的 Spine 交换机，也可以充当 Leaf 交换机，具体设计取决于目标数据中心网络的预算、规模和预期的端口数量及数据吞吐量等。CE8800 系列交换机包括 CE8868-4C-EI、CE8861-4C-EI、CE8850-64CQ-EI 和 CE8851-32CQ8DQ-P 四款。其中，C 前面的数字代表了支持的插槽数量，如 4C 代表该盒式交换机的机框支持 4 个插槽，无 XC 代表该盒式交换机采用了固定端口的设计。CE8800 系列数据中心交换机如图 5-15 所示。

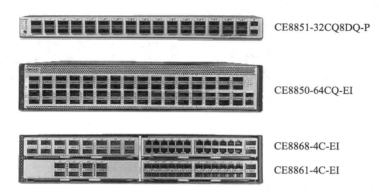

图 5-15　CE8800 系列数据中心交换机[①]

除 CE8800 系列之外，Leaf 交换机还可以选用 CE6800 和 CE5800 系列盒式交换机。CE6800 和 CE5800 均为固定 48 个下行端口的交换机，区别在于端口的类型（为 SPF+或以太网标准端口）、交换容量、包转发率等参数，以及它们支持的特性。在针对 Leaf 阶段进行选型时，可以根据网络对性能和设备特性的客观需要以及项目预算进行判断，各个型号设备具体的性能参数和特性可以参照华为官方网站，这里不再一一赘述。

服务器选型则需要设计人员针对数据中心环境中每台计算机需要提供的资源判断每台服务器所需要的最低处理器、内存、存储介质和存储容量等参数，然后选配对应的服务器。在形态上，服务器可以分为机架服务器、刀片服务器和塔式服务器 3 种类型。其中类似于家用计算机的塔式服务器主要用于小型和中小型企业，这类服务器体积大、管理不便、扩展难、维护时间长，几乎不会用于现代数据中心环境。因此目前，数据中心环境中以机架服务器和刀片服务器为主。

华为 E9000 即融合架构刀片服务器机框，它是面向弹性计算、电信计算的高性能企业级高端服务器，能够实现计算、存储、网络的融合，支撑运营商、企业高端核心应用。在硬件计算平台的 RAS（Reliability, Availability and Serviceability）、计算密度、节能减排、背板带宽、智能管控与服务、计算与存储的弹性配置和灵活扩展、网络低时延和加速方面具有领先的竞争力。图 5-16 所示为华为 E9000 融合架构刀片服务器机框。

此外，RH2288 V3 则是典型的机架服务器，是华为公司针对互联网、IDC（Internet Data Center）、云计算、企业市场以及电信业务应用等需求推出的产品。该服务器适用于分布式存储、

---

① 图片选自华为官网，未删减，图中型号为作者添加。

数据挖掘、电子相册、视频等存储业务以及企业基础应用和电信业务应用，具有高性能计算、大容量存储、低能耗、强扩展能力、高可靠、易管理、易部署并支持虚拟化等优点。图 5-17 所示为华为 RH2288 V3 服务器的正视图。

图 5-16　华为 E9000 服务器[①]

图 5-17　华为 RH2288 V3 服务器[②]

上述两款服务器仅为众多服务器型号中的两例，仅华为一家厂商就有大量不同型号、不同配置资源、适用于不同场景的服务器可供选择。

5.2.3　数据中心网络中的介质类型

当前，在数据中心环境中，服务器和 Leaf 交换机之间通常通过 10GE 以太网端口进行连接，而 Leaf 交换机和 Spine 交换机之间则通常采用 40GE 光纤端口进行连接。此外，关于堆叠采用何种介质，5.1 节在介绍 iStack 和 CSS 时就进行了分情况讨论，这里不再赘述。

这里值得说明的是，如果数据中心网络没有通过部署前文所述的超融合架构来消除数据中心对存储区域网络（SAN）的依赖，那么服务器会安装专门的 HBA 接口卡并通过光纤链路连接 SAN，同时借助光纤通道（FC，Fibre Channel）协议在链路上传输 SCSI 命令。不过近 10 年来，通过以太网连接存储网络，然后借助以太网光纤通道（FCoE，Fibre Channel over Ethernet）协议传输 SCSI 命令的做法也开始流行起来。关于存储方面的内容，本书不做深入介绍，上述内容仅旨在对服务器连接存储网络的物理介质进行说明。

本节对数据中心网络的拓扑设计和设备选型进行了介绍。下一节会对数据中心网络的逻辑设计原则进行说明。

5.3　数据中心逻辑设计

在数据中心的逻辑设计层面，主要涉及 IP 地址的规划设计、VNI 的规划设计、数据中心的逻辑分区设计、数据中心底层（Underlay）网络设计和覆盖层（Overlay）网络设计，以及数据中心的高可靠性设计。

---

① 图片选自华为官网，未删改。
② 图片选自华为官网，未删改。

下面首先从 IP 地址的规划设计说起。

5.3.1 IP 地址的规划设计

本书第 1 章在介绍 IP 和路由协议设计原则时曾经提到,园区网中的 IP 地址分为业务地址、管理地址和互连地址,这种 IP 地址区分原则也适用于数据中心网络。

这 3 类地址的一般规划方式如下。

- **业务地址**:这类业务地址是服务器的 IP 地址,建议使用掩码为 24 位的 IP 地址。
- **互连地址**:这类地址用于网络基础设施之间的三层互连链路,推荐使用 30 位掩码的 IP 地址。
- **管理地址**:这类地址用来让管理员对设备发起远程的管理访问。一般来说,管理地址是技术人员在实施时为网络设备创建的一个 Loopback 接口,并在该接口上单独指定一个 IP 地址作为管理地址。Loopback 接口通常使用 32 位掩码的 IP 地址。

除上述设计原则之外,本书第 1 章曾经提到的通用的 IP 地址设计原则同样适用于数据中心网络,包括唯一性原则、连续性原则、扩展性原则。对这几项概念感到陌生的读者可以复习本书 1.2.3 节的 "IP 和路由协议设计" 部分,这里不再重复。

5.3.2 VNI 的规划设计

5.1 节在介绍 VxLAN 的概念时,曾经提到 VNI 的概念,其目的是标识数据中心环境中的不同三层子网。因此,在 VxLAN 网络中的 VNI 和局域网环境中的 VLAN 具有一定的可比性。

本书在 3.2 节中曾经提到,分配 VLAN 编号时推荐采用连续分配原则,即如果 VLAN 是按照地域进行划分的,那么相同地域的 VLAN 可以分配连续的编号。该节以酒店主楼的 VLAN 分配 VLAN $10x$、酒店翼楼 VLAN 分配 VLAN $20x$ 为例对这种分配原则进行了介绍。

VNI 编号也采用相同的分配原则。鉴于 VNI 有 24 位,因此 VNI 的数量远多于 VLAN 的数量,前者的取值范围为 1~16777215。在实际运用中,VNI 可以取 7 位十进制数,并且按照类似于 VLAN 连续分配原则的方式来分配 VNI 的编号。

- **第 1 位十进制数**:标识数据中心,如 1 标识主数据中心、2 标识同城灾备数据中心、3 标识异地灾备数据中心等,共计标识 9 个数据中心。
- **第 2~3 位十进制数**:标识数据中心中的机房模块,每个数据中心共计标识 99 个模块。
- **第 4 位十进制数**:标识每个机房模块下的 OpenStack 标号,共计标识 9 个 OpenStack。OpenStack 的相关概念、术语超出了本书的知识范围,对这个概念感到陌生的读者可以阅读 OpenStack 的相关技术读物。
- **第 5~7 位十进制数**:标识每个 OpenStack 可以使用的子网,共计标识 999 个。

按照上述原则,针对主数据中心第一个启用的云网络机房模块,其中的第 1 个子网 VNI 可以分配为 1011001。

当然,上述分配方式仅为一种常用的 VNI 分配方式,设计人员完全可以按照网络的客观条件对 VNI 编号的分配原则进行调整，但 VNI 编号采用按（十进制）位连续分配原则是数据中心环境中的推荐做法，这种原则有助于网络的运维、管理和扩展。

5.3.3   数据中心的逻辑分区设计

如前文所述，数据中心网络中通常采用 Spine-Leaf 架构，其中 Leaf 交换机负责为服务器提供接入，并且上行连接到 Spine 交换机。

具体而言，在服务器接入设计方面，最常见的做法是相邻两台 Leaf 交换机通过两条 40GE 的链路相连后作为 Peer-Link 组成链路汇聚组，各个服务器则通过 M-LAG 技术用两条 10GE 的以太网链路连接到链路汇聚组中的两台 Leaf 交换机。此外，各台 Leaf 交换机和各台 Spine 交换机之间均通过 40GE 的光纤链路相连。服务器接入的设计方案如图 5-18 所示。

除了通过 Leaf 为服务器提供接入，并且通过 Spine 对数据执行高速转发之外，按照最佳实践，数据中心与园区网其他区域均通过 Border Leaf 连接。

图 5-19 所示为数据中心网络的防火墙和局域网设计，其中（一对）Border Leaf 交换机通过 M-LAG 旁挂了一对防火墙，同时连接了局域网模块的核心交换机。

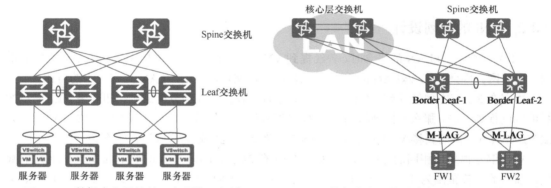

图 5-18　数据中心网络的服务器接入设计　　图 5-19　数据中心网络的防火墙和局域网接入设计

在设计层面，两个防火墙采用主备的方式进行部署，每个防火墙均使用两条 10GE 以太网链路连接到一对 Border Leaf，同时两个防火墙通过 10GE 线缆互连进行信息同步。

在防火墙一端，Eth-Trunk 端口分成两个子接口，一个是不可靠端口，用来连接数据中心外部网络；另一个是可靠端口（trust），用来连接数据中心内部网络。这样做的目的是让进出数据中心的流量经过防火墙安全策略的筛选。

在 Border Leaf 一端，创建两个 VRF。一个 VRF 用于连接数据中心外部网络（即图 5-19 中的核心层交换机）和防火墙的不可靠 Eth-Trunk 子端口，另一个 VRF 用于连接数据中心网络（即图 5-19 中的 Spine 交换机）和防火墙的可靠 Eth-Trunk 子端口。在局域网模块的核心层交换机和 Border Leaf 的对应 VRF 之间可以运行 OSPF 来建立数据中心与园区网其余网络之间的通信。关于 VRF 的概念，本书不做专门介绍，对此不熟悉的读者可以参考专门的技术文档。

经过上述设计后，从局域网的核心层交换机进入数据中心网络的流量会按图 5-20 所示的走向经过防火墙的处理后，再次从 Border Leaf 转发给 Spine 交换机。

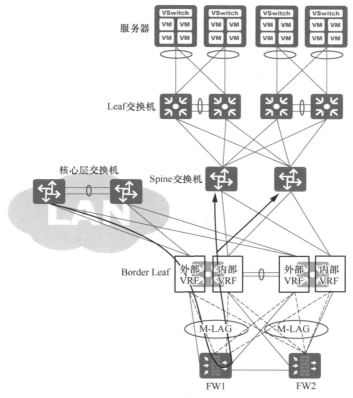

图 5-20 局域网进入数据中心的流量走向图

5.3.4 底层（Underlay）网络设计

前文介绍过，VxLAN 的目的是在 IP 路由可达的网络之间建立大二层的通信。有鉴于此，建立 VxLAN 隧道通信的前提就是实现 IP 路由可达。于是，在逻辑上，用于实现 VxLAN 隧道通信的 IP 路由网络就构成了 VxLAN 通信网络的底层（Underlay），而 VxLAN 通信网络就是这个路由网络的覆盖层（Overlay）。

在数据中心网络中，如果观察图 5-20 所示的设计方案，不难看出流量在从局域网核心层交换机进入数据中心服务器的过程中，需要按照核心交换机、Border Leaf（外部 VRF）、防火墙、Border Leaf（内部 VRF）、Spine 交换机和 Leaf 交换机的顺序进行转发。为了让网络支持这样的数据转发，图 5-20 所示的网络就需要部署相应的路由策略。在这类环境中，推荐如下的路由设计原则。

- Border Leaf 的外部 VRF 与核心交换机之间运行 OSPF 动态路由协议。
- Spine 交换机与 Leaf 交换机（包含 Border Leaf 的内部 VRF）之间运行 OSPF 动态路由协议。
- 上述两个 OSPF 动态路由协议采用不同的 OSPF 进程。
- 防火墙和 Border Leaf 之间的通信通过静态路由协议来完成。

根据上述设计方案，图 5-20 所示的环境可以总结为图 5-21 所示的环境。

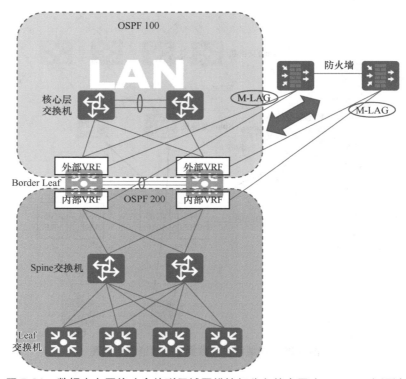

图 5-21　数据中心网络（含外联局域网模块部分）的底层（Underlay）设计

除了上述旨在实现数据转发的基本路由设计原则之外，底层（Underlay）也应该考虑通过下列方式加速网络收敛、提升网络弹性。

- 配置 BFD，让 BFD 与 OSPF 进行联动。
- 调整 OSPF 路由计算时间间隔和 LSA 更新时间间隔。

5.3.5　覆盖层（Overlay）网络设计

前文在介绍 VxLAN 时曾经提到，VxLAN 部署环境中涉及采用集中式 VTEP 还是分布式 VTEP 网络设计方案的选择问题。所谓集中式 VTEP 网络设计方案是让各个 Leaf 交换机充当二层 VTEP，让 Spine 交换机充当三层 VTEP；而分布式 VTEP 网关设计方案则是让每一台 Leaf

交换机（包括 Border Leaf）同时充当 VxLAN 网络的二层 VTEP 和三层 VTEP。

这里值得特别说明的是，分布式 VTEP 网关的主要缺点在于配置、部署和维护复杂。5.1 节在介绍这种缺点时也提到了一个前提，即不通过控制器进行集中式控制。不过，在本书撰写之前两年，新建的数据中心项目已经开始普及软件定义数据中心网络（SDDCN，Software Defined Data Center Network）。SDDCN 的基本要求是通过控制器对整个数据中心网络进行集中控制，这就大大降低了网络规模增加时的实施和运维难度。在读者学习本书并且开始实际进行网络设计与实施的时候，想必集中式控制器在数据中心中已经高度普及。届时，分布式 VTEP 网关的设计方案也会全面胜出。因此，推荐使用分布式 VTEP 网络设计新的数据中心网络。

此外，目前在具有一定规模的数据中心网络中，使用 EVPN 作为 VxLAN 控制平面是通用的做法。为了以 EVPN 作为 VxLAN 的控制平面，以便在 VTEP 之间动态建立 VxLAN 隧道，VxLAN 环境中需要部署 BGP（边界网关协议）。在 BGP 方面，建议在设计上采用下列方案。

- 把每个数据中心网络配置为一个单独的自治系统（AS）。
- 使用环回地址建立 iBGP 邻居，充分利用等价路由负载分担的冗余路径来提高可靠性。
- 使用路由反射器（RR，Route Reflector）可以减少 iBGP Peer 的数量，降低设备资源消耗。针对数据中心网络，建议把 Spine 交换机设备配置为 RR。

根据上述设计原则，可以得到图 5-22 所示的数据中心网络覆盖层（Overlay）设计方案。

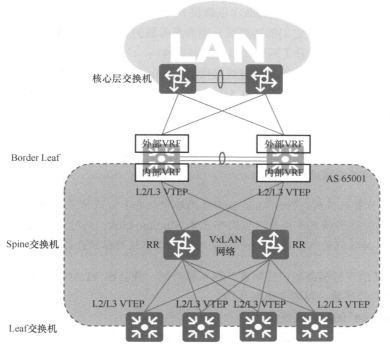

图 5-22 数据中心网络（含外联局域网模块部分）的覆盖层（Overlay）设计

5.3.6　数据中心的高可靠性设计

第 1 章在介绍高可用设计的一般原则时曾经提到，物理层面的可靠性设计包含链路级、板卡级和设备级冗余，逻辑层面的可靠性设计则是通过协议来实现冗余。在几种高可靠性设计方案中，板卡级冗余取决于设备的选型，对网络拓扑和设计方案不构成影响。下面着重介绍在数据中心网络各部分中，链路级、设备级和协议级的高可靠性设计方案。

1. Spine 的高可靠性设计

按照最佳实践，每台 Spine 交换机都应和所有 Leaf 交换机相连，每台 Leaf 交换机也应和所有 Spine 交换机相连，这样就形成了接近全互连的 VxLAN 网络拓扑，这种拓扑可以为流量提供大量的冗余链路。另外，Spine 交换机也应该成对部署，以便为网络提供设备级的冗余。

在逻辑方面，整个数据中心网络应部署 IP ECMP 负载分担来提升网络级的可靠性，同时通过部署动态路由协议来提升架构的可靠性。

根据上述的设计，在 Spine 设备的链路出现故障之前，Leaf 节点会通过底层网络的 ECMP 路由完成数据转发路径的切换。如果 Spine 设备本身发生故障，Leaf 节点则可以通过底层网络 ECMP 路由把流量转而发往其他的 Spine 设备。

2. 业务 Leaf 的高可靠性设计

在下行链路方面，服务器应通过 Eth-Trunk 连接两台 Leaf 交换机，这两台 Leaf 交换机则应通过两条 Peer-Link 链路建立 Eth-Trunk，以确保 M-LAG Peer-Link 的高可靠性。在这样的环境中，两台 Leaf 交换机和连接它们的链路就分别为服务器的数据转发提供了设备级冗余、链路级冗余和协议级冗余，以此提升了网络和架构的可靠性。

在上行链路方面，Leaf 交换机通过连接所有 Spine 交换机来实现链路级冗余。此外，Leaf 交换机和 Spine 交换机之间应部署 IP ECMP 负载分担来提升网络可靠性，同时部署动态路由协议来提升架构的可靠性。

此外，建议 Leaf 交换机针对连接 Spine 交换机的端口设置 Monitor-Link 组，确保在去往 Spine 交换机的上行链路发生故障时，Leaf 交换机也会关闭下行链路。利用这种设计可以提高网络的可用性，否则有可能造成流量中断。

> **注释**　5.2 节曾经提到，Peer-Link 在实际网络中仅在不当设计且网络故障的情况下，会用其传输业务流量。这种情况是指管理员没有设置 Monitor-Link，同时上行链路中断，这时 Leaf 会把从下行链路接收到的流量通过 Peer-Link 进行转发。这种做法在设计时应该予以避免。

最后，Leaf 的下行链路端口应配置广播风暴抑制，并且在 VLAN1 没有使用的情况下，不放行这个 VLAN 的流量，以避免出现环路。

3. Border Leaf 的高可靠性设计

在下行链路方面，Border Leaf 也应能够为接入设备（如图 5-19～图 5-21 所示的环境中的防火墙）提供 M-LAG 双放行访问。因此，Border Leaf 应该成对部署，每一对 Border Leaf 之间也应该通过两条 Peer-Link 链路建立 Eth-Trunk，以确保 M-LAG Peer-Link 的高可靠性。在这样的环境中，两台 Border Leaf 交换机和连接它们的链路就分别为接入数据中心的网络提供了设备级冗余、链路级冗余和协议级冗余，以此提升了网络和架构的可靠性。

在设计层面，和其他的业务 Leaf 交换机一样，每台 Border Leaf 交换机应该与每台 Spine 交换机相连，Border Leaf 交换机和 Spine 交换机之间应该部署 IP ECMP 负载分担来提升网络可靠性，同时部署动态路由协议来提升架构的可靠性。

在 Border Leaf 交换机和局域网核心交换机之间，推荐使用如图 5-19～图 5-22 所示的交叉连接，并且同样通过 M-LAG 和动态路由协议（如 OSPF）实现架构高可靠性。

此外，针对 Border Leaf 交换机，还有一种增加高可用性的可选方案，即每对 Border Leaf 交换机之间可以部署逃生链路，避免与核心交换机之间所有链路发生故障的情况下发生流量中断。如果部署逃生链路，那么这条链路的带宽至少应该等于一台设备上行链路的总带宽，如图 5-23 所示。

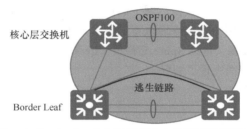

图 5-23　在 Border Leaf 之间部署逃生链路提升网络可靠性

4. 防火墙的高可靠性设计

如图 5-19～图 5-21 所示，防火墙可以成对部署为主备模式，每个防火墙均通过 M-LAG 双规接入 Border Leaf。防火墙之间需要部署心跳线，用以检测和同步对端防火墙的状态。在这样的环境中，当防火墙连接 Border Leaf 的其中一条链路发生故障时，M-LAG 成员端口就会关闭，但防火墙可以把流量通过另外一条链路进行转发；当主防火墙发生故障时，备用防火墙就会成为主防火墙，它会向 Border Leaf 发送免费 ARP 把流量引导到自己这里。这样一来，两个防火墙和它们各自连接 Border Leaf 的链路就分别为接入数据中心的网络提供了设备级冗余、链路级冗余和协议级冗余，以此提升了网络和架构的可靠性。

关于数据中心网络的设计，本章中的内容仅仅是常识性的铺垫。考虑到读者的接受能力，本章对大量内容进行了简化和取舍，更多内容需要读者在阅读更多与数据中心网络技术、虚拟化技术、存储技术，以及与各类厂商 SDDCN 控制器有关的文档之后再进行深入学习。

5.4　总结

本章旨在介绍数据中心网络的规划与设计方法。鉴于一部分读者对于数据中心网络中的常见技术不够熟悉，5.1 节对在数据中心中非常常用，但是在局域网环境中并不常见的几项技术进行了介绍。首先，5.1 节从链路聚合引出了 M-LAG，这项技术常用于数据中心环境中，用一对 Leaf 交换机为接入设备（包括服务器、防火墙等）提供双上行连接；然后，介绍了数据中心环境中的堆叠技术，包括盒式交换机的 iStack 和框式交换机的 CSS；最后，对 VxLAN 进行了介绍，同时也对通过 EVPN 来动态建立 VxLAN 隧道的做法进行了说明。

5.2 节对数据中心网络的物理架构设计进行了介绍。首先，5.2 节结合 5.1 节中介绍过的技术，重复介绍了 Spine-Leaf 架构的设计方案；然后，介绍了数据中心网络中常见的设备，以及它们的选型，主要包括 Spine 交换机、Leaf 交换机和服务器。考虑到存储是一项相对独立的技术领域，本章并没有对存储技术、存储设备及选型进行介绍；最后，介绍了数据中心各部分通常会使用什么介质进行连接。

5.3 节则对数据中心环境的几项重要的设计原则分别进行了介绍，包括如何规划数据中心的 IP 地址——其本质与规划其他网络 IP 地址的原则并无太大差异，如何规划 VNI 编号，如何为服务器和防火墙提供接入，如何连接园区网中的局域网交换机，数据中心的底层（Underlay）网络和覆盖层（Overlay）网络分别应该通过哪些技术来实现，以及如何具体实现等。在本节末尾，对数据中心中几大类设备（包括 Spine 交换机、Leaf 交换机、Border Leaf 交换机和防火墙）的高可用性设计注意事项分别进行了解释。

5.5 习题

1. 除了通过 Border Leaf 相连之外，通过本书 PPT，读者也可以看到数据中心网络经常会通过专门的 Service Leaf 来连接防火墙、负载均衡器等设施。请思考使用 Service Leaf 和使用 Border Leaf 连接这些设备的优缺点分别是什么，并且针对使用 Service Leaf 连接防火墙的数据中心网络设计一套解决方案。

2. 在线查询任何一个主流厂商的数据中心网络控制器，并根据厂商提供的架构，设计一个包含控制器的数据中心网络。

第 6 章

无线局域网规划设计

早在 15 年前，如今为人们熟知的智能手机和智能手机系统均未发布，移动电话只具备基本的电话和短信通信功能，有线网络适配器仍然是笔记本电脑的标配。那时，无线局域网最多只是园区网有线局域网中的一个补充，人们把数量有限的接入点连接到接入层交换机，以便为数不多的无线设备满足不时的接入只需。在之后的十余年时间里，自带设备（BYOD，Bring Your Own Device）成为潮流，无线局域网成为局域网为绝大多数用户和设备提供接入的方式。

本章首先对无线局域网的架构进行介绍，解释无线局域网中常用设备的作用，以及主流的设备型号和设备选型的方法，以及无线局域网的常用物理拓扑结构。然后，本章会介绍如何为无线局域网规划 IP 地址和 VLAN，包括如何让无线客户端获取到 IP 地址。接下来，本章会介绍无线客户端在无线局域网中的漫游。本章最后两节的侧重点依然是可靠性和安全性，其中一节的重点是介绍无线局域网的可靠性设计，另一节的重点则是介绍无线局域网的安全准入设计。

本章重点：

- 无线局域网的架构设计；
- 无线局域网的 IP 地址和 VLAN 规划；
- 无线漫游设计；
- 无线局域网的可靠性设计；
- 无线局域网的安全准入设计。

6.1 无线局域网架构设计

关于无线局域网模块的设计方案及不同方案的优劣，本书第 1 章曾经进行过简要介绍。本节会首先复述无线局域网设计的内容并进行有限延伸，然后总结无线局域网环境中的常用设备，以及介绍各类设备的常见型号。

无线局域网需要通过无线接入点（AP）为无线客户端提供网络接入。无线接入点根据是否需要通过专门的管理设备进行集中式控制，分为瘦 AP（FIT AP）和胖 AP（FAT AP）。瘦 AP 需要通过专门的无线控制器（AC）进行集中式管理，常用于需要部署大量 AP 且难以对各个 AP 一一进行管理和维护的大型无线局域网环境。瘦 AP 虽然没有自己的管理平面，但是在无线控制器的管理下，反而可以提供比较丰富的功能。胖 AP 则自带管理平面，管理员可以登录到胖 AP 上直接对其进行管理和维护。因为这种分布式管理的方式扩展性比较差，所以使用胖 AP 的无线局域网规模不会太大。此外，与瘦 AP 相比，胖 AP 支持的功能也较少。

限于规模，使用胖 AP 的无线局域网环境几乎不需要进行过多的设计，只需要把 AP 连接到接入层交换机上即可。需要专门进行设计的是使用瘦 AP 的环境。在这类环境中，无线局域网设计的核心是无线接入点（AP）和无线控制器（AC）之间的连接和通信方式。具体来说，根据 AP 和 AC 之间通过几层网络通信，无线局域网可以分为二层组网和三层组网两种不同的架构；针对无线控制器是否连接在数据流量的必经之路上，无线局域网可以分为直连组网和旁挂组网；此外，针对是允许 AP 不经 AC 直接转发无线客户端的流量，还是需要建立一条业务流量的隧道，让 AP 把数据流量都发送给 AC，无线局域网也可以分为直接转发和隧道转发两种架构。本节首先对这几种架构分别进行介绍。

6.1.1　二层组网与三层组网

顾名思义，二层组网是指 AP 和 AC 处于同一个广播域之中，因此管理员不需要进行任何配置，AP 就可以通过发送广播在网络中找到 AC。不过，如果网络规模比较大，AP 就会分散在整个园区的各个不同位置提供无线信号的覆盖，而汇聚层和核心层之间会通过三层网络进行连接。所以在大型网络环境中，单纯通过二层组网的方式就很难合理地部署 AC。图 6-1 所示即这样的一个示例。

在图 6-1 所示的大型园区中，各楼宇都通过一个 AP 为每一层提供无线信号覆盖，各层的AP 则连接到部署在该楼层的接入层交换机。接入层交换机通过二层网络连接到各楼宇的汇聚层交换机，汇聚层交换机再通过三层网络连接到核心机房中的核心层交换机。在这种环境中，如果希望采用二层组网，AC 就只能连接到其中一台汇聚层交换机上。这样一来，这台 AC 与其他汇聚层交换机下行链路的 AP 之间依然相隔三层网络。

与二层组网的概念相反，三层组网是指 AP 和 AC 不处于同一个广播域中。显然，在这样的场景中，AP 无法通过广播来自动发现 AC，这种环境甚至无法保证 AP 和 AC 之间能够建立通信。这就需要管理员保证 AP 和 AC 之间 IP 可达，而且需要通过手动配置才能让 AP 发现 AC。不过，在上一段介绍的大型园区网中，采用三层组网的方式部署无线局域网是最常见的做法。在这种环境中，DHCP 服务器常常用来让 AP 可以自动发现 AC。关于这一点，会在下文中进行说明。

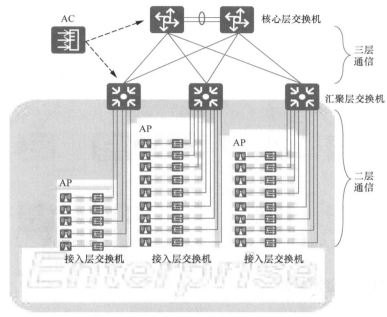

图 6-1　二层组网难以满足大规模无线网络的需求

6.1.2　直连组网与旁挂组网

直连组网是指无线控制器（AC）连接在业务流量的必经之路上。如果使用这种组网方式，那么无线接入点（AP）就会与接入层交换机相连，而无线控制器则会扮演汇聚层交换机（或核心层交换机）的角色。因此，AC 不仅承担管理 AP 的角色，同时也负责执行业务流量的转发。这类环境如图 6-2 所示。

如果使用图 6-2 所示的直连组网方式，无线控制器需要承担无线客户端业务流量的转发。因此，无线控制器应该具备能够满足这个网络业务流量的数据转发能力，否则无线控制器就会成为这个网络中的流量瓶颈。鉴于无线控制器的核心功能仍然是为网络中的所有无线接入点执行控制功能，因此在大型网络中，使用无线控制器充当核心层交换机为业务流量提供高速转发，这样的设计显然缺乏合理性。换言之，直连组网的这种组网方式只适合中等规模以下的网络。

旁挂组网则不把无线控制器连接在业务流量必经之路上。与直连组网相比，这种组网方式降低了对 AC 转发流量能力的要求。此外，如果网络需要进行扩容，那么直连组网就有可能面临着用专业交换机替代直连组网中 AC 的需求，这种变更想要在不中断网络的前提下完成，需要进行更为复杂的设计。如果需要对采用旁挂组网的网络进行扩容，就可以很轻松地保障网络的正常转发且不会中断。因此，采用旁挂组网的网络也拥有扩展性方面的优势。旁挂组网如图 6-3 所示。

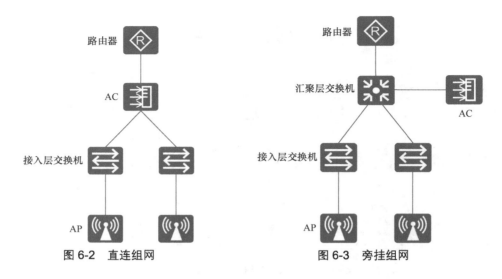

图 6-2　直连组网　　　　　　　图 6-3　旁挂组网

6.1.3　直接转发与隧道转发

直接转发与隧道转发的差异在于无线客户端的业务流量是否需要发送给无线控制器（AC）。所谓直接转发，是指无线客户端发送的流量会直接向目的地址进行转发。在这种组网方式中，AP 和 AC 之间会通过无线接入点控制和配置（CAPWAP，Control And Provisioning of Wireless Access Points）协议，建立一条隧道用来传输 AP 和 AC 之间的管理流量。但无线客户端所发送的业务流量会在被无线接入点转换为以太网封装之后，直接由交换机发往目的地，如图 6-4 所示。

直接转发的优势类似于旁挂组网，因为业务流量不需要经过 AP 进行处理，因此这种组网方式对 AC 性能的要求不高，不会因为 AC 的性能或者 AC 与交换机之间的链路带宽而产生瓶颈。在实践当中，直接转发也是主流的部署方式。

和直接转发相对的是隧道转发。如果采用隧道转发，AP 和 AC 之间依然会通过 CAPWAP 协议建立一条隧道，但这条隧道这时不仅用来传输 AP 和 AC 之间的管理流量，也用来把无线客户端所发送的业务流量转发给 AC，由 AC 进行后续的转发，如图 6-5 所示。

隧道转发的缺点和直接转发的优点正好相反，它对 AC 的性能要求更高，有可能因为 AC 的性能或者 AC 连接交换机的链路带宽而形成瓶颈。不过，因为业务流量也会穿越 AC，所以 AC 可以对流量执行更好地管理，也方便制订一些安全策略。

这里需要说明的一点是，直接转发和隧道转发之间的区别在于是否使用 CAPWAP 隧道发送无线客户端的业务流量。因此，直连组网和旁挂组网都可以采用这两种方式。这里比较反直觉的是，直连组网往往会采用直接转发，这样可以在一定程度上减轻 AC 的封装负载，并简化网络的架构。在旁挂组网的方式中，倒是会有一些情况采用隧道转发来强制旁挂的 AC 集中处理业务流量。不过直接转发仍然是更常用的部署方式。

无线局域网的组网到这里可以告一段落，下面本节会介绍无线局域网中的常用设备型号。

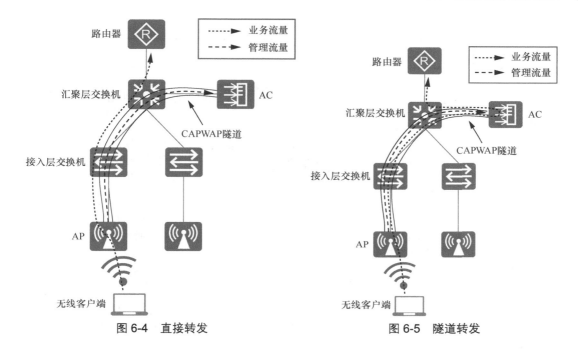

图 6-4　直接转发　　　　　　　　　　图 6-5　隧道转发

6.1.4　华为 Wi-Fi 6 产品

众所周知，Wi-Fi 是 Wi-Fi 联盟的商标，Wi-Fi 联盟通过在实验室环境中执行产品测试，向符合对应协议标准的产品授权使用 Wi-Fi 标志和 Wi-Fi CERTIFIED 标志。目前，Wi-Fi 联盟发布的最新 Wi-Fi CERTIFIED 认证是 Wi-Fi CERTIFIED 6，该认证颁发给符合 IEEE 802.11ax 协议的设备。

华为的 Wi-Fi 6 产品包含 Wi-Fi 6 室内 AP、Wi-Fi 6 敏捷分布式 AP、Wi-Fi 6 室外 AP、Wi-Fi 6 面板 AP，以及无线接入控制器设备。

当前，上述各类主流产品的简介如表 6-1 所示。

表 6-1　华为 Wi-Fi 6 主流产品的简介

产品类型	产品型号	产品外观	产品性能
无线控制控制器	AC6800V		最大吞吐率：60 Gbit/s 最大可管理 AP 数：10K 最大接入用户数：100K
	AC6805		最大吞吐率：40 Gbit/s 最大可管理 AP 数：6K 最大接入用户数：64K

续表

产品类型	产品型号	产品外观	产品性能
无线控制 控制器	AirEngine 9700-M		最大吞吐率：20 Gbit/s 最大可管理 AP 数：2K 最大接入用户数：32K
	AC6508		最大吞吐率：6 Gbit/s 最大可管理 AP 数：256 最大接入用户数：4K
室内 AP	AirEngine 8760-X1-PRO		整机速率：10.75Gbit/s 空间流：4+12 / 4+8+4 内置智能天线 支持 BLE 5.0 内置双 IoT 插槽 2×10GE 电口+10GE 光口
	AirEngine 6760-X1		整机速率：10.75Gbit/s 空间流：4+8 / 4+4+4 内置智能天线 支持 BLE 5.0 内置双 IoT 插槽 1×10GE 电+1×GE 电+10GE 光口
	AirEngine 6760-X1E		整机速率：10.75Gbit/s 空间流：4+8 / 4+4+4 外置天线 支持 BLE 5.0 内置双 IoT 插槽 1×10GE 电+1×GE 电+10GE 光口
	AirEngine 5760-51		整机速率：5.95Gbit/s 空间流：4+4 / 2+2+4 内置智能天线 支持 BLE 5.0 内置双 IoT 插槽 1×5GE 电口+1×GE 电口
	AirEngine 5760-10		整机速率：1.77Gbit/s 空间流：2+2 内置智能天线 支持 BLE 5.0 1GE 电口

产品类型	产品型号	产品外观	产品性能
室内 AP	AP7060DN		整机速率：5.95Gbit/s 空间流：4+8 内置智能天线 支持 BLE 5.0 外置 IoT 模块 10GE 电口+1GE 电口
面板 AP	AirEngine 5760-22W		整机速率：5.37Gbit/s 空间流：2+4 内置智能天线 支持 BLE 5.0、PoE OUT 上行 1×2.5GE+1×10G 光口 下行 4×GE+2×RJ45 透传口
敏捷分布式 AP	AirEngine 9700D-M		转发性能：216Gbit/s 上行：4×10GE，下行：24×GE 设备管理能力：48 RU 4K 用户关联，1K 用户并发
	AirEngine 5760-22WD		整机速率：5.37Gbit/s 空间流：2+4 内置智能天线 支持 BLE 5.0、PoE OUT 上行 1×2.5GE 电口；下行 4×GE 电口+2×RJ45 透传口
室外 AP	AirEngine 8760R-X1		整机速率：10.75Gbit/s 空间流：8+8 / 4+12 内置室外型智能天线 支持 BLE 5.0、PoE OUT 1×10GE 电+1×GE 电+10GE 光口
	AirEngine 8760R-X1E		整机速率：10.75Gbit/s 空间流：8+8 / 4+4+4 外置天线 支持 BLE 5.0、PoE OUT 1×10GE 电+1×GE 电+10GE 光口

续表

产品类型	产品型号	产品外观	产品性能
室外 AP	AirEngine 6760R-51		整机速率：5.95Gbit/s 空间流：4+4 内置智能天线 支持 BLE 5.0 1×5GE 电口+1×GE 电口 +10GE 光口
	AirEngine 6760R-51E		整机速率：5.95Gbit/s 空间流：4+4 外置天线 支持 BLE 5.0 1×5GE 电口+1×GE 电口 +10GE 光口

为了帮助读者选型，下面我们选取上述产品中的几例，引用华为官网的信息来介绍它们的具体参数。

6.1.5　华为 AC6800V 无线接入控制器

图 6-6 所示为华为 AC6800V 无线接入控制器的外观。

图 6-6　华为 AC6800V 无线接入控制器

华为 AC6800V 是面向大型企业园区、企业分支和校园推出的高性能无线接入控制器（Access Controller），借助华为自研服务器平台，最大可管理 10K 个 AP，转发能力最高 60Gbit/s。这款无线接入控制器的特点具体如下。

- **高容量、高性能**：支持 6 个 GE 口和 6 个 10GE 口，提供 60 Gbit/s 的转发能力，可管理 10K 个 AP 和 100K 个接入用户。
- **使用灵活**：灵活的数据转发方式，支持直接转发、隧道转发；灵活的用户权限控制，提供基于用户和角色的访问控制策略控制能力。

- **网络运维方式丰富**：丰富的网络运维方式，可通过网管系统 eSight 和 WEB 以及命令行界面（CLI）进行维护。

表 6-2 罗列了华为 AC6800V 无线接入控制器的重要参数。

表 6-2　华为 AC6800V 无线接入控制器的重要参数

规格	详情
尺寸（长×宽×高）	708mm×447mm×86mm
端口	6×GE + 6×10GE 注：可通过更换不同网卡（GE/10GE/40GE 网卡），实现不同的端口需求
转发能力	60 Gbit/s
最大可管理 AP 的数量	10K
最大可接入用户数	100K
AP 与 AC 间组网方式	支持二层/三层组网
AC 冗余备份	支持 1+1 热备/N+1 备份方式
无线协议	802.11a/b/g/n/ac/ac wave2/ax
适合场景	大型企业

6.1.6　华为 AC6805 无线接入控制器

图 6-7 所示为华为 AC6805 无线接入控制器的外观。

图 6-7　华为 AC6805 无线接入控制器

AC6805 是华为面向大中型企业园区、企业分支和校园推出的无线接入控制器（Access Controller），最大可管理 6K 个 AP，转发能力最高 40Gbit/s。可灵活配置无线接入点的管理数量。配合华为全系列 802.11n/802.11ac/802.11ax 无线接入点，可组建大中型园区网络、企业办公网络、无线城域网络、热点覆盖等应用环境。

表 6-3 罗列了华为 AC6805 无线控制器的重要参数。

表 6-3   华为 AC6805 无线控制器的重要参数

规格	详情
尺寸（长×宽×高）	420mm×442mm×43.6mm
端口	12×GE + 12×10GE + 2×40GE（其中 1 个 40G 和 4 个 10G 互斥）
转发能力	40 Gbit/s
最大可管理 AP 的数量	6K
最大可接入用户数	64K
AP 与 AC 间组网方式	支持二层/三层组网
AC 冗余备份	支持 1+1 热备/N+1 备份方式
无线协议	802.11a/b/g/n/ac/ac wave2/ax
适合场景	大型企业

6.1.7   华为 AirEngine 9700-M 无线接入控制器

图 6-8 所示为华为 AirEngine 9700-M 无线接入控制器的外观。

图 6-8   华为 AirEngine 9700-M 无线接入控制器

AirEngine 9700-M 是华为面向中大型企业园区、企业分支和校园推出的无线接入控制器（Access Controller），最大可管理 2K 个 AP，转发能力最高 20Gbit/s。配合华为全系列 802.11ac/802.11ax 无线接入点，可组建中大型园区网络、企业办公网络、无线城域网络、热点覆盖等应用环境。

表 6-4 罗列了华为 AirEngine 9700-M 无线控制器的重要参数。

表 6-4   华为 AirEngine 9700-M 无线控制器的重要参数

规格	详情
尺寸（长×宽×高）	420mm×442mm×43.6mm
端口	16×GE + 12×10 GE + 2×40GE（其中 1 个 40G 和 4 个 10G 互斥）
转发能力	20 Gbit/s
最大可管理 AP 的数量	2K

续表

规格	详情
最大可接入用户数	32K
AP 与 AC 间组网方式	支持二层/三层组网
AC 冗余备份	支持 1+1 热备/N+1 备份方式
无线协议	802.11a/b/g/n/ac/ac wave2/ax
适合场景	中大型企业

6.1.8 华为 AC6508 无线接入控制器

图 6-9 所示为华为 AC6508 无线接入控制器的前后面板外观。

图 6-9 华为 AC6508 无线接入控制器

AC6508 是华为推出的面向中小型企业的小型盒式无线接入控制器（Access Controller），最大可管理 256 个 AP，同时集成千兆以太网交换机功能，实现有线和无线一体化的接入方式。可灵活配置无线接入点的管理数量，具有良好的可扩展性。配合华为全系列 802.11 n/802.11 ac/802.11 ax 无线接入点，可组建中小型园区网络、企业办公网络、无线城域网络、热点覆盖等应用环境。

表 6-5 罗列了华为 AC6508 无线控制器的重要参数。

表 6-5 华为 AC6508 无线控制器的重要参数

规格	详情
尺寸（长×宽×高）	210mm×250mm×43.6mm
端口	10×GE + 2×10GE SFP+
转发能力	6 Gbit/s
最大可管理 AP 的数量	256
最大可接入用户数	4K
AP 与 AC 间组网方式	支持二层/三层组网
AC 冗余备份	支持 1+1 热备/N+1 备份方式
无线协议	802.11a/b/g/n/ac/ac wave2/ax
适合场景	小型企业

6.1.9　华为 AirEngine 8760-X1-PRO 室内 AP

图 6-10 所示为华为 AirEngine 8760-X1-PRO 室内 AP 的外观。

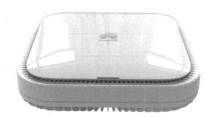

图 6-10　华为 AirEngine 8760-X1-PRO 室内 AP

AirEngine 8760-X1-PRO 是华为发布的支持 Wi-Fi 6 标准的新一代旗舰室内 AP。其中内置智能天线，信号随用户而动，可极大地增强用户对无线网络的使用体验。该室内 AP 支持光/电上行口，便于用户使用不同的部署方式，灵活应对各种场景，适用于企业办公、政府、高教、普教等场景。这款产品的重要参数和特性如下。

- 支持 2.4GHz 和 5GHz 双频同时提供业务，其中 2.4G 频段最大速率 1.15Gbit/s，5G 频段最大速率 9.6 Gbit/s，整机速率可达 10.75 Gbit/s。
  - 双射频模式：2.4GHz（4×4:4）+ 5GHz（12×12:8）。
  - 三射频模式：2.4GHz（4×4:4）+ 5GHz（8×8:8）+ 5GHz（4×4:4）。
  - 双射频+独立扫描模式：2.4GHz（4×4）+ 5GHz（8×8）+ 独立射频扫描。
- 支持 2×10GE 电口+1×10GE 光口。
- 内置智能天线，基于智能切换算法自动调节覆盖方向和信号强度，以适应应用环境变化，并且可以随终端的移动进行精准、稳定的覆盖。
- 内置物联网模块，支持 BLE 5.0/Zigbee/RFID/Thread 等物联网扩展。
- 内置独立双频扫描模块，实时检测干扰、非法设备等，适时调优网络。
- 内置蓝牙，配合 CloudCampus App 可实现蓝牙串口运维。配合定位服务器，可实现蓝牙终端的精准定位。
- 支持 FIT/FAT/云管理 3 种工作模式。

6.1.10　华为 AirEngine 6760-X1 室内 AP

图 6-11 所示为华为 AirEngine 6760-X1 室内 AP 的外观。

AirEngine 6760-X1 是华为发布的支持 Wi-Fi 6（802.11ax）标准的室内 AP。AirEngine 6760-X1 内置智能天线，信号随用户而动，可极大地增强用户对无线网络的使用体验。该室内 AP 支持光/电上行口，便于客户使用不同的部署方式，能有效节约成本，适用于企业办公和教育等场景。这款产品的重要参数和特性如下。

图 6-11　华为 AirEngine 6760-X1 室内 AP

- 支持 2.4GHz 和 5GHz 双频同时提供业务，其中 2.4G 频段最大速率 1.15Gbit/s，5G 频段最大速率 9.6 Gbit/s，整机速率可达 10.75 Gbit/s。
  - 双射频模式：2.4GHz（4×4:4）+ 5GHz（8×8:8）。
  - 三射频模式：2.4GHz（4×4:4）+ 5GHz（4×4:4）+ 5GHz（4×4:4）。
  - 双射频+独立扫描模式：2.4GHz（4×4）+ 5GHz（6×6）+ 独立射频扫描。
- 支持 1×10GE 电口+1×GE 电口+1×10GE 光口。
- 内置智能天线，基于智能切换算法自动调节覆盖方向和信号强度，以适应环境变化，并且可以随终端的移动进行精准、稳定的覆盖。
- 内置物联网模块，支持 BLE 5.0/Zigbee/RFID/ Thread 等物联网扩展。
- 内置独立射频扫描，实时检测干扰、非法设备等，适时调优网络。
- 内置蓝牙，配合 CloudCampus App 可实现蓝牙串口运维。配合定位服务器，可实现蓝牙终端的精准定位。
- 支持 FIT/FAT/云管理 3 种工作模式。

6.1.11　华为 AirEngine 5760-51 室内 AP

图 6-12 所示为华为 AirEngine 5760-51 室内 AP 的外观。

AirEngine 5760-51 是华为发布的支持 Wi-Fi 6 标准的室内 AP 产品。该室内 AP 内置智能天线，信号随用户而动，可极大地增强用户对无线网络的使用体验，适合部署在中小型企业、机场车站、体育场馆、咖啡厅、休闲中心等商业环境。这款产品的重要参数和特性如下。

- 支持 2.4GHz 和 5GHz 双频同时提供业务，其中 2.4G 频段最大速率 1.15Gbit/s，5G 频段最大速率 4.8 Gbit/s，整机速率可达 5.95 Gbit/s。
  - 双射频模式：2.4GHz（4×4:4）+ 5GHz（4×4:4）。
  - 三射频模式：2.4GHz（2×2:2）+ 5GHz（2×2:2）+ 5GHz（4×4:4）。
  - 双射频+独立扫描模式：2.4GHz（2×2）+ 5GHz（4×4）+ 独立射频扫描。

图 6-12　华为 AirEngine 5760-51 室内 AP

- 支持 1×5GE 电口+1×GE 电口。
- 内置智能天线，基于智能切换算法自动调节覆盖方向和信号强度，以适应环境变化，并且可以随终端的移动进行精准、稳定的覆盖。
- 内置物联网模块，支持 BLE 5.0/Zigbee/RFID/Thread 等物联网扩展。
- 内置蓝牙，配合 CloudCampus App 可实现蓝牙串口运维。配合定位服务器，可实现蓝牙终端的精准定位。
- 支持 FIT/FAT/云管理 3 种工作模式。

6.1.12　华为 AirEngine 5760-22W 面板 AP

图 6-13 所示为华为 AirEngine 5760-22W 面板 AP 的外观。

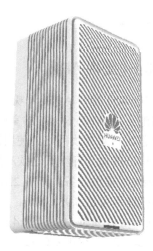

图 6-13　华为 AirEngine 5760-22W 面板 AP

AirEngine 5760-22W 是华为发布的支持 Wi-Fi 6 标准的面板 AP。该面板 AP 搭配安装件，可简单、快速适配 86/118/120 多种暗盒及非暗盒、挂墙场景；内置智能天线，信号随用户而动，可极大地增强用户对无线网络的使用体验；支持光/电上行口，便于客户使用不同的部署方式，有效节约成本，适用于酒店客房、学生宿舍、医院病房等户型较密集的场所。这款产品的重要参数和特性如下。

- 支持 2.4GHz 和 5GHz 双频同时提供业务，其中 2.4G 频段最大速率 574Mbit/s，5G 频段最大速率 4.8 Gbit/s，整机速率可达 5.37 Gbit/s。
  - 双射频模式：2.4GHz（2×2:2）+ 5GHz（4×4:4）。
- 提供 1×2.5GE 电口+1×10G 光口+4×GE 电口+2× RJ45 透传口。
- 支持暗盒和挂墙安装方式，便于部署。
- 内置智能天线，基于智能切换算法自动调节覆盖方向和信号强度，以适应环境变化，并且可以随终端的移动进行精准稳定的覆盖。
- 提供 USB 接口，可用于对外供电，也可用于存储。
- 支持 PoE OUT，可为 IP 话机、外置物联网模块等设备供电。
- 支持 FIT/FAT/云管理 3 种工作模式。

6.1.13 华为 AirEngine 9700D-M 敏捷分布式 AP

图 6-14 所示为华为 AirEngine 9700D-M 敏捷分布式 AP 的外观。

图 6-14 华为 AirEngine 9700D-M 敏捷分布式 AP

AirEngine 9700D-M 是华为推出的万兆中心 AP，支持管理 Wi-Fi 6 远端单元（RU），提供 4 个万兆上行接口和 24 个下行 GE 接口。该敏捷分布式通过网线连接远端单元，并可以组成无线网络，集中处理业务转发，最大程度地发挥远端单元的吞吐能力；同时仅需要一个管理 AP License，可有效节约成本。AirEngine 9700D-M 可以部署在机房、弱电井和走廊，远端单元部署在房间。该方案适用于学校、酒店、医院以及办公会议室等房间密度大、墙体结构复杂的场景。远端单元不占用 AC License，只需管理少量 AirEngine 9700D-M，近万个房间只需要 200 个 AP 的管理开销。

表 6-6 罗列了华为 AirEngine 9700D-M 敏捷分布式 AP 的重要参数。

表 6-6 华为 AirEngine 9700D-M 敏捷分布式 AP 的重要参数

规格	详情
尺寸（长×宽×高）	420mm×442mm×43.6mm
端口	24×10/100/1000BASE-T（PoE OUT）+ 4×SFP + 10GE
最大可管理 AP 的数量	直连：24 通过交换机扩展：48（仅支持对接 AirEngine 5760-22WD）
最大可接入用户数	4K
无线协议	802.11a/b/g/n/ac/ac wave2/ax
适合场景	酒店、宿舍、医疗

6.1.14 华为 AirEngine 8760R-X1E 室外 AP

图 6-15 所示为华为 AirEngine 8760R-X1E 室外 AP 的外观。

图 6-15 华为 AirEngine 8760R-X1E 室外 AP

AirEngine 8760R-X1E 是华为发布的支持 Wi-Fi 6 标准的新一代旗舰室外 AP，具有卓越的室外覆盖性能以及超强的 IP68 防水、防尘和防雷电能力。该室外 AP 支持光/电上行口，便于客户使用不同的部署方式，有效节约成本，适用于高密场馆、广场、步行街、游乐场等覆盖场景。这款产品的重要参数和特性如下。

- 支持 2.4GHz 和 5GHz 双频同时提供业务，其中 2.4G 频段最大速率 1.15 Gbit/s，5G 频段最大速率 9.6 Gbit/s，整机速率可达 10.75 Gbit/s。
  - 远距离覆盖模式：2.4GHz（8×8:8）+ 5GHz（8×8:8）。
  - 三射频模式：2.4GHz（4×4:4）+ 5GHz（4×4:4）+ 5GHz（4×4:4）。
  - 双射频+独立扫描模式：2.4GHz（4×4）+ 5GHz（4×4）+ 独立射频扫描。

- 支持 1×10GE 电口+1×GE 电口+1×10GE 光口。
- 支持以太网接口 6KA/6KV 增强防雷，IP68 防水、防尘等级，−40℃～+65℃宽温工作，充分满足工业级使用要求。
- 外置天线口支持 5KA 天馈防雷，无须外接防雷器，简化安装，降低成本。
- 内置独立扫描射频，实时检测干扰、非法设备等，适时调优网络。
- 内置蓝牙模块，配合 CloudCampus App 可实现蓝牙串口运维。配合定位服务器，可实现蓝牙终端的精确定位。
- 支持 FIT/FAT/云管理 3 种工作模式。

本节首先介绍了几种按照不同方式进行分类的无线组网方式，并且比较了它们的优缺点。接下来介绍了华为主流 Wi-Fi 6 产品。在此基础之上，本章后文会对无线局域网的逻辑设计原则进行介绍。

值得特别说明的是，本节后半部分中的绝大部分内容均引自华为官方网站和 PPT 资料原文。在实际的网络设计工作中，设备制造商的官方网站、白皮书和培训材料均为设计人员重要的参考资料。

6.2　无线局域网的 IP 地址和 VLAN 规划

在解释无线局域网的 IP 地址和 VLAN 规划之前，必须首先对图 6-5 所示的具体设计方案展开进行说明，以便解释 AP 利用 VLAN 封装不同数据帧的方式。

6.2.1　管理 VLAN 与业务 VLAN

无线接入点（AP）可以向两类 VLAN 发送数据帧，一类 VLAN 称为管理 VLAN，另一类 VLAN 称为业务 VLAN。顾名思义，管理 VLAN 是 AP 用来与 AC 建立 CAPWAP 隧道并随后相互发送管理数据的 VLAN，而业务 VLAN 则用来转发无线客户端流量。因此，如果使用二层组网的方式建立无线局域网，那么最常见的部署方式是使用 Trunk（干道）链路来连接无线接入点和交换机，同时使用 Access 链路来连接 AC 和交换机，并且把连接 AC 的端口划分到管理 VLAN 中。上述结构如图 6-16 所示。

如图 6-16 所示，AP 与其连接的交换机之间通常会部署 Trunk 链路，用以承载各业务 VLAN 往返于各个无线客户端的业务流量和管理 VLAN 中由 AP 发送给 AC 的管理流量。

在这类环境的设计中，应该特别注意下列原则。

- 管理 VLAN 和业务 VLAN 要相互分离。换言之，不要用管理 VLAN 充当业务 VLAN 为无线客户端传输业务流量。
- 业务 VLAN 和 SSID 之间的映射关系应根据网络的实际需要进行规划。SSID 在日常生活中非常常用，它的全称是服务集标识符（SSID，Service Set Identifier），其目的是标识一个无线网络。本书下文不再对 SSID 的概念进一步解释，直接介绍 VLAN 和 SSID 的几种映射方式。

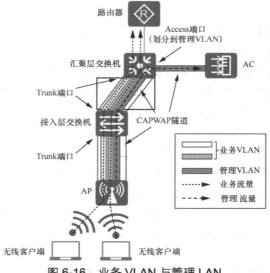

图 6-16   业务 VLAN 与管理 LAN

6.2.2   VLAN 与 SSID 的几种映射方式

VLAN 和 SSID 的映射方式非常灵活。设计人员可以按照自己的需求来决定 VLAN 和 SSID 的映射关系。人们通常把无线客户端划分到不同的 VLAN，这是为了对它们实施不同的数据转发控制策略，把无线网络划分为不同的 SSID 则是为了通过 SSID 来标识网络的信息，如地点等。具体来说，下面 4 种常见的映射关系也对应了不同的应用场景。

■ **SSID:VLAN=1:1**。如果设计人员希望通过一个 SSID 对整个网络提供覆盖，并且对所有连接到这个 SSID 的无线客户端采取相同的转发策略，则可以采用这样的映射关系，如图 6-17 所示。

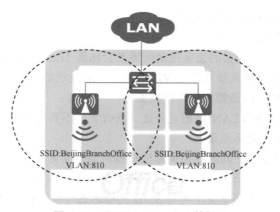

图 6-17   SSID:VLAN=1:1 的场景

- **SSID:VLAN=1:*N*。**如果设计人员希望通过一个 SSID 对整个网络提供覆盖，又希望对连接到这个 SSID 的不同无线客户端采取不同的转发策略，则可以采用这样的映射关系，如图 6-18 所示。

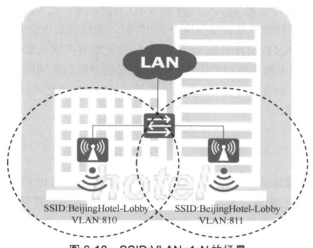

图 6-18　SSID:VLAN=1:*N* 的场景

- **SSID:VLAN=*N*:1。**如果设计人员希望通过不同的 SSID 来覆盖一个网络，又希望对所有连接到这个 SSID 的无线客户端采取相同的转发策略，则可以采用这样的映射关系，如图 6-19 所示。

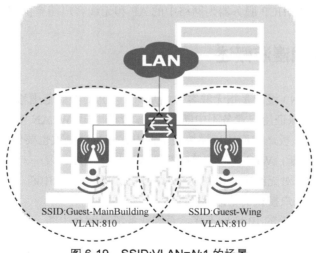

图 6-19　SSID:VLAN=*N*:1 的场景

- **SSID:VLAN=*N*:M。**如果设计人员希望灵活组合无线网络的标识和无线客户端的转发策略，那就可以采用这样的映射关系。

在设计上，如果采用一个 SSID 对应一个业务 VLAN 的方案，当这个 SSID 连接了大量无线客户端，这个网络就会形成一个过大的广播域，进而因为广播消息过多导致网络拥塞。为了避免发生这种情况，网络中常常应用一种称为 VLAN Pool 的技术。所谓 VLAN Pool 就是多个 VLAN 组成的 VLAN 池，管理员可以把 VLAN Pool 和 SSID 映射起来，用 VLAN Pool 作为转发无线客户端的业务 VLAN。当无线客户端连接到这个 SSID 时，无线接入点会通过下面两种方式给连接进来的无线客户端从 VLAN Pool 中分配一个 VLAN，让无线客户端从那个对应的 VLAN 中上线。

- **顺序分配**：根据无线客户端的上线顺序，把它们分配到不同的 VLAN 当中。
- **散列分配**：根据无线客户端 MAC 地址的散列（hash）值把不同的无线客户端分配到不同的 VLAN 当中。

6.2.3　IP 地址分配

无线局域网中的 IP 地址分配包括针对 AC、AP 和无线客户端的 IP 地址分配。其中，AC 的 IP 地址往往由管理员手动进行配置，而 AP 和无线客户端的 IP 地址则通常采用动态的方式进行分配。

前文提到，三层组网的环境中，由于不处于同一个广播域当中，因此 AP 无法通过广播来寻找 AC。在这种情况下，如果无线局域网采用了三层组网的方式，常见的做法是通过 DHCP 服务一并为上线的 AP 提供 AP 自身的 IP 地址和 AC 的 IP 地址。DHCP 服务可以由专门的 DHCP 服务器设备来提供，也可以由汇聚层交换机或者 AC 提供。在中等以下规模的网络中，由于 AP 和无线客户端数量并不十分庞大，因此由汇聚层交换机充当无线局域网的 DHCP 服务器是最常见的做法。在中大型乃至大型网络中，不仅接入设备数量庞大，数据流量转发压力更是巨大。此时，推荐使用专门的 DHCP 服务器为网络中的 AP 和无线客户端提供配置参数分配服务。

6.3　无线局域网漫游概述

无线局域网（WLAN）漫游是指无线客户端从一个 AP 的覆盖范围移动到另一个 AP 的覆盖范围，并且在此过程中保证用户业务不中断的行为。为了实现 WLAN 漫游，这两个 AP 需要部署相同的 SSID 和安全模板，它们认证模块的认证方式和认证参数也要保持一致。

为了确保业务不中断，WLAN 漫游策略需要解决以下问题。

- 要避免因为 AP 对无线客户端的认证时间过长而导致业务中断。
- 要确保 AP 为用户授权的信息保持不变。
- 要确保无线客户端的 IP 地址不变，否则业务流量就会中断。

6.3.1　AC 内漫游与 AC 间漫游

图 6-20 所示为 WLAN 漫游的示意图。

值得说明的是，图 6-20 只是漫游的一种情形，称为 AC 内漫游，即无线客户端在漫游过程中关联的是同一个 AC。反之，如果无线客户端在漫游过程中关联了不同的 AC，那么这种漫游就称为 AC 间漫游。图 6-21 所示为 AC 间漫游的示意图。

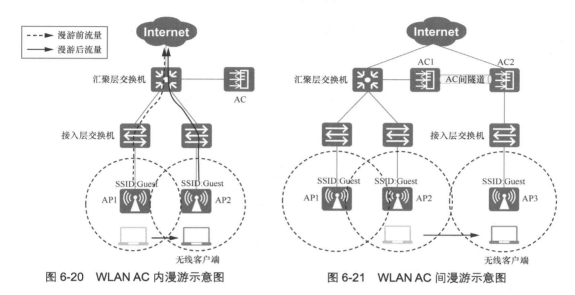

图 6-20　WLAN AC 内漫游示意图　　　　　　图 6-21　WLAN AC 间漫游示意图

图 6-21 中所示的 AC 间隧道是为了支持无线客户端在 AC 间漫游，而在漫游组的 AC 之间建立起来的 CAPWAP 协议隧道，建立这个隧道的目的就是为了同步每个 AC 管理的无线客户端和 AP 信息。

在 AC 间漫游的场景中，无线客户端先后关联的 AP/AC 分别称为家乡 AP/家乡 AC（HAP/HAC，Home AP/Home AC）和远端 AP/远端 AC（FAP/FAC，Foreign AP/Foreign AC）。具体来说，HAP/HAC 是指无线客户端在漫游前所关联的 AP/AC，而 FAP/FAC 则是指无线客户端漫游后所关联的 AP/AC。例如，针对图 6-21 所示的 AC 间漫游，AP2 和 AC1 就是 HAP/HAC，而 AP3 和 AC2 则是 FAP/FAC。

6.3.2　二层漫游和三层漫游

除 AC 内漫游和 AC 间漫游之外，WLAN 漫游也分为二层漫游和三层漫游。顾名思义，二层漫游是指无线客户端在同一个业务 VLAN 内漫游。因为无线客户端所在的子网不变，所以在漫游切换的过程中，无线客户端的接入参数——如它们的 IP 地址——就不需要也不会发生变化。鉴于无线客户端的 IP 地址在接入 FAP 后并不会发生变化，所以无线客户端发送的业务流量可以直接通过 FAP 或者 FAC 进行转发。其中，业务流量通过 FAP 进行转发，即为二层漫游的直接转发组网；而业务流量通过 FAC 进行转发，则为二层漫游的隧道转发组网，如图 6-22 所示。

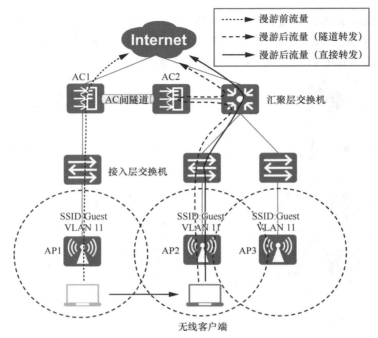

图 6-22   二层漫游示意图（直接转发与隧道转发）

三层漫游是指无线客户端在不同的业务 VLAN 之间漫游。鉴于无线客户端所在的子网不变，而漫游时又需要确保无线客户端的 IP 地址不变，所以业务流量需要首先通过 AC 间隧道发回到家乡网络的 AP/AC，然后再执行转发。具体来说，AC 间三层漫游也可以分为直接转发和隧道转发的两种情形。

在三层漫游隧道转发的情形中，当 FAP 通过 CAPWAP 隧道把无线客户端发送的业务流量发送给 FAC 之后，FAC 会通过 AC 间隧道把业务流量发送给 HAC，再由 HAC 执行转发，如图 6-23 所示。

关于三层漫游隧道转发的情形，需要首先介绍家乡代理的概念。所谓家乡代理是指和家乡网络的网关设备二层互通的设备，它负责在无线客户端漫游之后对无线客户端在远端网络发送的流量进行中转。家乡代理由无线客户端的 HAP 或者 HAC 来担任。

在三层漫游直接转发的情形中，当 FAP 通过 CAPWAP 隧道把无线客户端发送的业务流量发送给 FAC 之后，FAC 会通过 AC 间隧道把业务流量发送给 HAC。这时，如果 HAC 就是家乡代理，那么 HAC 就会直接转发业务流量；如果 HAP 是家乡代理，那么 HAC 就会通过 CAPWAP 把业务流量发送给 HAP，然后由 HAP 来转发业务流量，如图 6-24 所示。

本节对 WLAN 环境中的几种漫游场景进行了介绍。下一节会对无线局域网模块中的可靠性设计原则进行说明。

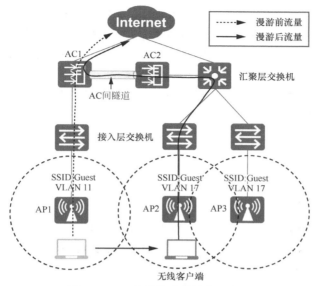

图 6-23　三层漫游隧道转发示意图

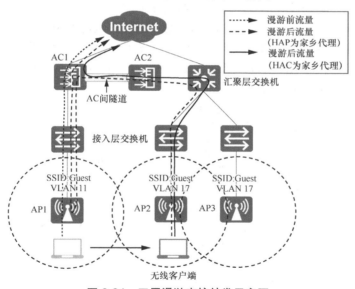

图 6-24　三层漫游直接转发示意图

6.4　无线局域网的可靠性设计

在无线局域网环境中，可靠性设计依然是针对 AC 的备份的设计。换言之，无线局域网的可靠性设计针对的是如何部署冗余 AC。

　　HSB（Hot Standby）称为热备份，是指华为的主备公共机制。HSB 服务负责建立、维护和断开主备业务的通信通道。这条通道的目的是发送备份数据，以及提供主备设备之间的切换。在无线局域网的场景中，一对互为主备设备的 AC 可以组成一个 HSB 组，组内部绑定 HSB 服务以便在双方之间协商备份通道。

　　在无线局域网环境中，AC 的冗余部署方式主要包括以下几种。

- VRRP 双机热备。
- 双链路热备。
- N+1 备份。

6.4.1　VRRP 双机热备

　　AC 的 VRRP 双机热备在机制上与两台路由器通过 VRRP 组成 VRRP 组的备份方式相同。在这种机制中，两台 AC 组成一个 VRRP 组，这个 VRRP 组在逻辑上形成一台“虚拟 AC”，它们对外使用相同的“虚拟 IP 地址”和无线局域网中的 AP 进行通信。

　　组成 VRRP 组的两台 AC 分为主 AC 和备 AC，HSB 组与 VRRP 组进行绑定。VRRP 负责协商主备设备，并且让主 AC 通过 HSB 主备通道向备用 AC 同步业务信息。在网络和设备均正常的情况下，主 AC 负责代表虚拟 AC 执行无线控制器的功能。在主 AC 或者主 AC 与网络互连的链路发生故障时，VRRP 就会通过 HSB 主备通道执行主备切换，让备用 AC 接替主 AC 执行无线控制器的功能。

　　对于无线局域网中的 AP 而言，无线局域网中只有一个 AC，即虚拟 AC。各个 AP 建立 CAPWAP 隧道的对象也是虚拟 AC。

　　上述 VRRP 双机热备的场景如图 6-25 所示。

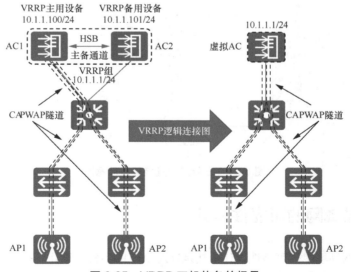

图 6-25　VRRP 双机热备的场景

VRRP 双机热备的两台 AC 通常部署在同一个核心机房当中，这种备份方式的切换速度非常快。

6.4.2 双链路热备

双链路热备不再采用 VRRP 协议，而是使用业务绑定 HSB 服务，在两台 AC 之间建立 HSB 通道并且传输备份数据。在这种场景下，网络中的 AP 会同时和两台 AC 分别建立 CAPWAP 隧道，并且通过 AC 下发的 CAPWAP 消息的优先级来判断哪台设备是主用设备、哪台设备是备用设备，两台 AC 之间则通过 HSB 主备通道来同步业务信息。当 AP 和主 AC 之间的通信难以为继时，AP 会通知备用 AC 切换为主 AC，这种环境如图 6-26 所示。

双链路热备方案除了支持主备备份之外，还支持负载分担模式，即让一部分 AP 的主 AC 为 AC1，与其建立 CAPWAP 主隧道，同时让另一部分 AP 的主 AC 为 AC2，与其建立 CAPWAP 主隧道，如图 6-27 所示。

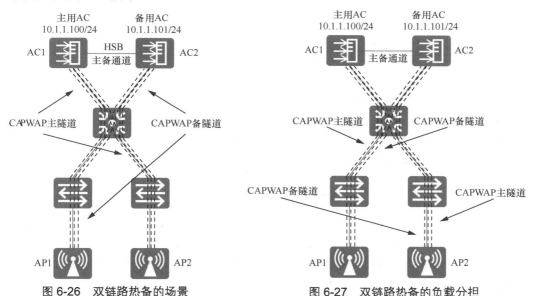

图 6-26 双链路热备的场景   图 6-27 双链路热备的负载分担

双链路双机热备的主备 AC 部署方案一般不会受到地理位置的限制，部署比较灵活，而且可以实现图 6-27 所示的负载分担，能够更高效地利用资源。不过，这种场景的业务切换速率比较慢。

6.4.3 *N*+1 备份

顾名思义，所谓 *N*+1 备份是通过一台 AC 作为备用 AC，为网络中其余主用 AC 提供备份的方案。在这种方案中，当网络正常时，每台 AP 都只能与特定的主用 AC 之间建立 CAPWAP 隧道。在主用 AC 发生故障，或者 AP 与其主用 AC 之间的通信发生故障时，AP 会转而与备用 AC 之间建立 CAPWAP 隧道。

在图 6-28 所示的 *N*+1 备份场景中，2 个站点分别为位于其所在站点的 AP 部署了一台 AC，企业总部额外部署了一台 AC，作为另外两台 AC 的备用 AC。因为 AC2 发生了故障，因此企业站点 2 中的 AP3 转而和企业总部的备用 AC 之间建立了 CAPWAP 隧道。

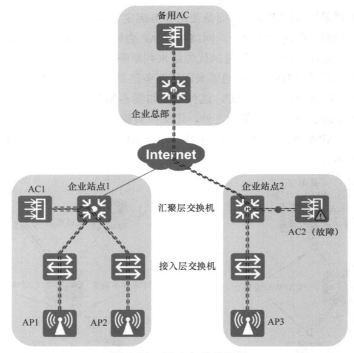

图 6-28　*N*+1 备份的场景

显然，*N*+1 设计方案同样不会受到地理位置的限制，拥有部署灵活的优势，而且在大型网络环境中，*N*+1 设计方案与其他设计方案相比，也拥有成本方面的优势。

本节对无线局域网环境中的可靠性方案即备份 AC 的部署方案进行了介绍，并且说明了不同方案的优点和适用场景。6.5 节会对无线局域网环境中的安全性设计进行说明。

6.5　无线局域网的安全准入设计

无线局域网和有线局域网之间的最大差异在于无线局域网的数据传输介质是开放的，因此无线局域网的覆盖就难以局限在组建该无线网络的企业所在的地理范围之内，而能够搜索这个无线局域网的人员也就不限于该企业的内部人员及访客。由此可见，要想提升无线局域网的用户安全性和数据安全性，就必须确保只有合法用户能够接入这个无线局域网，所以网络准入控制（NAC，Network Admission Control）设计也就成为无线局域网安全性中最重要的设计要素。

所谓网络准入控制是指通过对接入网络的客户端设备和用户进行认证来确保网络安全性的

一种技术。在无线局域网环境中，网络准入控制的实现方式通常包括下列 3 种。

- 802.1x。
- MAC 认证。
- 门户认证（Portal 认证）。

无论采取哪种网络准入控制的实现形式，设计人员都可以用 AC 为客户端设备/用户提供认证、使用网络基础设施（包括路由器、交换机）充当认证服务器，或者使用专门的 AAA 服务器来充当认证服务器。前两种情形适用于小型网络和中小型网络；针对中等规模以上的网络，使用专门的 AAA 服务器则是通用的设计方案。

对于使用 AAA 服务器的场景，AC 需要通过某种协议和 AAA 服务器进行通信，其中最常用的通信协议为 RADIUS 协议。RADIUS 协议全称为远程认证拨入用户服务（Remote Authentication Dial-In User Service）协议，是一种采用客户端/服务器架构的分布式通信协议。这项协议定义了基于 UDP 的 RADIUS 消息格式及传输机制，它使用 UDP 端口 1812、1813 作为默认的认证、审计端口。这项协议的目的是建立认证方（即 AC）和 AAA 服务器之间的通信，以确保网络免遭未经授权的访问。这种客户端、认证方、AAA 服务器之间的通信架构如图 6-29所示。

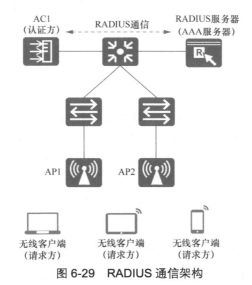

图 6-29　RADIUS 通信架构

RADIUS 协议的具体标准超出了本书的范围，尚不了解 RADIUS 协议详情的读者应自行阅读相关材料进行学习。下面回到NAC 的三种实现方式。

6.5.1　802.1x 认证

802.1x 是 IEEE（电气与电子工程师协会）制订的用户接入网络认证标准，旨在解决局域网中的认证问题。这项标准采用了典型的客户端服务器架构，标准的参与方包含了图 6-29 所示的（认证）请求方、参与方和认证服务器。在中大型企业网络中，对员工执行 802.1x 认证是推荐的方案。

常用的 802.1x 认证协议包括下列两种。

- **防护扩展认证协议（PEAP，Protected Extensible Authentication Protocol）**：用户在接入无线局域网时输入管理员预先分配的用户名和密码来完成认证。
- **传输层安全（TLS，Transport Layer Security）**：用户使用证书进行认证，这种认证通常会结合企业的 App 使用，如华为的 EasyAccess。

6.5.2 MAC 认证

顾名思义，MAC 认证是根据客户端的 MAC 地址对该设备访问网络的权限执行认证。因为认证是否通过是由服务器根据请求方的 MAC 地址来进行判断的，所以这种认证方式不需要输入用户名和密码，也不需要无线客户端上安装任何客户端软件，但是却需要管理员提前在认证服务器上输入准入设备的 MAC 地址。因此，这种认证的扩展性一般，多用于哑设备（如网络打印机、物联网设备）的接入认证，或者针对所有设备执行 MAC 优先的门户认证。针对 MAC 地址无法通过认证的设备，要求设备用户在门户页面输入用户名和密码。用户首次认证通过后，一定时间内可以免认证再次接入。

6.5.3 门户认证

门户认证也称为 Web 认证。用户在接入网络时，需要首先在一个门户网页进行认证，只有通过认证之后才能访问网络资源。这种认证同样需要管理员预先为用户分配通过认证的用户名和密码，但是不需要用户在设备上安装客户端软件，因此门户认证适合应用在允许用户临时访问的无线网络环境中，如会展、酒店等网络环境中。

无线局域网的安全性设计核心是网络准入控制的设计，本节上文对 3 种实现 NAC 的方式进行了概述，表 6-7 总结了这 3 种实现方式的使用场景和各自的优缺点。

表 6-7   3 种网络准入控制的实现方式比较

	802.1x 认证	MAC 认证	门户认证
适合场景	新建网络、企业网络的员工接入，对安全性要求高的场景	哑设备（如网络打印机、物联网设备）的接入认证	高流动性用户的临时接入
是否需要安装客户端软件	是	否	是
优点	安全性高	无须用户输入	部署灵活
缺点	部署不灵活	扩展性差	安全性不高

6.6 总结

本章旨在介绍无线局域网环境的设计，且整章均围绕着瘦 AP（FIT AP）+AC 的各类场景展开。6.1 节首先介绍了瘦 AP+AC 的几种组网方式分类，包括二层组网与三层组网、直连组网与旁挂组网、直接转发组网与隧道转发组网，并且详细说明了各种组网方式的要点以及它们的使用场景。接下来，本节参考华为官方网站的介绍信息，介绍了大量华为 Wi-Fi 6 产品族的产品参数及适用网络。

6.2 节则围绕着无线局域网环境中的 IP 地址和 VLAN 规划进行介绍。首先，本节介绍了 AP 管理 VLAN 和业务 VLAN 的概念，然后介绍了无线局域网环境中 VLAN 的规划方式。接着，本节介绍了 VLAN 和 SSID 之间的 3 种映射方式，以及它们各自常用的部署环境。最后，本节则对无线局域网环境中的 IP 地址分配原则进行了简单的说明。

6.3 节介绍了无线客户端漫游的几种类型。首先，本节介绍了漫游环境中的一系列术语，以及 AC 内漫游和 AC 间漫游的概念。然后，结合直接转发和隧道转发组网的结构，介绍了二层漫游和三层漫游环境中漫游客户端的流量转发路径。

6.4 节介绍了 3 种 WLAN 环境中的可靠性设计方案，即 VRRP 双机热备、双链路热备和 N+1 备份。本节介绍的上述 3 种方案中，包括了 CAPWAP 隧道的建立与切换，以及 3 种方案各自的切换速度及优缺点。

6.5 节介绍了无线局域网的安全准入设计方案，包括 802.1x 认证、MAC 认证和门户认证。本节首先介绍了 RADIUS 协议及相关的术语，然后从安全性、扩展性、是否需要安装客户端的角度，介绍了 3 种网络准入控制设计的适用场景和无线客户端类型。

6.7 习题

分别访问学校图书馆和一间常去的咖啡厅/连锁快餐厅，尝试根据其环境、规模和访问体验，为其设计一个无线局域网模块。

第 7 章

网络出口规划设计

企业网络的出口设计是要确定与运营商之间的连接如何实现，其中包括确定企业所使用的网关产品和数量、链路类型和数量、运营商和数量、NAT（网络地址转换）和路由设计方案，以及流量设计和优化方案。总体来说，我们至少应该考虑到可靠性、技术性和流量策略。具体到不同的企业，企业所适用的规划在很大程度上与企业的规模有直接关系。

通过回答以下问题，网络管理员可以对本企业网络的出口规划有更明确的方向。

- 网络出口是否需要冗余，需要何种冗余？
- 企业网络需要多少个公有 IP 地址？
- 使用静态路由还是动态路由协议来实现外网连接？
- 网络出口还需要提供哪些功能？

通过考虑，读者会发现规模不同的企业网络对于上述问题可能会得出类似的答案。对于冗余性来说，规模越大的企业需要的冗余性设计越复杂，企业可以使用一条线缆连接一个运营商，也可以使用多条线缆连接多个运营商并将其互为备份。对于企业获得 IP 的方式和数量来说，规模越大的企业往往需要的 IP 地址数量越多，也更倾向于使用更为稳定的 IP 地址。在静态路由和动态路由协议的选择上，小企业通过静态路由将默认网关指向运营商即可，大型企业的网络结构则更为复杂，外联需求也更多，因此有可能需要使用动态路由协议。

本章接下来将会从物理拓扑的设计选项进行介绍，为读者展示网络出口设计中需要考虑的内容。

本章重点：

- 网络出口物理拓扑结构设计；
- 网络出口流量设计；
- 网络出口技术设计。

7.1 网络出口物理拓扑结构设计

在第 4 章中我们介绍了广域网中用到的链路类型和技术，本节将不讨论与之重复的内容，而是聚焦于拓扑结构的设计选项。对于一个企业来说,连接运营商的链路主要有以下几种设计选项。

- 使用一条链路连接一个运营商(无冗余)。
- 在同一台网关设备上使用两条链路连接同一个运营商,实现了链路级别的冗余性。
- 在同一台网关设备上使用两条链路分别连接两个不同的运营商,进一步实现了运营商冗余。
- 在两台网关设备上分别使用一条链路连接同一个运营商,实现了设备和链路的冗余。
- 在两台网关设备上分别使用一条链路连接两个不同的运营商,进一步实现了运营商冗余。

本节将会在这几种设计选项的基础上,按照从简单到复杂的顺序对出口网络拓扑结构进行介绍。

7.1.1 单一出口网络结构

单一出口网络结构是指企业只有一条链路连接运营商,企业内部去往 Internet 的流量都需要通过这条链路进行传输。虽然这种结构在可靠性方面存在单点故障点,但它的成本低廉,并且简单的网络结构带来的管理和维护成本较低,适用于小型网络,以及各种规模企业中的非关键业务区域,如图 7-1 所示。

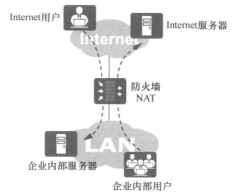

图 7-1 单一出口网络结构

在出口网络结构设计中的公有 IP 地址一般分为两个部分:连接运营商的 IP 地址和 NAT 地址池。通常来说,当企业连接到运营商的网络时,运营商一般会为企业提供两类公有 IP 地址,一类是用来连接企业端设备的 IP 地址,通常是 30 位掩码的地址,仅用在连接运营商的链路上。另一类是用来使企业内部设备访问 Internet 使用的公有 IP 地址,可以根据企业的需求提供不同数量的 IP 地址,但这些 IP 地址的数量通常较少,不足以一对一地为企业内部设备提供支持。

在单一出口网络结构的设计中,一般可以在企业网关设备上静态配置一条缺省路由,并将其下一跳指向运营商。图 7-1 描绘了这类简单环境中常见的流量类型:一类是企业内部用户访问 Internet 的流量;另一类是 Internet 用户访问企业内部服务器的流量。对于企业内部用户向外访问的流量,我们通常会使用动态 PAT 为内部用户提供 IP 地址转换。对于 Internet 向企业内部访问的流量，我们必须为服务器分配固定的公有 IP 地址，因此常使用静态 NAT 将内部服务器的私有 IP 地址映射为公有 IP 地址。

7.1.2   同运营商多出口网络结构

同运营商多出口指的是企业使用多条线缆连接一个运营商，提高了冗余性，以实现链路的备份或负载分担。由于这些出口都是连接同一个运营商的，因此运营商在提供链路连通性的时候，会提供多个掩码为 30 位的连接地址（每条线路对应一个连接地址），以及根据企业的需求，提供一定数量的公有 IP 地址（地址池）。

以双出口的环境为例，对于从企业内部访问 Internet 的流量，管理员可以通过路由选择对流量途径的路径进行管理；对于 Internet 返回的流量，由运营商内部路由来决定，企业管理员无法进行控制。图 7-2 展示了同运营商双出口的网络结构。

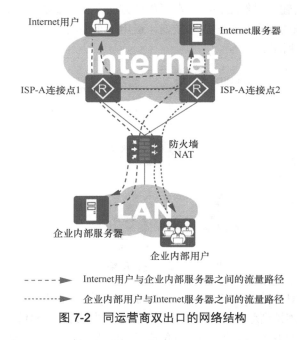

图 7-2   同运营商双出口的网络结构

在图 7-2 中，有可能出现如下的流量路径情景。

■   当 Internet 用户访问企业内部服务器时，流量通过 ISP-A 连接点 1 进入企业网络；而当企业内部服务器将流量返回到 Internet 用户时，使用的是 ISP-A 连接点 2。

■   当企业内部用户访问 Internet 服务器时，流量通过 ISP-A 连接点 1 访问 Internet，而当 Internet 服务器将流量返回企业内部用户时，使用的是 ISP-A 连接点 2。

在这种环境中，企业可以对访问 Internet 的数据进行分流（比如使用静态路由的方式），以此充分利用多条链路的出口带宽。但对于运营商来说，一般并不会对去往企业的流量进行控制，因此根据运营商内部网络路由协议的计算结果，去往企业的流量会被转发到相应的接口。

7.1.3 多运营商多出口网络结构

多运营商多出口是指企业通过多条线路分别连接多个运营商。当前在大中型企业中，采用两个运营商各一条链路的双出口解决方案很常见。在这种环境中，每个运营商都会提供一条链路，并且各自提供一个掩码为 30 位的连接地址和一个公有地址池。

与同运营商多出口类似，企业可以通过路由的优化来控制从企业内部去往 Internet 的流量路径；与之不同的是，从哪个运营商去往 Internet 的流量仍会通过这个运营商返回到企业中，如图 7-3 所示。

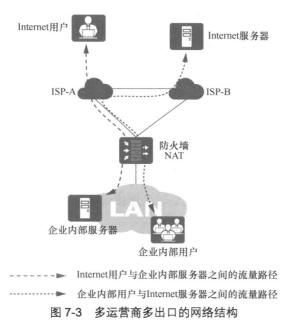

图 7-3 多运营商多出口的网络结构

在图 7-3 中有两种可能的流量路径：Internet 用户与企业内部服务器之间的流量路径穿越了 ISP-A；企业内部用户与 Internet 服务器之间的流量路径穿越了 ISP-A 和 ISP-B。企业管理员可以通过路由优化，使企业内部用户通过连接 ISP-B 的链路来访问特定的 Internet 服务器。不同运营商之间会存在数据通路，但这个通路是构建在 ISP 核心层面上的，并且两个运营商之间的连接在性能上不如运营商内部环境。因此当流量需要穿越不同的运营商时，服务质量会出现较大的劣化，对于那些延迟敏感的应用来说，这种情况有可能会造成服务的中断。当出现这种情况时，企业管理员就需要针对不同的流量进行路径优化设计。

7.1.4　出口连接物理拓扑网络结构

在上述讨论的运营商连接方案中，我们没有关注企业中部署的网关出口设备。对于网络出口来说，冗余性至关重要，本小节将会针对企业的网络出口设备物理拓扑方案进行介绍。

一般来说，在考虑到网络出口冗余性的前提下，企业可以在下列部分添加冗余性：链路、设备和运营商。首先可以针对出口提供链路冗余，如图 7-4 所示。企业部署一台出口设备，分别通过两条链路连接同一个运营商。在此方案之上，企业管理员可以选择在同一台出口设备的不同接口卡上连接两条链路，以此在链路冗余性的基础上实现板卡级别的冗余性。

在使用一台网络出口设备的环境中，为了提升冗余性，企业可以使用两条链路分别连接两个不同的运营商，如图 7-5 所示。在连接两个运营商的场景中，企业管理员需要对企业内部访问 Internet 的流量进行路径优化，尽量减少跨运营商的流量路径。

图 7-4　链路冗余拓扑结构　　　　图 7-5　链路冗余+运营商冗余拓扑结构

企业还可以通过增加网络出口设备来进一步提高冗余性，即使用多台出口设备来连接 Internet。在这种场景中，企业可以通过这些设备连接相同的运营商，也可以连接不同的运营商。图 7-6 描绘了这两种方案。

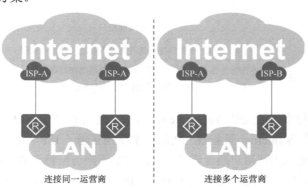

图 7-6　双出口设备拓扑结构

企业可以根据其业务类型、流量规模，以及业务对于 Internet 的可靠性要求来确定 Internet 链路的冗余性设计。

7.2 网络出口流量规划设计

在考虑网络出口的流量规划时，必须以网络出口的物理和逻辑拓扑结构为基础，因此本节会基于 7.1 节的拓扑结构设计，逐一讨论每个结构所要考虑的流量规划及其可能的实现方式。物理拓扑结构设计可以被分为单一出口、同运营商多出口、多运营商多出口。

7.2.1 单一出口

在部署了单一出口拓扑的环境中，所有流量都通过相同的设备和链路往返于企业内部和 Internet 之间，因此在这种简单环境中无须考虑流量的分流规划。企业管理员必须要部署的服务包括 NAT（网络地址转换）和路由。

一般来说，为了支持企业内部的设备访问 Internet，企业会向运营商申请少量公有 IP 地址。企业管理员需要在网络出口设备上部署 NAT 映射，此时需要考虑以下两种类型的流量。

- **内部用户访问 Internet**：在企业内部的设备访问 Internet 时，将设备所使用的内部私有地址映射为运营商所分配的公有 IP 地址之一。管理员可以使用 NAT 将多个内部 IP 地址映射为一个或少数几个公有 IP 地址。
- **Internet 用户访问内部服务器**：当内部服务器需要向 Internet 用户提供服务时，需要为内部服务器分配一个固定的公网 IP 地址，使 Internet 用户通过这个公有 IP 地址访问内部服务器。管理员可以在网络出口设备上使用静态 NAT 来实现内部服务器与公有 IP 地址的映射。

在路由规划中，对于只有一个出口的企业网络来说，管理员只需要配置静态缺省路由并将其指向连接运营商的接口即可。根据企业内部运行的路由协议，管理员也可以将这条缺省路由通过重分布的方式告知企业中的其他网络设备。

7.2.2 同运营商多出口

当企业在网络出口部署了多条链路时，可以在出口设备上部署流量负载分担功能，同时使用多条链路来承载企业与 Internet 之间的流量，也可以将多条链路设置为主用链路和备用链路，一般情况下使用主用链路，当主用链路出现故障时自动切换到备用链路。在这种情况下，备用链路的带宽可能会低于主用链路，且它只作为一时的替换，当主用链路的故障解除后，备用链路会再次进入备用状态，企业与 Internet 之间的流量将由主用链路承载。

1. 负载模式

在负载模式中，企业与 Internet 之间的流量会同时承载在多条链路上。由于多条链路都是由同一个运营商提供的，因此链路和网络质量是一致的。在这种情况下，负载模式是优选的部署方式，既可以充分利用链路及其带宽，也可以将多条链路互为备份。同运营商多出口的负载模式流量模型如图 7-7 所示。

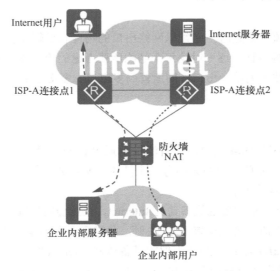

图 7-7 同运营商多出口的负载模式流量模型

图 7-7 所示的是在一定程度上进行了优化后的流量模型，其中按照流量类型进行了链路的划分：使用一条链路承载企业内部服务器向 Internet 用户提供服务的流量，使用另一条链路承载企业内部用户访问 Internet 的流量。这只是一种粗略的负载分担方式，随着企业网络规模的扩大和复杂度的增加，这种简单的负载方式可能不足以提供最优的流量模型。届时企业管理员需要对企业与 Internet 之间的流量类型和规模进行分析，做出更合理的优化方案。

在技术上，为了使多条链路能够同时提供传输服务，管理员可以考虑以下方案。

- 在网络出口设备上配置两条（以两条链路为例）等价的缺省路由，且不对其优先级做任何修改。这样可以同时启用两条链路，并且网络出口设备可以自动将流量分布到两条链路上。
- 在内部服务器向 Internet 用户提供服务的环境中，管理员可以在两个连接运营商的外网接口上，分别将不同的公网地址映射到内网服务器。
- 当有多台企业出口设备连接运营商时，为了在网络中出现逻辑连通性问题时进行快速切换，可以在路由部署的同时应用 BFD（双向转发检测）技术。BFD 可以在两台网络设备之间建立 BFD 会话，并通过这条会话周期性地发送 BFD 报文，以便检测对方的活跃性。如果在一段时间内没有从对方设备接收到 BFD 报文，设备就会认为这条链路上发生了故障，上层协议可以根据 BFD 感知到的链路故障采取相应的措施。

2. 主备模式

在主备模式中，一般情况下只使用某一条链路（主用链路），当这条链路发生故障时，设备可以根据情况自动启用备用链路，并将流量"切换"到备用链路上。同运营商多出口的主备模式流量模型如图 7-8 所示。

图 7-8 同运营商多出口的主备模式流量模型

当主用链路出现故障时，或在多网络出口设备的环境中，连接主用链路的网络设备出了故障，备用链路会被自动启用，此时的流量模型如图 7-9 所示。

图 7-9 启用备用链路的流量模型

企业管理员可以通过两种方案来实现主用和备用链路的设计，最终使流量通过主用链路进行传输，当主用链路发生故障时，自动启用备用链路。方案 1 是通过路由来实现，方案 2 是通过策略路由来实现。

在方案 1 中，管理员可以设置静态浮动路由。具体来说，可以在出口网络设备上配置两条静态缺省路由，分别指向运营商提供的不同的下一跳设备（IP 地址）；并将主链路的缺省路由优先级保持不变，将备链路的缺省路由优先级更改为大于 60 的值。这样一来，当主链路正常时，网络设备会选择路由优先级值较小的路由，即通过主链路访问 Internet 的缺省路由。

当主链路发生故障并在物理上断开连接后，设备会感知到主用链路接口的变化（物理状态或协议状态从 Up 变为 Down），并会认为下一跳为这个接口的路由不可达。此时优先级值较大的备用路由就会"浮动"出来，并接替主用链路来提供 Internet 访问。

如果主链路发生的故障并不是物理连通性问题，而是逻辑连通性问题，设备无法通过接口的物理状态或协议状态进行故障判断，此时我们可以在配置主链路静态缺省路由的同时，使用 Track NQA（网络质量分析）或 BFD 周期性地对主链路进行检测。当检测到主链路发生问题时，Track NQA 和 BFD 可以通知上层协议执行相应的操作。在本场景中，也就是让网络设备启用备用链路。

在方案 2 中，企业管理员可以配置路由优先级完全相同的两条缺省路由，分别指向相应的运营商 IP 地址或本地接口。在这种环境中使用 PBR（策略路由）实现流量的分流，并在主用链路正常时将流量导向主用链路。策略路由可以依赖于用户指定的策略进行路由选择，也就是说，根据具体的需要，依照策略改变数据包的转发路径，而不是单纯地按照路由表进行转发。因此，当路由表中有两条等价路由都可以使用时，网络设备会根据策略来选择具体的路由。

在华为的设备上，PBR 是通过 MQC（模块化 QoS 命令行）进行部署的，MQC 提供了模块化的命令，简化了 PBR 的部署。MQC 提供了 3 个元素：流分类（Traffic Classifier）、流行为（Traffic Behavior）和流策略（Traffic Policy）。使用 MQC 的 PBR 可以通过流分类匹配具有相同特征的流量，然后使用流行为定义需要为这类流量执行的动作，最后使用流策略将流分类和流行为绑定在一起并在设备上进行应用。

最后，企业管理员可以将 PBR 与 Track NQA 相结合，在必要时对链路进行主备切换。

7.2.3 多运营商多出口

当企业在网络出口部署了多条链路并且分别连接不同的运营商时，可以在出口设备上部署流量负载分担功能，同时使用多个运营商来承载企业与 Internet 之间的流量，也可以将多个运营商设置为主用和备用。这种多运营商的多出口结构的可靠性最高，提供了运营商级别的冗余，但它的成本也比较高，一般用于大型网络中。

1. 负载模式

在负载模式中，企业会同时使用多个运营商提供的链路来访问 Internet，以及向 Internet 用户提供服务。由于此时多条链路都是由不同运营商提供的，因此链路和网络质量一般会有所差异，在这种情况下使用负载模式需要网络管理员对数据包进行分流。多运营商多出口的负载模式流量模型如图 7-10 所示。

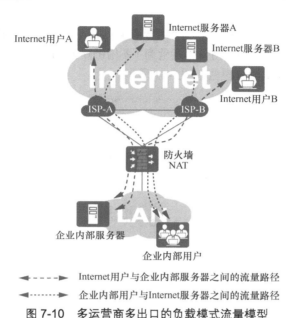

图 7-10　多运营商多出口的负载模式流量模型

　　图 7-10 所示的流量模型在一定程度上进行了优化。对于企业内部用户访问 Internet 的流量，管理员根据不同的 Internet 服务器进行了链路划分，避免当内部用户访问 Internet 服务器时，发生跨越运营商的路径。对于企业内部服务器向外提供服务的需求，管理员将两个运营商提供的公有 IP 地址都为内部服务器进行了映射。

　　在技术上，为了使多条链路能够通过不同的运营商同时提供传输服务，我们可以使用两种方案来实现。在方案 1 中，管理员可以在网络出口设备上配置运营商的静态明细路由和静态缺省路由。对于不同的运营商来说，其路由条目的数量会有所不同。一级运营商的路由条目可以多达上千条，二级运营商可能有几十或上百条路由条目。根据网络出口设备的型号和性能不同，其所支持的路由条目数量上限也会有所区别。多运营商规划常用于大型网络中，而大型网络中的网络出口设备一般需要具有较高的性能（包括转发性能等），从而可以支持较多的路由表条目。此外，企业管理员还要针对所有路由，对运营商提供的网关进行追踪（Track NQA 或 BFD），以备链路出现问题时采取相应的措施。

　　方案 1 的优势在于可以明确区分不同运营商的流量，更好地保障传输速率、抖动、延迟等参数。劣势在于它对于网络出口设备的性能有所要求，管理员在导入运营商的静态路由之前需要确认设备所支持的路由表条目上限。另外，虽然运营商路由相对稳定，但管理员仍需要周期性地核对并更新运营商路由条目,以确保路由的精确性。

在方案 2 中,企业管理员可以在出口网络设备的内网接口上配置基于 MQC 方式的 PBR,按照不同的目标地址进行流量分类并完成数据分流。同时,配合使用 Track NQA 以防故障的发生。

2. 主备模式

在主备模式中,一般情况下只使用一个运营商(主用链路)。当连接这个运营商的链路发生故障时,设备可以根据情况自动启用备用运营商(备用链路),并将流量"切换"到备用链路上。多运营商多出口的主备模式流量模型如图 7-11 所示。

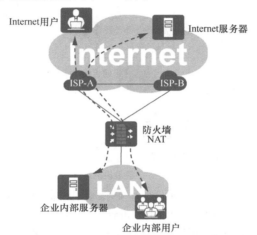

图 7-11 多运营商多出口的主备模式流量模型

当主用运营商的链路出现故障时,或在多网络出口设备的环境中,连接主用运营商的网络设备出了故障时,备用运营商会被自动启用,此时的流量模型如图 7-12 所示。

图 7-12 启用备用运营商的流量模型

企业管理员可以通过两种方案实现主用和备用的运营商连接设计，最终使流量通过主用运营商进行传输，当主用运营商或其链路发生故障时，自动启用备用运营商及其链路。方案 1 是通过路由来实现，方案 2 是通过策略路由来实现。

在方案 1 中，管理员可以设置静态浮动路由。具体来说，可以在出口网络设备上配置两条静态缺省路由，分别指向两个运营商所提供的下一跳设备（IP 地址）；并将主运营商路由的缺省路由优先级保持不变，将备运营商路由的缺省路由优先级更改为大于 60 的值。当主链路正常时，网络设备会选择路由优先级值较小的路由，即通过主运营商访问 Internet 的缺省路由。

当主运营商或其链路发生故障并在物理上与企业出口网络设备断开连接后，设备会感知到主用链路接口的变化（物理状态或协议状态从 Up 变为 Down），并认为下一跳为这个接口的路由不可达。此时优先级值较大的备用路由就会"浮动"出来，并接替主用链路来提供 Internet 访问。

如果主运营商中发生的故障并不是物理连通性问题，而是逻辑连通性问题的话（比如时断时续或延迟增大等），设备无法通过接口的物理状态或协议状态进行故障判断，此时我们可以在配置主运营商静态缺省路由的同时，使用 Track NQA（网络质量分析）或 BFD 周期性地对主运营商提供的链路进行检测。当检测到链路发生问题时，Track NQA 和 BFD 可以通知上层协议执行相应的操作。在本场景中，也就是让网络设备启用备用运营商的链路。

在方案 2 中，企业管理员可以配置路由优先级完全相同的两条缺省路由，分别指向两个运营商的 IP 地址或本地接口。在这种环境中使用 PBR（策略路由）实现流量的分流，并在主用链路正常时将流量导向主用运营商的链路。策略路由可以依赖于用户指定的策略进行路由选择，也就是说，根据具体的需要，依照策略改变数据包的转发路径，而不是单纯地按照路由表进行转发。因此，当路由表中有两条等价路由都可以使用时，网络设备会根据策略来选择具体的路由。最后，企业管理员可以将 PBR 与 Track NQA 相结合，在必要时对链路进行主备切换。

7.3 网络出口技术设计

将企业内部网络与 Internet 相连，使企业内部用户能够访问 Internet 资源，同时使 Internet 用户能够访问企业内部服务器所提供的服务，这是当前企业网络的基本需求。企业与 Internet 连接需要解决以下问题。

- **链路的选用**：理论上来说，我们可以使用前文讨论过的任何一种链路来连接 Internet，比如 E1、POS、DSL 等。但是在实际项目中，我们需要综合考虑带宽、成本、质量、距离等各方面的因素。当前企业网络出口常采用光纤进行承载，其中 PON 网络和光以太网是常见的链路形式。对于部分小型企业来说，也采用 DSL 等家庭接入技术连接 Internet。
- **IP 地址**：企业内部一般都采用私有 IP 地址网段，私有 IP 地址无法在 Internet 上进行路由。为此，内部用户要访问 Internet，必须进行地址转换，也就是部署 NAT（Network Address Translation，网络地址转换）。

- **设备配置**：当采用不同链路时，首先需要进行链路适配，比如 DSL 链路需要配置 DSL Modem 设备、PON 链路需要配置 ONU 设备等。因为网络出口设备需要进行 IP 地址转换，除了某些框式交换机之外，一般交换机不提供 NAT 功能，所以出口设备常常选用路由器或者防火墙。
- **NAT**：NAT 功能需要消耗大量的处理能力，对于大规模、大流量的 NAT 环境来说，防火墙比路由器更适用。同时，NAT 一般出现在网络边界上，同时能够提供边界防护。所以在企业网络边界上，防火墙用得较多。

本节将对常应用在网络出口的技术进行介绍，并展示它们在网络出口的具体应用。其中包括以下技术：静态路由、缺省路由、PPPoE、NAT、NAT Server、BFD、PBR。

7.3.1 静态路由

静态路由是指由网络管理员手动配置在设备上的路由，适用于拓扑结构简单并且稳定的小型网络。静态路由的配置比较简单，对于网络设备性能的要求低，但它的灵活性不强，不能自动适应网络拓扑的变化，当变化出现时需要人工干预。图 7-13 展示了静态路由的应用。

图 7-13 静态路由的应用

我们参考图 7-13 所示的简单网络环境，以 R1 为例。R1 通过本地的 G0/0/0 接口连接 R2 的 G0/0/0 接口，它们之间的 IP 网段被设置为 10.0.0.0/24。网络设备会根据本地接口上配置的 IP 地址自动生成路由来源为"直连"的路由，因此 R1 的路由表中有如图 7-13 所示的直连路由：目的网络为 10.0.0.0/24，下一跳为本地 G0/0/0 接口的 IP 地址。网络管理员手动在 R1 上配置了一条静态路由，目的网络为 20.0.0.0/24，下一跳为 10.0.0.2。

现在让我们来看看在 R1 进行数据包转发的过程中，是如何使用静态路由的。当 R1 从除 G0/0/0 接口之外的其他本地接口接收到一个目的 IP 地址为 20.0.0.10/24 的数据包时，通过查看路由表它会发现去往 20.0.0.0/24 网段需要将数据包路由到 10.0.0.2，下一跳接口为 G0/0/0，接着它会将去往 20.0.0.10/24 的数据包从本地接口 G0/0/0 转发出去。

静态路由的配置简单且对设备的性能要求低，对于使用静态路由的 R1 来说，它不知道（也无须知道）目的网段距离自己有多少跳，也就是说，目的网段是直连在下一跳设备（R2）上的，还是需要经历多台网络设备的转发才能到达。但由于静态路由缺乏灵活性，因此并不适用于复杂的网络环境，比较适用相对简单的环境。

7.3.2 缺省路由

缺省路由也称为默认路由，它是一种特殊的路由，当网络设备接收到一个数据包，并且没有在路由表中找到与之相匹配的明细路由表项时，如果路由表中存在缺省路由，就会使用缺省路由进行转发。图 7-14 展示了缺省路由的应用。

图 7-14　缺省路由的应用

在图 7-14 中仍以 R1 为例。此时 R1 的路由表中没有去往目的网段 20.0.0.0/24 的明细路由，但有一条去往任意目的地（0.0.0.0/0）的缺省路由。当 R1 想知道该如何转发目的地址为 20.0.0.10/24 的数据包时，它会查看路由表，并发现没有与这个目的地址精确匹配的路由，在这种情况下，如果路由表中有缺省路由，R1 就会使用缺省路由来转发这个数据包。

图 7-14 中对于这条缺省路由的路由来源标注了静态或动态，这是因为除了管理员能够手动配置静态路由之外，有一些动态路由协议也可以生成缺省路由并将其通告到路由域中。手动配置静态路由和缺省路由的命令是相同的，只是静态明细路由在目的网段部分要写明网络地址和子网掩码，但缺省路由只需要将网络地址和子网掩码保持为全 0 即可。

如前文提到的，在网络出口的多链路负载部署中，管理员可以根据实际情况手动配置明细路由来进行路由优化，同时配置缺省路由，为无须（或不能）分流的流量提供出口。这样做既可以保证所有流量都可以访问 Internet，也可以对一部分流量提供更好的 QoS 保障。

7.3.3 PPPoE

PPPoE 是指以太网上的点到点协议，它采用客户端/服务器模型为以太网上的主机提供接入服务，并实现用户控制和计费。PPPoE 客户端与 PPPoE 服务器端之间会建立 PPP 会话，封装

PPP 数据报文。PPPoE 的常见应用场景有企业用户拨号上网和家庭用户拨号上网等。图 7-15 展示了 PPPoE 的应用。

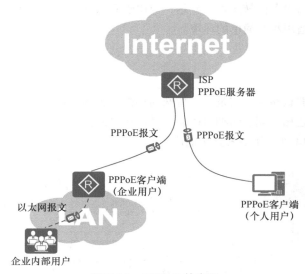

图 7-15　PPPoE 的应用

图 7-15 展示了最常见的两种 PPPoE 应用场景：企业用户和个人用户。图中上方的路由器为运营商侧的接入设备，它作为 PPPoE 服务器，为客户（PPPoE 客户端）提供拨号上网服务，并为每个客户进行单独计费。图左下方描绘了一个企业网环境，使用企业网络出口设备作为 PPPoE 客户端，在其与 PPPoE 服务器之间建立了拨号连接后，企业内部的用户就可以通过这条链路进行 Internet 访问。在这个环境中需要注意的是，PPPoE 服务器与客户端之间传输的是 PPPoE 报文，在企业网络内部，企业内部用户与其网关之间仍是以太网报文。图右下方描绘了个人用户的 PPPoE 拨号场景，此时 PPPoE 客户端就是用户用来上网的 PC 设备，通过 PC 设备中的 PPPoE 客户端软件发起拨号请求并与 PPPoE 服务器之间建立拨号连接。

7.3.4　NAT

NAT 是指网络地址转换，它可以对 IP 数据报文中的 IP 地址进行转换，是一种在现网中被广泛部署的技术，一般被部署在网络出口设备，比如路由器或防火墙上。

在 NAT 的典型应用场景中，私有网络（园区、家庭）内部会使用私有 IP 地址，私有 IP 地址无法直接访问 Internet。网络出口设备上会部署 NAT，对于从内到外的流量，网络设备会根据 NAT 配置，将数据包的源 IP 地址进行转换，将其转换为特定的公有 IP 地址；对于从外到内的流量，则会根据已有的 NAT 转换关系，对数据包的目的 IP 地址进行转换。图 7-16 展示了 NAT 的应用。

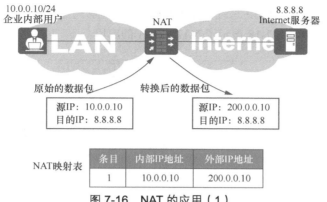

图 7-16 NAT 的应用（1）

如图 7-16 所示，企业内部用户使用私有 IP 地址 10.0.0.10/24，它想要访问 Internet 服务器 8.8.8.8。企业 NAT 设备需要将内部用户的私有 IP 地址转换为公有 IP 地址，这个公有 IP 地址是运营商分配给企业使用的，本例中将公有 IP 地址 200.0.0.10 映射到 10.0.0.10。根据配置，NAT 设备可以自动执行转换并将转换规则记录在 NAT 映射表中。当 Internet 服务器进行回复时，NAT 设备就会根据 NAT 映射表中的映射条目执行反向转换。同时需要注意，企业内部用户的 IP 地址此时会出现在目的 IP 地址的部分，因此反向转换是针对目的 IP 地址进行的，如图 7-17 所示。

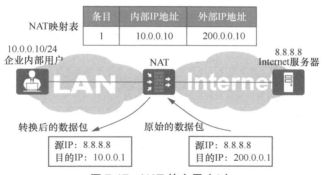

图 7-17 NAT 的应用（2）

本节所展示的 NAT 映射表条目是由 NAT 设备自动填充的，只有当企业内部用户主动访问 Internet 时才会触发 NAT 转换并填充 NAT 映射表条目。如果企业内部部署了需要为 Internet 用户提供服务的服务器，则需要管理员将内部服务器的私有 IP 地址手动映射为公有 IP 地址，这种技术称为 NAT Server。

7.3.5　NAT Server

NAT Server 功能可以指定"公有 IP 地址:端口"与"私有 IP 地址:端口"的一对一映射关系，

将企业内部服务器映射到公有 IP 地址，使 Internet 主机能够通过访问"公有 IP 地址:端口"实现对内部服务器的访问。图 7-18 展示了 NAT Server 的应用。

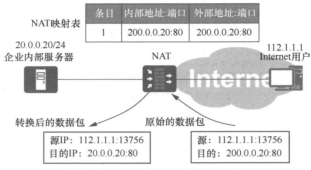

图 7-18　NAT Server 的应用（1）

图 7-18 展示了 Internet 用户通过浏览器访问 Web 服务器的流量。Internet 用户的 IP 地址为 112.1.1.1，它访问的 Web 服务器的公有 IP 地址为 200.0.0.20。企业 NAT 设备在接收到这个数据包后，会针对数据包的目的 IP 地址和端口号来查找 NAT 转换表，并将其转换为内部 Web 服务器的私有 IP 地址和端口号。当 Web 服务器进行回复时，NAT 设备会针对这个由内向外的流量执行 NAT 地址转换，如图 7-19 所示。

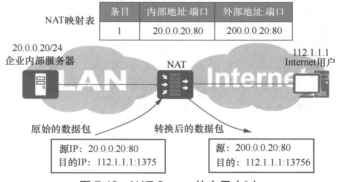

图 7-19　NAT Server 的应用（2）

根据图 7-19 所示的情景，Internet 用户在接收到 Web 服务器的回复时，数据包中的源 IP 地址是企业 Web 服务器的公有 IP 地址。

7.3.6　BFD

BFD 是指双向转发检测，它提供了一个通用的、标准化的、与介质和协议无关的快速故障检测机制。BFD 是一个简单的 Hello 协议，它可以在两个系统之间建立 BFD 会话通道，并周期性发送 BFD 检测报文。如果某个系统在规定的时间内没有收到对端的检测报文，BFD 就认为该通道的某个部分发生了故障。图 7-20 展示了 BFD 会话测试的应用。

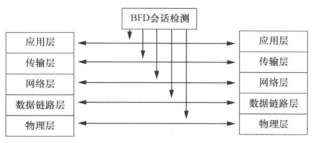

图 7-20 BFD 会话检测的应用

BFD 可以与多种功能进行联动，可以为不支持错误检测的链路提供一种低成本的错误检测能力，比如以太网、隧道、虚电路等。在网络出口场景中，管理员也可以将其与静态路由进行联动。静态路由自身没有检测机制，如果静态路由存在冗余路径，并通过静态路由与 BFD 联动，当主用路径故障时，就可以实现静态路由的快速切换。静态路由与 BFD 的联动应用广泛，图 7-21 展示了静态路由与 BFD 联动的应用。

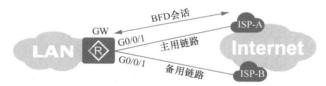

图 7-21 静态路由与 BFD 联动的应用

在图 7-21 中，GW 是企业网的出口网络设备，并通过两条链路分别连接 ISP-A 和 ISP-B。正常情况下的默认路由指向 ISP-A 的链路，当通往 ISP-A 的链路出现故障时，BFD 会话能够快速感知到链路的故障，并通知 GW 将流量切换到指向 ISP-B 的链路。

7.3.7 PBR

PBR 是指策略路由，它使网络设备不仅能够基于报文的目的 IP 地址进行数据转发，更能基于其他元素进行数据转发，比如源 IP 地址、源 MAC 地址、目的 MAC 地址、源端口号、目的端口号、VLAN-ID 等。用户可以首先使用 ACL 匹配特定的报文，然后针对该 ACL 进行 PBR 部署。若设备部署了 PBR，则被匹配的报文优先根据 PBR 的策略进行转发，即 PBR 策略的优先级高于传统路由表。图 7-22 展示了 PBR 的应用。

在图 7-22 中，GW 是企业的出口网络设备，它连接了两个运营商。在其路由表中没有去往 Internet 的明细路由，只有一条缺省路由并且指向 ISP-A。管理员通过 PBR 功能将部分流量重定向到连接 ISP-B 的链路，图 7-22 中以访问 Internet 服务器 8.8.8.8 的流量为例。

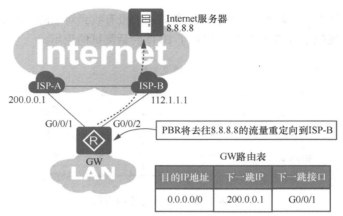

图 7-22   PBR 的应用

在部署了 PBR 的网络设备中，PBR 的优先级高于设备路由表。因此在对数据包执行转发的过程中，网络设备会先检查 PBR 的部署，若数据包与其中的策略相匹配，网络设备就会按照 PBR 中的设置对数据包执行转发。如果数据包没有匹配 PBR 部署中的策略，网络设备就会查找路由表并按照路由表来执行转发。

7.4   总结

本章重点介绍了与企业网络出口规划相关的内容。首先，7.1 节详细介绍了常应用于网络出口的物理拓扑结构，其中包含从最简单的一条链路到多条链路多运营商结构。然后，在 7.2 节的网络出口流量规划中，重点从流量的传输方面进行考量，为了实现冗余部署，管理员可以通过路由进行负载分担，也要考虑内部服务器对外提供服务时的网络路径，并保障往返路径的一致性。最后，7.3 节简要介绍了多种常见的网络出口技术。

7.5   习题

作为一家网络游戏提供商的网络管理员，请考虑如何能够为不同网络（比如连通、电信、移动等）中的用户提供良好的游戏体验？

第 8 章

网络 IP 地址与路由规划设计

在当今的企业园区网中，除一部分数据中心（DC）模块的存储区域网络（SAN）可能仍然采用本书第 5 章提及的 FC 外，其余网络都应该在网络层通过 IP 协议来建立通信。有鉴于此，对企业园区网中的 IP 地址和 IP 路由进行规划和设计就成了网络设计阶段的一项既关键且重要的任务。

关于 IP 地址和 IP 路由的设计，本书在 1.2 节中进行过介绍。另外，本书第 5 章介绍数据中心网络时也对 IP 地址规划进行过介绍，而数据中心环境中的 IP 地址规划方法也基本可以套用在整个企业园区网环境中。8.1 节会简要介绍企业园区网的 IP 地址规划与设计方法。从 8.2 节开始，本书会介绍企业园区网环境中的 IP 路由的设计方法，比较不同路由技术（包括静态路由和动态路由协议）的适用环境。8.3 节会围绕着如今 IP 通信网络中最常用的动态路由协议——OSPF 的设计方式进行介绍。

本章重点：

- IP 地址的规划与设计；
- 不同路由技术的比较与设计；
- OSPF 协议在企业网络中的设计。

8.1 IP 地址的规划与设计

本书 1.2 节曾经简要提到，IP 地址在设计时应该注意的一系列设计原则，包括唯一性、连续性、扩展性和实意性。

- **唯一性**：唯一性是指整个企业园区网不能出现相同的 IP 地址。唯一性与其说是一种园区网设计原则，不如说是园区网能够正常建立通信的技术前提。在网络设计阶段，技术人员应该在遵循各项设计原则的基础上对不同子网的 IP 地址进行设计，从而确保整个园区网的 IP 地址不会出现设计层面上的重复。
- **连续性**：如果一个园区网中的各个子网都不连续，那么整个园区网内部要么无法进行路由聚合，要么只能对路由进行过度汇总（即汇总路由中包含了一些无关的子网地址）。

不执行汇总会造成路由表中的条目增加，因而会浪费路由设备的资源；执行过度汇总则有可能产生路由黑洞。另外，子网地址连续也可以简化园区网的管理难度。在规划 IPv4 地址时，为了确保 IP 地址的连续性、提升路由设备资源的利用水准和路由转发的效率，常见的做法是通过可变长子网掩码（VLSM，Variable Length Subnet Mask）不断把一段 IP 地址分为多个子网，然后根据每个子网所需要的 IP 地址数量，把划分出来的连续子网号分配给同一个范围、层级或者区域中的不同子网。

- **扩展性**：在设计 IP 地址阶段，技术人员应该考虑到园区网未来的扩展空间，并且为可能的网络扩展预留空间。关于扩展性值得注意的是，技术人员应该避免园区网范围仍然存在大量的地址空间，但园区网中的某个层次、某个子网在面临扩展需求时却发现地址空间已经不足。因此，针对未来的扩展预留空间的做法不仅适用于整个园区网网络，而且适用于园区网的各个层次、各个子网。

- **实意性**：在设计 IP 地址时，应该尽量赋予 IP 地址某些含义，让管理人员看到一个 IP 地址就可以大致判断出这个地址所述的设备，做到"望址生义"。这是 IP 地址设计和规划中比较精巧的一个环节，可以通过一个 IP 地址公式以及一些参数及系数，让人们计算得出每一个需要用到的 IP 地址。

此外，本书在 5.3 节提到过，园区网中的 IP 地址分为业务地址、管理地址和互连地址 3 大类。在整个园区网的语境中，业务地址是指分配给终端设备的 IP 地址，管理地址则是管理员对网络基础设施发起管理访问时使用的 IP 地址，而互连地址是网络基础设施之间相互连接的地址。技术人员在设计这 3 类地址时，建议参考下面的规划方式。

- **管理地址**：管理地址通常使用主机地址，即 IPv4 管理地址使用 32 位掩码、IPv6 管理地址使用 128 位掩码。如果要把 IP 地址规划的实意性原则体现在管理地址的规划上，通常人们会对园区网中越重要的设备，分配数值越小的管理地址；此外，地址主机位的奇偶性可以用来表示网络基础设施的类型——习惯上，人们多把奇数分配给路由器，把偶数分配给交换机。

- **互连地址**：鉴于互连地址的目的是实现设备个别三层接口之间的互连，因此互连地址通常使用 30 位（IPv4）或 127 位（IPv6）掩码的地址。针对实意性原则，互连地址的最后一段可以用来标识端口所在的设备，例如为重要设备一端的接口分配数值较小的地址。此外，互连地址应该关注连续性原则，确保使用连续的可汇总地址。

- **业务地址**：业务地址是分配给终端的地址，因此规划地址时，扩展性原则对业务地址格外重要。技术人员在设计时应该为园区网预留足够的业务地址。在实意性方面，人们通常会给网关使用相同的最后一段 IP 地址。最后，业务地址要留意唯一性原则，尤其要注意不同的 VPN 也使用不同的地址段。

在上述 3 类园区网 IP 地址中，管理员需要依靠管理地址来对网络进行运维，网络自身为支持终端的正常通信则需要依赖互连地址，因此这两类地址需要长期保持稳定，同时这两类地址也是网络基础设施上的 IP 地址，它们需要由管理员静态配置在网络基础设施上。业务地址是分配给终端设备的 IP 地址，在这个网络终端以无线客户端为主，数据中心环境中的服务器又全面采用了虚拟化的大背景下，园区网中的很多业务地址都会以地址池的形式配置在网络基础设施或者专门的 DHCP 服务器上，用来动态分配给终端设备。

针对 DHCP 服务，下面两点在设计时也应该予以关注。

■ 如果 DHCP 客户端和 DHCP 服务器不处于同一个广播域中，DHCP 客户端所在的广播域应该设置一台 DHCP 中继，以便将客户端的 DHCP 广播消息转发给（位于其他子网中的）DHCP 服务器。

■ 鉴于 DHCP 容易招致攻击，园区网中可以使用 DHCP 嗅探（DHCP Snooping）来防止网络中出现流氓 DHCP 服务器等。DHCP 嗅探的绑定表也可以用于 DAI 来防止 ARP 攻击，或者用于 IPSG 来防止伪造源 IP 攻击等。

本节对 IP 地址的规划和设计原则进行了总结。在实际规划 IP 地址时，管理地址可以单独进行规划。设计人员可以先把整个园区网分成不同的模块或者层级，按照扩展性原则判断它们各自所需的 IP 地址数量，把符合该数量的 IP 地址块分配给对应的模块或者层级。然后根据扩展性判断各个模块或层级所需的 IP 地址数量，并且（在 IPv4 环境中）按照 VLSM 把这个地址块划分成适合各个子网（包括网络基础设施的互连子网）的网络地址，再根据实意性原则分配互连地址的主机位。在完成互连地址和业务地址的规划之后，单独规划网络基础设施的管理地址。虽然设计原则是 IP 地址规划的最佳实践，但上面的流程只是对经验不足的读者提供的建议，熟悉 IP 地址规划工作的读者可以采用自己最熟悉的规划方式。另外，新建项目和扩展项目的 IP 地址规划操作方式也存在着一定的差异。

8.2　IP 路由的规划与设计

转发设备要想根据数据包的目的地址把它转发到目的网络，就必须拥有去往目的网络的路由条目。总结起来，路由设备上的路由条目可以分为以下 3 类。

■ **直连路由**：因为目的网络直接连接在路由设备（的接口）上，所以路由设备自然拥有的路由条目。

■ **静态路由**：由设备管理员手动在网络设备上配置的路由条目。

■ **动态路由**：路由设备从遵循相同路由协议的路由设备那里学习到的路由条目。

本节下面会对 3 种路由来源的优劣和应用进行比较。

8.2.1　路由来源的比较

直连路由不需要管理员进行配置操作，而是由设备自己生成，因此技术人员不需要对直连路由进行设计，直连路由当然也就不存在适用环境。本节后面的内容会对静态路由和几类常见动态路由协议的适用环境进行说明。

1. 静态路由

如前文所述，静态路由是管理员通过手动配置的方式在路由设备的路由表中静态创建出来的路由条目。由此可见，静态路由不是一种路由协议，而是一种路由策略，不适合进行大范围的部署。在大型网络中，由管理员在各个路由器上一一输入去往所有目的网络的静态路由，这无疑会成为一项庞大的管理负担。此外，由管理员手动配置静态路由的网络当然无法自动针对故障重新收敛出可供数据包转发的路径，这就需要管理员在网络发生故障时通过手动配置对路由条目进行变更，而规模越大的网络就会愈加频繁地出现链路、端口或者设备故障，因此使用手动配置静态路由的方式部署大型网络不仅会导致网络的运维负担增加到难以承担的地步，而且变更不及时还会给网络通信造成严重影响。

综上所述，单纯使用静态路由的做法只适合用来部署规模非常小的网络，或者配置不支持路由协议的路由设备。在规模稍大的网络环境中，静态路由只能作为动态路由协议之外的一种补充路由策略——例如在园区网出口设备上，通常会由管理员手动配置静态默认路由条目的方式，让出口设备将园区网内部的数据包统一发送给运营商边界路由器。其他类似于园区网和运营商网络之间的简单网络互连场景也可以部署静态路由。

2. 路由信息协议第 2 版（RIPv2）

RIPv2 是一种距离矢量型（Distance Vector）路由协议，运行这类路由协议的路由设备之间会相互交换路由。RIPv2 的优势是配置非常简单，也很好维护。不过， RIPv2 具备收敛速度慢、容易产生环路、无法通过划分区域减轻路由设备负担等大量不利因素，所以如今的新建网络中已经基本不再部署 RIPv2。除非项目任务是对已经部署了 RIPv2 的现网进行有限的路由改造或者扩展，否则不建议读者在网络中继续使用 RIPv2。

3. 开放式最短路径优先（OSPF）路由协议

OSPF 是典型的链路状态（Link State，LS）型路由协议，运行这类路由协议的路由设备之间并不直接交互路由条目，而是相互交换链路状态信息，然后再由接收到链路状态信息的路由设备在本地使用最短路径优先（SPF）算法从存储链路状态信息的链路状态数据库（LSDB）中算出路由条目。

OSPF 支持把一个路由域划分为多个区域（Area），仅相同区域内的 OSPF 路由设备相互同步全部的链路状态信息，不同的区域之间的 OSPF 路由设备之间则有选择地通告链路状态信息。通过划分区域，OSPF 不仅可以减少 LSA 泛洪，也能够通过在区域边界进行汇总来减少路由设备上的路由条目数量，避免某个区域的网络故障或变更对其他区域的网络带来影响。因此 OSPF 可以支持更大规模的网络，其良好的收敛速度也能满足大规模网络环境的需求。

目前，OSPF 是企业网内部最常用的内部网络协议（IGP，Interior Gateway Protocol），也是最推荐的企业网 IGP。关于 OSPF 路由协议的设计原则，下一节还会进行进一步的介绍。

4. 中间系统到中间系统（IS-IS）路由协议

IS-IS 同样是一款典型的链路状态型路由协议，它的工作方式与 OSPF 相似度很高，仅在细节上存在一定的差异,因此 IS-IS 也和 OSPF 一样适合部署在大规模网络当中并且可以实现快速收敛。不过,IS-IS 最初是 ISO 为 CLNP 设计的路由协议,因此使用的是 ISO 定义的网络服务接入点(NSAP,Network Service Access Point)地址。随着 TCP/IP 的流行,为了提供对 IP 路由的支持,IETF 通过 RFC 1195 对 IS-IS 协议进行了扩展,使其能够同时支持 TCP/IP 和 OSI 环境,这个扩展之后的 IS-IS 被称为集成 IS-IS。不过,对于集成 IS-IS,使用 NSAP 地址的做法仍然保留了下来。

在早期组建互联网骨干网时,因为 IS-IS 协议在主流骨干网设备上的实现比 OSPF 更加成熟,所以早期的骨干网广泛采用了 IS-IS 进行部署,这就让 IS-IS 在骨干网环境中的部署拥有了大量成熟的成功案例。然而,在各大高校和厂商设计的课程体系中,针对 OSPF 配置、部署和维护的训练远多于 IS-IS,这导致绝大部分企业园区网工程师并不熟悉 IS-IS 的配置。于是,目前的常见做法是,在企业园区网中部署 OSPF,而 IS-IS 多用于核心网和服务提供商骨干网。此外,IS-IS 也用于建立数据中心的大二层架构。

5. 边界网关协议(BGP)

BGP 是一种距离矢量型路由协议,但它的目标并不是在一个企业网络内部提供路由转发的信息共享。实际上,BGP 是为路由转发提供自治系统(AS,Autonomous System)之间的可达性。BGP 经历了几个版本的迭代,目前单播 IPv4 网络使用的版本是 BGPv4,其他网络使用的版本则是 MP-BGP。

如前所述,BGP 多用在运营商 AS 之间、MPLS VPN、数据中心网络、SD-WAN 等环境中进行路由发布。鉴于绝大多数企业园区网不会庞大到 IGP 协议无法胜任的地步,因此企业园区网通常不会使用 BGP 协议来同步路由信息。不过,在规模极其庞大的企业园区网环境中,如果单个 IGP 无法支撑整个企业网的路由信息转发,技术人员也可以把这个园区网划分为多个自治系统,然后使用 BGP 把它们进行互连。此外,如果企业网内部部署了 MPLS BGP VPN,企业网内部也要部署 BGP 协议。

8.2.2 路由域的设计

如前所述,一个企业园区网的路由域如何设计取决于企业园区网的规模。下面按照小型、中型和大型企业园区网的顺序,依次介绍各种规模企业园区网的路由域设计思路。

1. 小型企业园区网的路由域设计

当一个网络的规模足够小,小到只有几台甚至只有一台路由设备时,那么依靠直连路由和静态路由就可以满足这类网络的需求。

例如,在图 8-1 所示的小型网络环境中,只有一台充当网关设备的路由器把这个网络连接到互联网,路由器所连接的局域网交换机是一台二层交换机。在咖啡厅、快餐厅、茶馆等环境中,这样的网络非常常见。

在这样的网络环境中,管理员只需要在路由器设备上配置一条静态默认路由指向互联网即

可。在园区网内部，因为终端都处于路由器局域网接口所在的广播域中，因此并不涉及路由转
发，也就不涉及路由域设计的问题。

2. 中型企业园区网的路由域设计

中型企业园区网往往会采用层次化的设计，如图 8-2 所示。

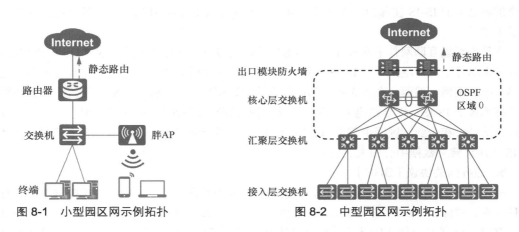

图 8-1　小型园区网示例拓扑　　　　　图 8-2　中型园区网示例拓扑

在前面的章节中介绍过，在接入层、汇聚层和核心层的三层设计方案中，汇聚层和核心
层之间会采用三层连接。如果核心层与互联网之间还部署了防火墙或路由器作为网络出口设
备，那么汇聚层、核心层和出口设备之间通常会部署 OSPF 协议来建立路由互通。此外，连
接互联网的设备（核心层交换机或者其他出口设备）也同样会使用一条静态默认路由指向互
联网。

显然，在这样的网络环境中，终端设备的网关是汇聚层设备上的 VLAN 虚拟接口，它们也
会和对应的、充当网关的虚拟接口处于同一个广播域中，因此汇聚层以下的环境中不再涉及路
由转发。

3. 大型企业园区网的路由域设计

大型园区网往往会覆盖一个园区内的多栋建筑、包含多个模块，并且通过城域网或者广域
网连接同城或者异地的多个站点，如图 8-3 所示。

大型园区网除了需要在局域网模块和出口模块中部署 IGP 来实现终端与互联网之间的
互连外，也需要考虑其他模块（如数据中心模块等）如何与主站点的局域网模块互通，以
及各个站点之间如何进行互通。一般来说，模块之间的互通可以使用 OSPF 协议来实现，
并且可以根据客观需要把不同模块划分为不同的 OSPF 区域；各个站点之间的互通则可以
根据实际网络需求选择 IGP 或 BGP 来实现。此外，在这个阶段，技术人员也需要针对站点
之间如何通过 VPN 技术实现安全互通以及外部人员如何通过 VPN 安全地访问园区网内部
进行设计。

本节首先对各类静态路由和各类动态路由协议进行了简单的介绍和比较，并着重说明了它

们常见的适用场景。然后针对小型、中型和大型园区网环境，分别介绍了普遍的路由设计方法和原则。

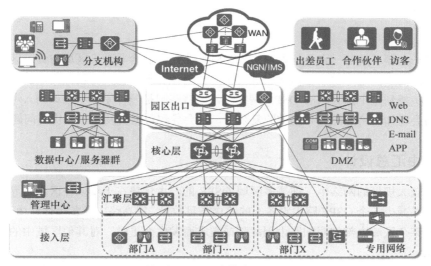

图 8-3 大型园区网示例拓扑（同图 2-19）

8.3 OSPF 协议的设计原则

如上一节所述，OSPF 协议是企业园区网同步内部路由信息最常用的动态路由协议。在图 8-2 所示的中等规模的园区网中，单区域部署 OSPF 足以满足企业园区网的设计需求，这种方案设计、配置和排错都十分简单。网络设计通常也应该遵守奥卡姆剃刀原理——如无必要，勿增实体：如果园区网的规模没有庞大到需要限制 LSA 泛洪过汇总、减少路由表中路由条目的程度，那么通常没有必要部署多区域 OSPF。根据 OSPF 协议的标准，如果 OSPF 网络中只包含一个区域，那么这个区域只能是骨干区域，即区域 0（Area 0）。

8.3.1 虚链路

如果网络规模达到一定程度，技术人员在网络设计阶段就应该考虑通过划分 OSPF 区域来缩小 LSA 的泛洪范围、减小路由设备维护的路由条目数量、限制潜在故障波及的网络。如果设计方案中包含了多个区域，按照 OSPF 协议的标准，这些区域中就必须包含骨干区域（Area 0），同时非骨干区域也必须与骨干区域相连。如果在物理上骨干区域在没有连接到某个或者某些非骨干区域，设计人员则必须通过一条 OSPF 虚链路，将它与骨干区域连接起来，如图 8-4 所示。

图 8-4 虚链路示意图

在这里一定要了解的一点是，虚链路是 OSPF 协议提供给非骨干区域与骨干区域在物理上并不相连，因而不满足 OSPF 多区域设计要素时的一种补救措施。当设计人员面对一个新建项目并可以从头规划整个园区网的 OSPF 网络时，虚链路则是一种完全不应该列入考量的策略，因为虚链路会增加网络的配置和维护的复杂性，也会导致数据转发路径次优的问题。

8.3.2　路由汇总设计

在一个较大规模的网络中，部署多区域 OSPF 的一大优势在于可以在区域边界执行汇总。这样不仅可以减少各个 OSPF 路由设备上的路由条目数量，提高路由设备执行路由查找的效率，而且可以在某个区域内部的明细路由因故障或需求而发生变更时，对其他区域中的路由设备隐藏上述变化。

除了区域间路由汇总之外，OSPF 路由汇总也经常运用在 OSPF 路由域和其他路由域的边界OSPF 路由器上，让边界 OSPF 路由器对从其他路由域引入 OSPF 的外部路由执行汇总，只向OSPF 路由域中通告一条去往其他路由域网络的汇总路由。

8.3.3　末节区域设计

在一个多区域 OSPF 网络的环境中，为了限制路由信息向一些无关的区域传播，OSPF 定义了几种末节区域。如果企业园区网需要被设计为一个多区域 OSPF 环境，那么设计人员可以在设计时考虑将一些非骨干区域配置为末节区域，从而减小该非骨干区域中各个 OSPF 路由器LSDB（链路状态数据库）和路由表的规模。

1. Stub 区域和 Totally Stub 区域

Stub 区域和 Totally Stub 这两类区域的 ABR 都不会向该区域内传播自治系统外部的路由（即类型 4 和类型 5 LSA）。但两者的区别在于，Stub 区域的 ABR 会把外部区域的路由（即类型 3 LSA）发送到 Stub 区域，而 Totally Stub 区域的 ABR 只会通过类型 3 LSA 向该区域中通告一条默认路由。

设计为 Stub 区域和 Totally Stub 区域应该具备以下条件。

- 不能是骨干区域。
- 区域中不能有自治系统边界路由器（ASBR），因为自治系统外部路由不能在这两类区域中传播。
- 虚链路不能穿越该区域。

Stub 区域和 Totally Stub 区域的示意图如图 8-5 所示。

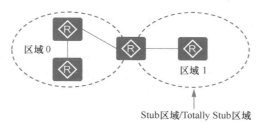

Stub区域/Totally Stub区域

图 8-5 Stub 区域和 Totally Stub 区域示意图

2. NSSA 区域

Stub 区域和 Totally Stub 区域中不能包含 ASBR，区域内也不传播通往外部自治系统的路由，这样的设计限制了上述两种类型区域的应用。为了平衡末节区域中包含 ASBR 和减少末节区域 LSDB 与路由表的两项需求，OSPF 通过 RFC 1587 定了一种全新的末节区域，称为 NSSA（Not-So-Stubby Area）。

不同于 Stub 区域和 Totally Stub 区域，ABR 可以向 NSSA 区域中传播 ASBR 汇总路由（即类型 4 LSA）。此外，NSSA 区域的设计条件与 Stub 区域和 Totally Stub 区域类似，但 NSSA 区域中可以包含 ASBR。不过，ASBR 不能向 NSSA 区域中通告自治系统外部路由（即类型 5 LSA），代之以通告 NSSA 外部 LSA（即类型 7 LSA）——这是为了让 ASBR 能够通告关于自治系统外部的路由信息，NSSA 专门定义了向这类区域通告路由信息的 LSA。因此，如果设计人员希望减少某个非骨干区域中路由设备的 LSDB 和路由表的规模，但该区域中又部署了 ASBR，那么就可以将那个区域配置为 NSSA。

NSSA 区域的示意图如图 8-6 所示。

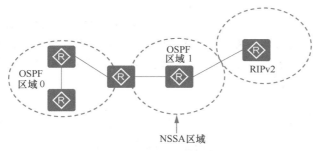

NSSA区域

图 8-6 NSSA 区域示意图

除了配置末节区域的做法之外，设计人员也可以根据需要选择在某些路由器、某些接口的特定方向上，对指定的 LSA 进行过滤，以此来减少网络中传播的 LSA。这种精确控制、筛选 LSA 的方法也可以达到缩减 OSPF 路由设备 LSDB 规模的目的，让网络实现更快的收敛。不过，这种做法适合对 OSPF 协议非常熟悉且经验丰富的技术人员，而且只能作为一种路由策略在局部进行定制化的操作，其扩展性较差。

8.3.4　快速收敛机制与 OSPF 网络可靠性设计

任何网络都有可能发生故障，也都有可能需要在未来进行变更或扩展，因此在设计 OSPF 网络时，技术人员应该针对该网络设计一些快速收敛机制，以确保网络在经历变更、故障和扩展时能够快速恢复数据转发能力。在协议设计中可以考虑的快速收敛和可靠性机制包括下面几项。

1.　部分路由计算（PRC，Partial Route Calculation）

如果在一个 OSPF 网络中，每当一部分网络发生了变化，整个 OSPF 网络（或者其所在的整个 OSPF 区域）都必须重新进行收敛，这个网络的收敛效率就不会太高。网络规模越大，部分网络发生故障或者变更的频率就越高，在这种情况下，如果全网或整个区域范围的收敛越频繁，那么这个网络的稳定性也就越差。

针对这个问题，部分路由计算（PRC）采取了另一种方式，即在网络拓扑发生变化时，它只对发生了变更的路由进行计算。为了达到这个目的，PRC 不会计算最短路径，而是根据最短路径的计算结果来更新路由。在计算的过程中，叶代表一条路径，节点则代表一台路由器。无论最短路径树发生变化，还是网络中的路径发生变化，与它们相关的路由信息都会改变，但最短路径树和路径变化带来的路由信息变化是不直接相关的。PRC 会按照下面的方式来根据最短路径树或者叶信息来处理路由信息。

- 如果最短路径树发生了变化，PRC 会处理发生了的变更的节点上所有叶的路由信息。
- 如果最短路径树没有发生变化，PRC 不会处理任何节点的路由信息。
- 如果叶发生了变化，PRC 只会处理这个叶的路由信息。
- 如果叶没有发生变化，PRC 不会处理任何叶的路由信息。

例如一个 OSPF 网络中，一台路由器创建了一个环回接口，并且在接口上启用了 OSPF。在这个环境中，整个网络的最短路径树显然没有发生变化，PRC 也只会在这台路由器上基于原本的最短路径树新增一片叶，而不会重新计算整个网络的最短路径树。向那个环回接口转发的数据包依然会沿着原先的最短路径树到达那台创建了环回接口的路由器。这样一来，网络的收敛速度也就相应得到了提升。

2.　智能定时器

在一个不稳定的网络中，整个网络会频繁地计算路由。不止如此，因为拓扑不断变化，所以这类网络环境中就会不断生成并且传输那些用来描述新拓扑的 LSA。路由设备需要处理这些 LSA，当然就会影响到整个网络的稳定性和数据转发操作。

OSPF 智能定时器可以控制路由的计算、LSA 的生成和接收，从而加速整个网络的收敛。这种机制有下面两种模式。

- 如果一个 OSPF 网络不断重复计算最短路由，OSPF 智能定时器可以根据用户的配置和指数衰减技术动态地调整两次路由计算之间的时间差，以减少路由计算的次数和计算路由对 CPU 资源的消耗。

- 在一个不稳定的网络当中，如果路由器因为拓扑频繁发生变化而生成或接收 LSA，OSPF 智能定时器也可以动态调整时间值，让路由器在一段时间间隔内不再生成或者处理 LSA，以防止网络在不稳定期间生成和通告那些无效的 LSA。

综上所述，OSPF 智能定时器可以抑制 OSPF 路由器随网络变更而高频计算最短路由、生成和处理 LSA，从而减少拓扑变化对网络稳定性和数据转发的影响。

3. OSPF IP 快速重路由（FRR，Fast Reroute）

OSPF IP FRR 是指通过无环替代（Loop Free Alternate）算法从链路状态数据库中预先计算出备份路径并保存在转发表中，以备原本的路径发生故障时使用，从而缩短网络收敛时间的技术。LFA 算法会用可以提供备份路径的邻居作为根节点，通过 SPF 算法计算去往目的网络的最短距离，最后通过协议标准的不等式计算出到达该网络的最短无环备份链路。

OSPF IP FRR 的流量保护分为链路保护和节点链路双保护两种模式，每种模式的不等式条件各不相同，下面以图 8-7 所示的拓扑结构为例进行简单说明。

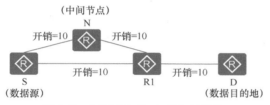

图 8-7 OSPF IP FRR 的拓扑结构

对于链路保护模式，这个不等式为：当链路开销满足 Distance_opt（N，D）<Distance_opt（N，S）+Distance_opt（S，D）时，FRR 会立刻切换为 N→S→D 的备用路径，从而绕过故障或者变更路径。

对于节点链路保护模式，FRR 切换不仅需要满足前面链路保护的不等式 Distance_opt（N，D）<Distance_opt（N，S）+Distance_opt（S，D），还要满足节点保护的不等式，即设备接口开销需要满足 Distance_opt（N，D）<Distance_opt（N，S）+Distance_opt（S，D）。当这两个不等式得到满足时，FRR 就会切换路径，从而绕过故障或者变更的节点。

4. OSPF 与 BFD 的联动

BFD 全称为双向转发检测（Bidirectional Forwarding Detection），是一种基于 UDP 的通信协议。定义 BFD 协议的目的是检测链路上协议的通信故障。技术人员可以通过配置 BFD，让两台设备对运行在它们之间链路上的某个协议执行连通性检测——物理链路和逻辑链路均可。

简单来说，BFD 的工作机制就是首先让双方设备执行参数协商，然后双方设备会根据协商的参数来周期性地相互发送故障检测消息，任何一方没有按时接收到消息则判断双方通信发生故障。作为一款轻量级的 Hello 协议，BFD 可以比检测故障的协议（在本文的语境中即 OSPF 协议）更快地发现故障，并且把故障消息及时通告给与之联动的协议（OSPF），从而加速该协议（OSPF）对拓扑变化的响应。

5. OSPF 与 BGP 的联动

如果一个园区网中同时部署了 OSPF 和 BGP，那么在网络拓扑发生变更时，因为 IGP 的收敛速度比 BGP 快，所以在 IGP 完成了收敛而 BGP 依然在进行收敛过程中，网络中就有可能产生丢包的现象。

为了避免流量在 IGP 和 BGP 收敛的时间差中遭到丢弃，设计人员可以考虑部署 OSPF 与 BGP 的联动。启用了这个特性的设备会在联动时间内保持 Stub 路由器的状态，其发布的 LSA 链路度量值为最大值，此时其他 OSPF 设备自然不会把这台路由器及相连链路计算到最短路径树中，因此也不会利用它来转发数据。这样一来，在 BGP 完成收敛之前，OSPF 的最短路径树就不会发生变化，因时间差造成的丢包现象也就不会发生。

关于 OSPF 与 BGP 的联动，熟悉 MPLS 的读者可以将其与 LDP 同步（LDP 与 IGP 联动）进行类比，这两者无论在初衷还是在手段上都相当类似。

除了上述机制之外，OSPF 平滑重启（GR，Graceful Restart）、OSPF 邻居震荡抑制特性、OSPF 无间断路由（NSR，Non-Stop Routing）特性等都可以被部署在 OSPF 网络中，从而减少因为网络设备重启、网络不稳定、网络变更或网络设备故障等情形所造成的网络不稳定，提升 OSPF 网络的可靠性。

8.3.5   OSPF 认证

OSPF 支持认证功能，路由协议提供认证功能的目的是保证只有合法的 OSPF 路由器才能与其他 OSPF 路由器之间建立邻居关系并交换路由信息，由攻击者或其他人员在网络中插入的流氓路由器则会因为无法通过认证而不能与其他 OSPF 路由器之间建立邻居关系。OSPF 路由器会在 OSPF 消息中添加认证字段。当本地设备接收到远端设备发送过来的 OSPF 消息时，如果本地设备发现认证密码不匹配，它就会把接收到的消息丢弃掉。

根据消息种类，OSPF 认证可以分为下列两种。

- **区域认证**：对区域的所有接口下的消息进行认证。
- **接口认证**：对本接口的所有消息进行认证。

OSPF 认证可以使用简单认证、MD5 认证、Keychain 认证（用多个密钥组成的密钥链进行滚动选择来执行认证）和 HMAC-SHA256 认证等几种方式，不同路由设备和系统支持的认证方式有所不同。

除 OSPF 认证机制之外，设计人员也可以使用 OSPF 通用 TTL 安全机制（GTSM，Generalized TTL Security Mechanism）来保护 OSPF 路由器的控制平面，使其免于因消耗路由设备 CPU 资源的攻击方式而导致 CPU 过载，这项机制留待第 10 章进行简要介绍。

无论是在设计可靠性特性之前还是安全特性之前，技术人员都应该首先查询设备型号和系统版本的技术文档，了解设备和系统可以支持的特性。

8.4 总结

本章的目的是介绍企业园区网中的 IP 地址和路由规划，尤其是 OSPF 协议的设计原则。8.1 节首先重申了规划 IP 地址的几大原则，包括唯一性、连续性、扩展性和实意性。然后，结合上述 4 项原则，介绍了管理地址、互连地址和业务地址的规划方式。最后，介绍了手动配置 IP 地址和动态分配 IP 地址这两种策略的适用场合。

8.2 节首先说明了路由的几种来源，即直连路由、静态路由和动态路由。然后，比较了静态路由和几种动态路由协议的适用场合和它们各自的优劣。在比较动态路由协议的优劣时，本节介绍了 RIPv2、OSPF、IS-IS 和 BGP 的适用场合。最后针对大、中、小 3 种不同规模的园区网，分别介绍了路由域设计的常见做法。

8.3 节围绕着当今园区网中最常用的动态路由协议——OSPF 的设计进行展开。首先，对多区域 OSPF 设计方案中的虚链路进行了介绍，说明了虚链路的用法，同时强调了虚链路不适合用于新建网络设计。然后，对 OSPF 网络中的路由汇总分成两种情形进行介绍，即多区域 OSPF 网络的区域间汇总和 OSPF 对其他路由域中的路由执行汇总。承接汇总的话题，本节接着对几种末节区域——Stub 区域、Totally Stub 区域和 NSSA 区域——各自的特点和适用环境进行了说明。此后，又对 OSPF 网络中的几种快速收敛设计方案进行了介绍，包括 PRC、智能定时器、OSPF IP FRR 和 OSPF 与 BFD 的联动，以及 OSPF 与 BGP 的联动设计，这种设计的目的是加速整个网络的收敛，减少丢包的发生。最后，简要介绍了 OSPF 认证功能的目的、分类和认证方式。

8.5 习题

调研学校的园区网，绘制出该网络的拓扑，规划该网络的 IP 地址，对其进行路由方案的设计，然后安装 eNSP 模拟器实现上述设计。

第 9 章

网络可靠性规划设计

在我们构建一个网络的时候，我们希望网络是可靠的。这里所说的可靠性是指在任意时间点，网络的功能都是如设计般可用的。在网络运行期间，网络会由于各种因素（人为或意外等）出现故障，但故障并不一定会对服务造成直接影响。一个网络在正常提供服务的前提下能够承受故障，反映了这个网络的可靠性。

随着网络的快速普及和网络应用的日益深入，各种增值业务得到了广泛部署，网络中断可能会导致大量业务异常，造成重大经济损失。因此，作为承载业务主体的基础网络，其可靠性成为备受关注的焦点。

在对网络可靠性进行设计时，我们需要自底向上考虑以下 3 个方面的可靠性：物理层架构可靠性、二层网络架构可靠性和三层网络结构可靠性。另外一个因素会制约可靠性的实现——成本。管理员在对可靠性进行设计时，需要在成本的基础上进行取舍。过高的可靠性会带来成本的增加，过低的成本无法得到很高的可靠性。因此管理员需要根据实际情况在成本和可靠性之间找到平衡。

本章重点：

- 物理层架构可靠性；
- 二层网络架构可靠性；
- 三层网络架构可靠性。

9.1　网络可靠性的定义和体现

网络的可靠性指当设备或者链路出现单点或者多点故障时保证网络服务不间断的能力。在这里我们不涉及服务器及其功能的可靠性，也不考虑 QoS 带来的服务性能优化，仅从网络是否能够持续不断地提供传输服务这一点进行考量。图 9-1 展示了网络可靠性的一个示例场景。

在图 9-1 所示由 4 台交换机构成的网络中，S3 与 S4 之间部署了堆叠，对于其他网络设备来说，可以将 S3 和 S4 看作同一台交换机。S1 通过两条链路分别连接 S3 和 S4，并且这两条链路之间进行了链路聚合，构成一条通道，其中包含两条物理链路。S2 与 S3 和 S4 之间的连接也部署了链路聚合。在这个网络中，S1 连接 S3 的链路发生了故障，此时从网络 A 去往网络 B 的流量会如图 9-1 所示那样通过 S1→S4→S2 路径传输。

若这个网络中的故障点不止一个，如图 9-2 所示。

图 9-1　网络可靠性示例（1）　　　　　图 9-2　网络可靠性示例（2）

若在 S1 与 S3 之间的链路恢复之前，S4 与 S2 之间的链路也发生了故障，那么网络 A 去往网络 B 的流量就会采用如图 9-2 所示的 S1→S4→S3→S2 路径。即使网络中出现了多个故障点，网络 A 与网络 B 之间仍然是可达的。

网络是由多种设备和链路构成的，上述示例仅将故障描述为链路故障，但引起链路故障的因素很多，比如设备的板卡故障、设备的功能故障等。因此在考虑可靠性时，不仅仅是多部署几条链路，还可以从设备单板、设备整体、链路、逻辑架构等多个层面来实现可靠性。

9.1.1　设备单板可靠性

在介绍设备单板可靠性之前，读者需要了解网络设备的构成，图 9-3 中展示了华为 S12700E-8 交换机机框的正面视图。

华为 S12700E-8 是一台框式交换机，由机框、电源模块、风扇模块、主控板（MPU）、交换网板（SFU）、线路板（LPU）等构成。框式交换机是模块化产品，企业可以根据需要添加或减少机框中的模块数量。与框式交换机对应的是盒式交换机，盒式交换机是非模块化的。通常框式交换机为中、高端产品，盒式交换机为低端产品。以图 9-3 为例，机框中包含以下模块。

1．**主控板（MPU，Main Processing Unit）**：负责整个系统的控制平面和管理平面。

2．**线路板（LPU，Line Processing Unit）**：用于提供数据转发功能的模块，可提供不同速率的光口、电口。

3．**交换网板（SFU，Switch Fabric Unit）**：负责整个系统的数据平面。数据平面提供高速无阻塞数据通道，实现各个业务模块之间的业务交换功能。

4．**挂耳**：用于将交换机固定在机架内。

5．**电源模块**：负责设备的供电。

6．**监控板**：监控并提示设备的运行状态。

7．**ESD 插孔**：为防静电腕带提供插孔。当设备良好接地时才有防静电功能。

8．**分线齿**：用于分隔各个单板槽位的线缆，辅助布线。

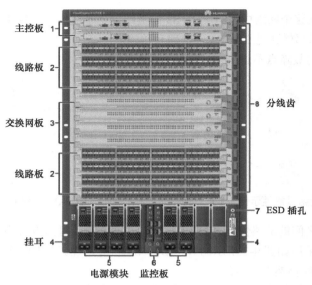

主控板 1

线路板 2

交换网板 3

线路板 2

挂耳 4

电源模块   监控板

8 分线齿

7 ESD 插孔

4

5   6   5

图 9-3   华为 S12700E-8 交换机的正面视图

华为 S12700E-8 框式交换机提供了 8 个线路板槽位、4 个交换网板槽位、2 个主控板槽位、6 个电源模块槽位、4 个风扇模块槽位。图 9-3 中标注的部分都是能够加强单板可靠性的部分，比如通过配置多个主控板、交换网板，可以保证设备自身的可靠性；单个槽位的交换网板、主控板损坏不会影响设备的正常运行，为管理员修复故障提供了时间。框式交换机的线路板损坏后，该板卡上的接口无法正常转发数据，但不会影响其他线路板的运行，若管理员采用不同线路板的接口实现冗余连接，则会分担风险并提高可靠性。

9.1.2   设备整体可靠性

设备整体可靠性是通过在相同的位置部署多台功能相同的网络设备实现的，这些功能相同且互为备份的设备称为冗余设备。以交换网络为例，在没有冗余设计的网络中，下游交换机采用单上行接入，上行交换机的接口故障或设备故障会导致下游网络全部中断，如图 9-4 所示。

在图 9-4 所示的交换网络中，无论是汇聚层交换机本身发生了故障，还是它与接入层交换机的连接链路发生了故障，都会导致网络的割裂，即接入层交换机及其下连的终端设备成为孤岛网络，它们相互之间的连通性不受影响，但无法连接网络中的其他部分。

为了提高网络的可靠性，我们一般会在接入层交换机上实现双上连，如图 9-5 所示。

如图 9-5 所示，两台汇聚层交换机与接入层交换机两两相连，构成了一个简单的 STP 域。当管理员将左侧的汇聚层交换机设置为这个 STP 域的根交换机时，接入层交换机连接根交换机的端口会成为根端口，连接非根交换机的端口会成为预备端口并进入阻塞状态。正常情况下，接入层交换机会通过其根端口向核心网络发送数据包，当根交换机发生故障后，接入层交换机上的 STP 会感知到链路的变化，将预备端口的角色转变为根端口，并通过右侧的汇聚层交换机转发数据包。

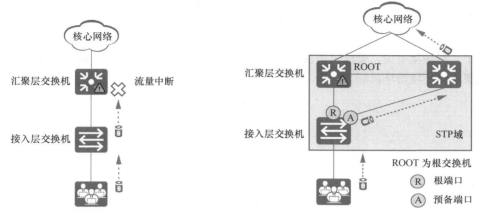

图 9-4　无冗余设计的交换网络　　　　图 9-5　冗余设计的交换网络

这样一来，在这个网络中，单台设备的故障将不会影响网络中的流量传输。其中下游交换机双上行接入，采用链路一主一备的方式，若主链路上行接口、设备发生故障，可以切换到备份链路，通过备份设备转发流量。

9.1.3　链路可靠性

在设备级别部署冗余性的成本较高，如果预算有限，管理员可以考虑部署冗余链路来提高可靠性。图 9-6 展示了链路冗余性的示例。

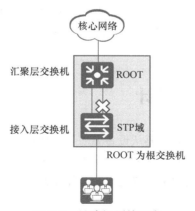

图 9-6　链路级别的冗余

为了保证设备间链路的可靠性，管理员可以在设备间部署多条物理链路。STP 会为了防止环路，只保留一条链路转发流量，其余链路成为备份链路。

9.1.4 逻辑架构可靠性

上述可靠性都与某些物理设备直接相关，管理员可以通过添加物理板卡、设备或链路来保证相关可靠性。除此之外，逻辑架构的可靠性也需要考虑，逻辑架构可分为二层架构和三层架构。

对于二层环境来说，管理员想保证网络架构的可靠性就要防止环路。图 9-7 展示了一个简单的二层网络环境防环机制。

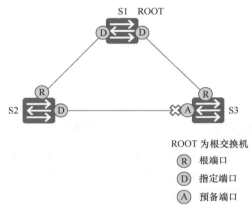

ROOT 为根交换机
Ⓡ 根端口
Ⓓ 指定端口
Ⓐ 预备端口

图 9-7　二层网络环境的防环机制

STP（生成树协议）会在二层网络中预防交换环路，在阻塞一些端口的同时，将这些端口作为网络出现变化时的备用选项。STP 一般是自动运行的，但为了优化传输路径，管理员仍需要对根交换机的位置以及 STP 的其他特性进行考量和设置。

在三层架构环境中，管理员不仅需要考虑协议的可靠性，还需要考虑数据转发的可靠性等。但与此同时，管理员可以使用的手段也变得丰富了起来。9.4 节将会详细介绍三层网络架构可靠性设计的内容。

9.2　物理层架构可靠性设计

要想提高系统的可靠性，首先就要从设备上着手。随着运行时间的增长，电子元器件避免不了故障，因此提高系统可靠性的方法之一就是提供冗余部件。一般盒式设备作为低端接入层设备，对可靠性的要求不高，因此常常缺乏冗余器件设计，图 9-8 展示了华为 S1728GWR-4P 盒式交换机的正面和背面视图。

框式设备也称为模块化设备，常用作汇聚层、核心层设备，它们的故障影响范围大，所以常常会设计冗余部件，比如冗余电源，冗余风扇，冗余主控板，冗余交换网板等，以此保证当单个器件出故障的时候，整个设备不至于停止服务。图 9-3 展示了华为 S12700E-8 交换机正面视图，图 9-9 展示了该框式交换机的背面视图。

图 9-8　华为 S1728GWR-4P 盒式交换机

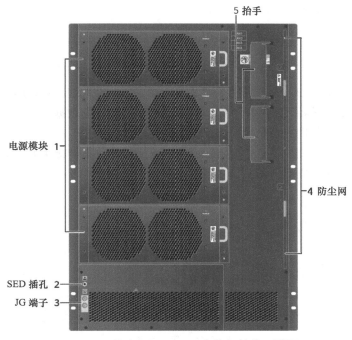

图 9-9　华为 S12700E-8 交换机的背面视图

华为 S12700E-8 机框背面包含以下模块。

1．**风扇模块**：4 个风扇模块，设备的散热系统。

2．**SED 插孔**：为防静电腕带提供插孔。当设备良好接地时才有防静电功能。

3．**JG 端子**：使用接地电缆将交换机接地。

4．**防尘网**：用于阻挡空气中的灰尘等杂物进入设备内部。

5．**抬手**：将一对抬手安装在机框侧面用来搬动机框。

9.2.1 堆叠和集群技术的应用

在网络设计中，为了进一步提高网络系统的可靠性，管理员可以使用双设备或多设备的集合技术。对于盒式设备来说，某些特定的型号支持堆叠（iStack）技术可以将多台设备组合起来，对外展示为一台设备进行工作。图 9-10 描绘了堆叠场景。

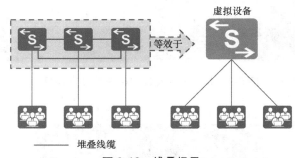

图 9-10　堆叠场景

在图 9-10 中，左侧的 3 台支持堆叠特性的交换机通过堆叠线缆互连，形成了堆叠结构，从逻辑上虚拟成一台交换设备（如图右侧所示），作为一个整体参与数据转发。从其他网络设备的角度看来，现在这 3 台物理交换机成为一台虚拟交换机。

对于框式设备，华为提供了 CSS（Cluster Switch System，集群交换机系统）功能，可以使两台框式交换机组成一个集群。图 9-11 描绘了集群场景。

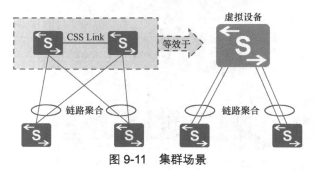

图 9-11　集群场景

在图 9-11 中，左上方的两台支持集群特性的交换机组合在一起，构成集群，从逻辑上虚拟成一台逻辑交换设备。集群只支持两台设备，一般高端框式交换机支持 CSS，盒式设备支持 iStack。

通过使用堆叠、集群技术，并结合链路聚合技术就可以简单地构建高可靠、无环的园区网络。图 9-12 展示了综合使用堆叠和集群的场景。

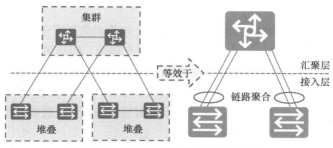

图 9-12 综合使用堆叠和集群的场景

如图 9-12 所示，一般我们会对接入层、汇聚层部署的盒式交换机采用堆叠技术，对汇聚层、核心层部署的框式交换机采用集群技术，将多台物理交换机虚拟为一台逻辑交换机对外提供服务。在虚拟后的逻辑交换机之间使用链路聚合技术构建一个无环网络，并可以通过 VRRP 实现高可靠性，同时使用所有物理链路传输流量，链路利用率也得以提升。

9.2.2 堆叠和集群技术的优势

堆叠技术和集群技术除了可以提升可靠性之外，也可以为网络带来其他好处，本小节将对此进行介绍。

一方面，使用堆叠和集群技术能够有效提高资源利用率，获得更高的转发性能和链路带宽。图 9-13 对比了使用堆叠和集群技术前后的流量路径。

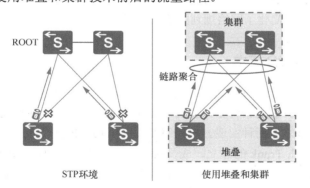

图 9-13 提高链路利用率

在图 9-13 所示的 STP 环境中，由于 STP 的计算，顶部核心层（或汇聚层）的两台交换机以主备模式工作，左上的交换机为这个 STP 域中的根交换机。如果不对 STP 进行更多的人工干预，在这个环境中，正常情况下流量只会通过左上的交换机进行传输，右上的交换机处于空闲状态；只有当根交换机出现故障时，右上的交换机才会接替根交换机成为转发路径中的一员。

底部汇聚层（或接入层）的交换机虽然部署了双上连链路，但只有一条链路用来传输数据，设备和链路的利用率都比较低。

在图 9-13 右侧所示的环境中，同时使用了集群、堆叠和链路聚合技术，顶部的两台交换机都利用了起来，网络中的流量均匀地利用所有链路进行传输，提高了设备和链路的利用率。

另外，当网络中出现故障时，基于 STP 的网络需要一定时间才能实现链路切换，这个时间依赖于 STP 的收敛时间，切换时间为数秒。在使用了堆叠、集群和链路聚合技术的环境中，单台设备、单条链路的故障不会影响业务转发，流量会被链路聚合功能实时地负载分担到其他有效链路上，终端用户几乎感知不到业务的中断。

另一方面，使用堆叠、集群可以降低网络规划的复杂度，方便对于网络的管理，详见图 9-14。

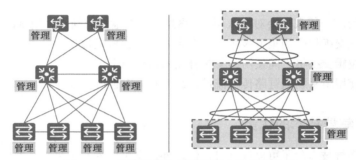

图 9-14　使用堆叠和集群可以方便网络管理

从图 9-14 中可以看出，在使用了集群和堆叠技术后，网络设备的管理点明显减少了，这是因为管理员只需要以虚拟化后的逻辑设备为整体进行管理。同时网络中无须再考虑 STP 和 VRRP 等技术的部署，也简化了网络规划的复杂度和设备配置的复杂度。

9.2.3　以太网链路聚合技术

以太网链路聚合（Eth-Trunk）简称链路聚合，它通过将多个物理接口捆绑成为一个逻辑接口，可以在不进行硬件升级的条件下，提高设备间的链路可靠性，并且达到增加链路带宽的目的。以太网链路聚合技术有两种实现方式：手工模式和 LACP 模式。

在手工模式中，Eth-Trunk 的建立、成员接口的加入均由管理员手动配置，双方系统之间不使用 LACP 进行协商。正常情况下，所有链路都是活动链路，该模式下所有活动链路都参与数据的转发，平均分担流量。如果某条活动链路出现了故障，链路聚合组会自动在剩余的活动链路中平均分担流量。当聚合的两端设备中有一个不支持 LACP 协议时，可以使用手工模式。

LACP 模式是指采用 LACP 实现以太网链路聚合。设备之间通过链路聚合控制协议数据单元（Link Aggregation Control Protocol Data Unit，LACPDU）进行交互，通过协议协商并确保对端是同一台设备、同一个聚合接口的成员接口。LACPDU 报文中包含设备优先级、MAC 地址、接口优先级、接口号等。

图 9-15 描绘了在两台网络设备之间建立 Eth-Trunk 的示意图。图中的 S1 和 S2 分别是两台交换机，它们之间连接了 4 条线缆，管理员将这 4 条线缆捆绑为一个 Eth-Trunk，使 S1 与 S2 之间的流量可以由 4 条物理链路共同承载。

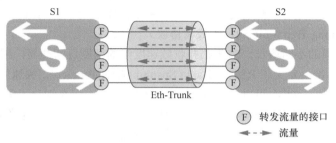

图 9-15　以太网链路聚合

Eth-Trunk 能够基于数据包的 IP 地址或 MAC 地址来进行负载分担，管理员可以配置不同的模式（本地有效、对出方向数据包生效）将数据流分担到不同的成员接口上。常见的模式有：源 IP、源 MAC、目的 IP、目的 MAC、源/目 IP、源/目 MAC。

在实际业务中，用户需要根据业务流量的特征选择合适的负载分担方式。业务流量中某种参数变化越频繁，选择与此参数相关的负载分担方式就越容易实现负载均衡。举例来说，如果数据包的 IP 地址变化较频繁，那么选择基于源 IP、目的 IP 或者源/目 IP 的负载分担模式更有利于流量在各物理链路间合理的负载分担；如果数据包的 MAC 地址变化较频繁，IP 地址比较固定，那么选择基于源 MAC、目的 MAC 或源/目 MAC 的负载分担模式更有利于流量在各物理链路间合理的负载分担。

如果负载分担模式选择的模式与实际业务流量的特征不相符，可能会导致流量分担不均，部分成员链路负载很高，其余的成员链路却很空闲。比如在数据包源/目 IP 变化频繁但是源/目 MAC 固定的场景下选择源/目 MAC 模式，那将会导致所有流量都分担在一条成员链路上。图 9-16 展示了采用不适合的负载分担方法对链路利用率的影响。由于负载分担方法与实际的流量特征不匹配，导致 Eth-Trunk 中的 4 条物理链路中只有一条有流量传输，其余的 3 条物理链路空闲。

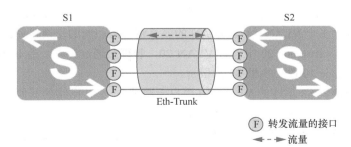

图 9-16　以太网链路聚合

9.3　二层网络架构可靠性设计

当我们想要实现链路备份并提高网络可靠性时，通常会使用冗余链路，但是这会在以太网交换网络中带来网络环路的问题。网络环路会引发广播风暴和 MAC 地址表震荡等问题，导致用户通信质量差，甚至通信中断。为了解决交换网络中的环路问题，IEEE 提出了基于 802.1D标准的 STP（Spanning Tree Protocol，生成树协议）。

随着局域网规模的不断增长，STP 拓扑收敛速度慢的问题逐渐凸显，因此，IEEE 在 2001年发布了 802.1W 标准，定义了 RSTP（Rapid Spanning Tree Protocol，快速生成树协议）。RSTP在 STP 的基础上进行了改进，可以实现网络拓扑的快速收敛。但在划分了多个 VLAN 的网络中运行 RSTP/STP，局域网内所有的 VLAN 共享一棵生成树，被阻塞后的链路将不承载任何流量，无法在 VLAN 间实现数据流量的负载均衡，导致链路带宽利用率、设备资源利用率较低。

为了弥补 RSTP/STP 的缺陷，IEEE 于 2002 年发布的 802.1S 标准中定义了 MSTP（Multiple Spanning Tree Protocol，多生成树协议）。MSTP 兼容 STP 和 RSTP，它可以通过建立多棵无环路的树，解决广播风暴，又提供了数据转发的多个冗余路径，在数据转发过程中实现 VLAN 数据的负载均衡。MSTP 可以将一个或多个 VLAN 映射到一个 Instance（实例），再基于 Instance计算生成树，映射到同一个 Instance 的 VLAN 共享同一棵生成树。

本节将会介绍 MSTP 及其提高可靠性的特性，以下说明均以 MSTP 环境为背景，MSTP 兼容 RSTP 和 STP。

9.3.1　MSTP

MSTP 能够将一个局域网划分为多个 MSTP 实例，所有端口都工作在同一个 MSTP 实例（Instance 0）中，并且按照一套相同的规则计算出一棵生成树。当管理员设置了多个实例后，每个实例单独运行 STP 算法，并根据自身条件计算出自己的生成树。因此在一个二层网络中可以有多个生成树。如果通过管理员的手动干预，令每个生成树选择不同的根桥，就可以将流量分流到不同的设备上。图 9-17 中描述了在同一个二层网络中使用 MSTP 的应用。

在图 9-17 所示的 MSTP 环境中，管理员配置了两个 MSTP 实例：Instance 10 和 Instance 20。一个实例中可以包含多个 VLAN，这些 VLAN 的流量将使用相同的交换路径。在本例中，Instance 10 中包含 VLAN 10，Instance 20 中包含 VLAN 20。管理员通过配置，令 Instance 10 以交换机 S1 为根桥，令 Instance 20 以交换机 S2 为根桥。

如此一来，交换机 S3 下连的 VLAN 10 用户会通过 S1 去往网络的其他部分，VLAN 20 用户会通过 S2 去往网络的其他部分。MSTP 所采用的基于实例的生成树计算方法，不仅能够预防交换环路，还可以使不同 VLAN 的流量沿不同的路径转发，实现了负载分担。

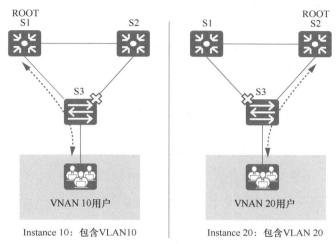

图 9-17　二层网络中多生成树的应用

9.3.2　快速收敛机制

在图 9-17 中，交换机 S3 下连的设备是终端设备。终端设备不会再与其他交换设备相连，因此可以被看作网络的边缘。管理员可以将这种连接终端设备的交换机端口配置为边缘端口（即不参与 STP 计算），一旦端口上连接了设备，端口就可以由 Discarding 状态直接进入 Forwarding 状态，从而缩短了终端设备联网的等待时间。图 9-18 展示了边缘端口的应用。

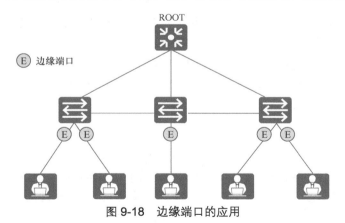

图 9-18　边缘端口的应用

当边缘端口上连接的终端设备启动后，边缘端口便立即进入转发状态。若边缘端口收到了 BPDU，它就会丧失边缘端口属性，成为普通 STP 端口，并触发生成树重新计算，从而引起网络震荡。一般来说，被管理员手动配置为边缘端口的交换机端口上不应该连接任何交换设备。为了避免这种无意或有意的行为导致网络发生震荡，管理员可以使用 BPDU 保护功能。

9.3.3 BPDU 保护

正常情况下，边缘端口不会收到 BPDU。若有人伪造 BPDU 恶意攻击交换设备，当边缘端口接收到 BPDU 时，交换设备会自动将边缘端口设置为非边缘端口，并重新进行生成树计算，从而引起网络震荡。

此时管理员可以配合边缘端口使用 BPDU 保护功能。若边缘端口收到了 BPDU，边缘端口将被置为 error-down 模式，并中断其所有通信。但这个端口的边缘端口属性不变，同时交换机将此事件通知网管系统。图 9-19 展示了 BPDU 保护的应用。

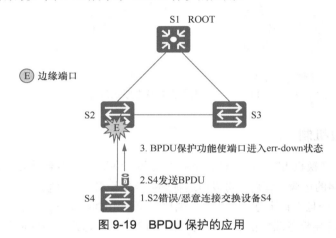

图 9-19   BPDU 保护的应用

图 9-19 描绘了边缘端口功能和 BPDU 保护功能结合使用的场景，在此场景中：

1. 交换机 S2 的边缘端口上连接了一台交换机 S4；
2. 这台新连接的交换机 S4 发出了 BPDU 报文；
3. 交换机 S2 上的 BPDU 保护功能将该边缘端口置于 err-down 状态，丢弃它发送的后续数据包并将事件告知网管系统。

9.3.4 根保护

在对 STP 二层交换网络进行规划时，建议管理员手动指定根桥。根桥最好位于各类流量路径的最优汇聚处，管理员需要综合考虑链路带宽和设备吞吐量。若根桥在拓扑中的位置不佳，可能会造成次优流量路径，因此对于根桥的保护也很重要。

根保护功能可以使端口角色只能保持为指定端。一旦启用根保护功能的指定端口收到了优先级更高的 BPDU，端口就将进入 Discarding 状态，不再转发报文。经过一段时间（通常为两倍的 Forward Delay）后，如果端口一直没有收到优先级较高的 BPDU，端口就会自动恢复到正常的 Forwarding 状态。根保护功能确保了根桥的角色不会因为一些网络故障和攻击而改变。

图 9-20 中展示了根保护的应用。

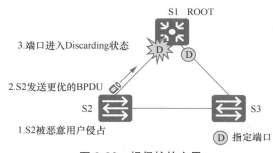

图 9-20 根保护的应用

图 9-20 中描绘了根保护功能使用的场景，在此场景中：

1．交换机 S2 被恶意用户侵占；

2．恶意用户使交换机 S2 向交换机 S1 发送了更优的 BPDU，试图抢占根桥的角色；

3．在接收到来自交换机 S2 的更优 BPDU 后，交换机 S1 上的根保护功能将该端口置为 Discarding 状态，并停止转发数据。

9.3.5 环路保护

在 STP 网络中，根端口和预备（Alternate）端口会持续侦听来自上游交换机的 BPDU，并以此来维持其端口的状态。在一段时间内，如果没有从对端接收到 BPDU，交换机就会认为上游设备已失效，并触发 STP 重新计算。当由于链路拥塞或其他因素导致单向通信故障，使端口在一定时间内没有接收到来自上游交换机的 BPDU，原本的根端口会变为指定端口，原本阻塞的端口会过渡到 Forwarding 状态，从而在网络中产生环路。

图 9-21 中描绘了没有环路保护的场景。

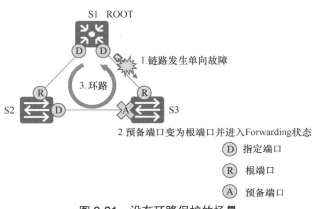

图 9-21 没有环路保护的场景

图 9-21 中描绘了没有环路保护功能的场景，在此场景中：

1．由于链路拥塞或其他故障，导致 S1 与 S3 之间出现了单向通信问题，S3 没有在指定时间内接收到 S1 发出的 BPDU。S3 认为根桥（S1）已失效；

2．S3 将预备端口的角色转换为根端口并使其进入 Forwarding 状态。S3 原本的根端口变为指定端口；

3．此时这个环境的所有交换机端口都处于 Forwarding 状态，从而形成交换环路。

在启动了环路保护功能后，根端口或预备端口若长时间收不到来自上游设备的 BPDU 报文，则会向网管发出通知信息。并且更重要的是，此时根端口会进入 Discarding 状态，角色切换为指定端口；预备端口则会一直保持在 Discarding 状态，但它的角色也会切换为指定端口，不转发报文，从而不会在网络中形成环路。

图 9-22 中描绘了环路保护的应用场景。

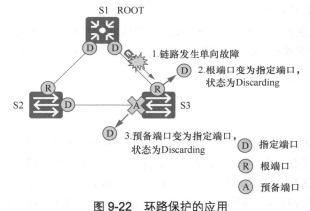

图 9-22　环路保护的应用

图 9-22 中描绘了环路保护功能的应用场景，在此场景中：

1．由于链路拥塞或其他故障，导致 S1 与 S3 之间出现了单向通信问题，S3 没有在指定时间内接收到 S1 发出的 BPDU。S3 认为根桥（S1）已失效；

2．S3 将根端口的角色转换为指定端口，并使其进入 Discarding 状态；

3．S3 将预备端口的角色转换为指定端口，并使其保持在 Discarding 状态。

直到链路不再拥塞或单向链路故障恢复，S3 原本的根端口重新收到 BPDU 报文进行协商，就可以恢复到链路拥塞或者单向链路故障前的端口角色和状态。

9.3.6　TC 保护

根桥会使用 TC-BPDU（Topology Change BPDU）来通告网络中的拓扑变化，下游交换设备在接收到 TC-BPDU 后，会直接删除桥 MAC 地址表项和 ARP 表项。如果有人伪造 TC 置位的 BPDU 报文恶意攻击交换设备，交换设备短时间内会收到很多 TC-BPDU 报文，频繁的删除操作会给设备造成很大的负担，给网络的稳定带来很大隐患。

图 9-23 中展示了 TC 保护的应用场景。

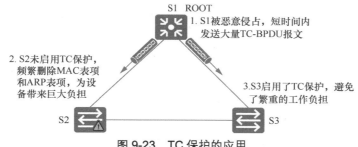

图 9-23 TC 保护的应用

图 9-23 中描绘了 TC 保护功能的应用场景，在此场景中：

1．S1 被恶意侵占，在短时间内向网络中发送大量 TC-BPDU 报文；

2．S2 未启用 TC 保护，它会在每次收到 TC-BPDU 报文后删除 MAC 表项和 ARP 表项，为设备运行带来巨大负担；

3．S3 启用了 TC 保护，它会根据管理员设置的阈值有限地处理接收到的 TC-BPDU 报文，而不会为设备运行带来负担。

启用 TC 保护功能后，管理员可以配置在单位时间内交换设备处理 TC-BPDU 报文的次数。如果在单位时间内，交换设备在收到 TC-BPDU 报文数量大于配置的阈值，那么设备只会处理阈值指定的次数。对于其他超出阈值的 TC-BPDU 报文，一段时间后设备只对其统一处理一次。这样就避免了频繁地删除 MAC 地址表项和 ARP 表项，从而达到保护设备的目的。

9.4 三层网络架构可靠性设计

要想提高三层网络架构的可靠性，合理规划网络中的路由方案是最基础的做法。管理员需要熟知自己所部署和维护的路由协议的工作原理和特性，使其能够在网络发生故障时进行路径切换，为管理员故障排除争取时间。本节将从路由协议和网关两方面介绍三层网络架构的可靠性设计。

9.4.1 路由协议高可靠性设计

从协议层面感知到链路变化，再到将拓扑变化通知全网并切换至可用路径，即便是动态路由协议也需要几秒的时间。对于语音、视频这类流量来说，延迟是以毫秒计算的，无法忍受数以秒计的中断。因此人们寻求在协议之外的办法来缩短网络的中断时间。

当前的高性能网络设备会在其架构上将数据平面和控制平面分离为两个独立的物理组件，每个组件都有各自的处理器和内存，其中控制平面负责运行路由协议、维护路由处理所需的数据库，并导出转发表（FIB），数据平面会使用这个 FIB 执行数据包的转发，详见图 9-24。

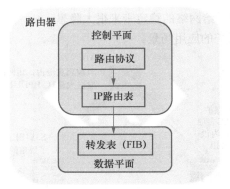

图 9-24　数据平面和控制平面的分离

数据平面和控制平面在物理上的分离带来了以下优势：当流量负载变得越来越重时，数据平面会变得越来越繁忙，但不会影响控制平面中处理新路由信息的能力。反过来，如果控制平面（路由协议）忙于处理大量的新路由信息，也不会影响数据平面中持续高速转发数据包的能力。实际上，即使控制平面彻底停止工作，数据平面仍然可以基于它现有的 FIB 对数据包执行转发，这个能力称为不间断转发（NSF）。

1. NSF

NSF 是指不间断转发（Non-Stop Forwarding），使数据平面能够在控制平面停止工作的状态下持续转发数据包。这种做法虽然保障了服务的持续性，但有一个隐患：如果在控制平面失效期间拓扑发生了变化，那么网络设备将无法处理新的路由信息，也无法导出新的 FIB 供数据平面使用。此时数据平面 FIB 中的信息实际上已经失效，这会导致设备无法正确地转发数据包。

解决这个问题的方法是缩短控制平面的恢复时间，也就是减少数据平面"无人监管"的时间。于是有些高性能网络设备中部署了冗余的控制平面物理组件（可参考图 9-3 中的主控板），一块用作主用主控板，另一块作为备用主控板。当主用主控板重启时，备用主控板就会成为新的主控板，在此期间数据平面仍持续转发数据包。在主用主控板和备用主控板的功能切换期间，数据平面的 FIB 仍有失效的可能，但通常这个时间间隔是可以接受的。

如果我们可以尽量缩短主控板的切换时间，那么风险也会相应地大大降低。只需要让备用控制平面获取并维护与主用控制平面相同的配置信息，以及系统组件（比如接口）的当前状态，它就可以更快地接手主用控制板的工作。

即使我们通过一些手段缩短了主/备用主控板的切换时间，当主用主控板失效时，设备（假设为路由器 A）的邻居（假设为路由器 B）也会发现它们之间的会话已失效，因此路由协议之间建立的邻接关系会被中断。当备用主控板切换完成后，路由器 A 会与路由器 B 重新建立邻接关系。但在邻接关系中断后，路由器 B 已经认为路由器 A 为不可达的下一跳，并将这个路由更新通告给了 B 的其他邻居。当路由器 A 使用备用主控板重新与路由器 B 建立了邻接关系后，B 会再次告知自己的邻居：路由器 A 可达。这个过程如图 9-25 所示。减少主控板的切换时间可以在一定程度上维持业务数据流的正常转发，但网络中的路由震荡无法避免。

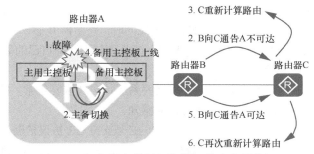

图 9-25　主/备用主控板切换期间的路由震荡问题

图 9-25 中描绘了这样一个过程。

1．路由器 A 的主用主控板发生了故障。

2．路由器 A 开始执行主控板的主备切换。与此同时，路由器 B 感知到它与路由器 A 之间的会话已失效，并向自己的邻居路由器 C 通告 A 不可达的消息。

3．路由器 C 根据 B 的通告重新计算路由。

4．路由器 A 的备用主控板上线。

5．在路由器 A 与路由器 B 再次建立起邻接关系后，路由器 B 向其邻居路由器 B 通告 A 可达的消息。

6．路由器 C 根据 B 的通告再次计算路由。

2．GR

GR 是指平滑重启（Graceful Restart），它能够让设备在等待一定的"宽限期"后再宣告邻居的失效，从而有助于减少控制平面主备切换造成的邻接关系中断。

GR 是路由协议的扩展能力，尽管每个路由协议都有其详细的 GR 扩展，但它们的工作方式几乎相同。当路由器 A 的主用主控板停止工作时，其邻居路由器 B 不会立即向自己的邻居通告 A 已不可达的消息，而是会等待一段时间（宽限期）。如果路由器 A 的备用主控板在宽限期超时之前成功上线，并且与路由器 B 重新建立了邻接关系，则路由器 A 的主控板切换不会影响除邻居路由器 B 之外的网络，如图 9-26 所示。

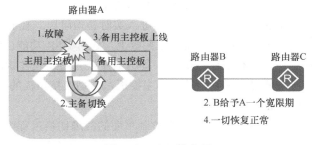

图 9-26　GR 的应用

图 9-26 中描绘了这样一个过程。

1. 路由器 A 的主用主控板发生了故障。

2. 路由器 A 开始执行主控板的主备切换，与此同时，路由器 B 感知到它与路由器 A 之间的会话已失效，并为这个失效会话赋予一个宽限期，在此之前不会向自己的邻居通告 A 的不可达。

3. 路由器 A 的备用主控板上线。

4. 在路由器 A 与路由器 B 再次建立起邻接关系后，一切恢复正常。除了路由器 A 和 B 之外，网络中的其他设备（路由器 C）不会有任何感知。

但是，GR 有两个问题。第一，邻居路由器（B）必须支持 GR 协议扩展，才能为网络设备（A）的主控板切换提供宽限期。第二，如果邻居路由器（B）支持 GR 协议扩展，但网络设备（A）的故障并不是主控板切换那么简单，而是彻底宕机，则 GR 赋予的宽限期会延迟网络的收敛。

3. NSR

NSR 是指不间断路由（Non-Stop Routing），它不但解决了主控板切换期间路由震荡的问题，还不需要邻居对 GR 提供支持，图 9-27 简要描绘了 NSR 的工作原理。

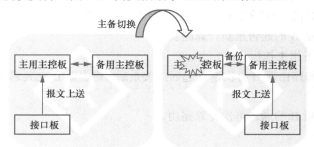

图 9-27　NSR 的工作原理

图 9-27 描绘了通过 NSR 实现主备切换的场景。左侧为正常情况下，路由器使用主用主控板，接口板会将路由器接收到的报文上送到主用主控板。当主用主控板发生故障时，备用主控板会成为新的主用主控板，并且会切换接口板的报文上送通道。

具体说来，NSR 主要包括以下 3 个工作过程。

- **批量备份**：在启用了 NSR 功能后，主用主控板会将路由信息和转发信息批量备份到备用主控板上。此时设备还无法通过 NSR 实现主备切换。
- **实时备份**：在批量备份完成后，系统会进入实时备份阶段。控制平面和数据平面的任何改变都会从主用主控板备份到备用主控板上。这时 NSR 功能已就绪。
- **主备切换**：当主用主控板发生故障时，备用主控板会通过硬件状态感知到主用主控板发生了故障，接着使自己成为新的主用主控板，并切换接口板的报文上送通道。

4. NSF 与 NSR 的对比

本节前文中介绍了 3 种技术，能够在设备控制平面的故障切换过程中，保证网络中数据转发不间断。表 9-1 将 NSF（结合协议 GR 的支持）与 NSR 进行对比，管理员可以根据企业业务的情况进行选择。

表 9-1 NSF（结合协议 GR 的支持）与 NSR 的对比

类型	NSF（结合协议 GR 的支持）	NSR
硬件	■ 设备上需要配置两块主控板：一块为主用主控板，处于工作状态；另一块为备用主控板，处于备份状态。当主用主控板重启时，备用主控板将成为新的主用主控板 ■ 设备需要实现数据平面与控制平面的物理分离，使用专用的接口板来执行数据转发。主控板负责运行动态路由协议、学习和维护路由表，计算出 FIB；接口板使用 FIB 执行数据转发	与 NSF 的硬件要求相同
软件	■ 主用主控板在正常运行的过程中，会把配置信息、接口状态信息、协议信息备份到备用主控板 ■ 当主用主控板因硬件或软件故障失效时，备用主控板能够快速接替失效的主用主控板，成为新的主用主控板	与 NSF 的软件要求相同
协议	需要网络中使用到的各种网络协议支持 GR 扩展功能，比如路由协议 OSPF、IS-IS、BGP 等，以及 LDP、RSVP 等其他协议	无要求
优点	当系统正常运行时，对系统性能的影响较小	■ 出现故障时，无须通知邻居设备路由信息的变化，同时也无须邻居设备的协助 ■ 当多台设备的控制平面同时出现故障时，系统运行情况仍在可控范围内。当故障恢复时，短时间内即可恢复数据，且在主备切换中，网络拓扑也能够恢复
缺点	■ 需要邻居设备同样具备 GR 功能，并且需要在全网中进行部署，因此网络中各个设备之间的协作较为复杂 ■ 当多台设备的控制平面同时出现故障时，NSF 将会失效。在故障恢复后，也需要花费较长时间来恢复数据，且网络拓扑的恢复也相对较慢 ■ 网络拓扑的变化或者接口状态的变化，都可能导致 NSF 失效	■ 当系统正常运行时，对系统性能的影响较大 ■ 软件系统异常时，会导致 NSR 失效

对于一项特定的网络协议来说，管理员在部署中只能采取 NSF 或 NSR 两种方法中的一种。如果选择部署 NSR，那么设备仍可以作为 GR Helper 来协助自己的邻居实现 GR 过程。

5. BFD

本书第 7 章中曾经介绍过 BFD，它是一种双向转发检测机制，提供了一个通用的、标准化的、与介质和协议无关的快速故障检测机制。第 7 章描述了 BFD 与静态路由的联动，实际上，BFD 还可以应用于诸多场景中：检测 IP 链路、与接口状态联动、与动态路由协议联动、与 VRRP

联动、与 PIM 联动等。

管理员可以按照需要将其应用在多种场景中，本章在下文中介绍其与 IP FRR 的联动。

6. IP FRR

IP FRR 是指 IP 快速重路由（IP Fast Reroute），它是一种标准化的互联网追踪协议。在现代网络中，交互式多媒体服务变得普及，这些服务流量对于网络的质量非常敏感。在动态路由协议（比如 OSPF）的协助下，当本地链路出现故障时，设备会立即向其邻居告知这一情况，为受到影响的子网重新计算首选下一跳，并在计算之后将新的首选下一跳写入 FIB 中。从故障发生到新的首选下一跳被写入 FIB 的这段时间，去往受影响子网的流量都会被丢弃。这段时间大约是几百毫秒，这是敏感型服务无法承受的。

IP FRR 的目标是通过使用预先计算好的预备下一跳，将故障响应时间减少到几十毫秒，使敏感型服务也可接受。也就是在当前的首选下一跳失效时，快速启用预备下一跳。图 9-28 展示了 IP FRR 的应用。

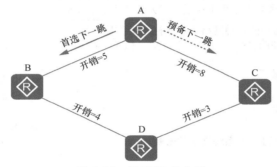

图 9-28 IP FRR 的应用

在图 9-28 中，当路由器 A 在计算去往路由器 D 的最短路径时，它会使用路由器 B 作为自己的首选下一跳。如果没有 IP FRR 的话，去往路由器 B 的路径就是路由器 A 计算出来的到达路由器 D 的唯一路径。在启用了 IP FRR 后，路由器 A 还会寻找可替换使用的下一跳。在本例中，路由器 A 发现自己还可以通过路由器 C 到达路由器 D，因此路由器 A 会把路由器 C 作为自己的预备下一跳。

当路由器 A 与 B 之间的链路失效时，路由器 A 和 B 是最先感知到故障的设备。路由器 A 在感知到故障后，会立即停止通过路由器 B 发送目的为路由器 D 的数据包，转而使用预先计算出的预备下一跳（路由器 C），直到网络重新收敛并计算出新的首选下一跳。

在企业网络内部，管理员可以将 OSPF、IP FRR 和 BFD 联动使用，图 9-29 中展示了这样一个示例场景。

图 9-29 描绘了由 4 台路由器构成的一个拓扑，所有路由器均运行 OSPF 协议，每个路由器接口的 OSPF 开销均为 1。从路由器 A 的视角看，如果目的子网为 10.0.0.0/18，那么首选下一跳为路由器 B。

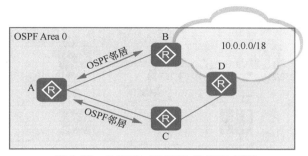

图 9-29　OSPF、IP FRR 和 BFD 联动

在路由器 A 上启用了 OSPF IP FRR 后，对于子网 10.0.0.0/18，OSPF 不仅会将路由器 D 选择为首选下一跳，还会将路由器 C 选择为预备下一跳。这样一旦路由器 B 发生了故障，路由器 A 在察觉后就能够立即将去往 10.0.0.0/18 的流量切换到预备下一跳，确保了故障后流量切换的及时性。

为了能够更快速地感知故障，还可以协同使用 BFD 提供快速故障检测，并通知上层协议（OSPF）进行响应。以图 9-29 所示的网络为例，当路由器 A 与 B 之间的链路发生了单向通信故障时，比如路由器 A 无法收到路由器 B 发来的数据包（有可能是链路问题，也有可能是路由器 B 的故障），BFD 会在毫秒级检测到链路故障并通知 OSPF 采取下一步措施。如果没有 BFD，OSPF 需要依靠 Dead 计时器来判断邻居是否活跃，即使管理员针对实际情况缩短了 Dead 计时器的间隔，这个值也是以秒计的。BFD 机制能够将故障检测时间进一步缩短，结合使用 IP FRR 和 BFD 可以将路径切换控制在毫秒级别。

9.4.2　网关高可靠性设计

网关是指连接两个不同网络的节点，在第 7 章中曾经介绍过网络出口的规划设计。这里的网络出口也是网关的一种，负责将局域网连接到广域网。本节将从协议的层面考量网关上可以实现的高可靠性。

VRRP 是指虚拟路由器冗余协议（Virtual Router Redundancy Protocol），它可以为主机自动分配网关路由器。VRRP 是通过创建虚拟路由器来实现这一功能的，虚拟路由器是将多台物理路由器进行抽象，也就是将物理路由器作为一组来提供服务。主机的网关指向虚拟路由器，而不是物理路由器。如果当前正在执行网关任务的物理路由器出现了故障，VRRP 会自动选择另一台物理路由器来代替它。图 9-30 描绘了 VRRP 的应用场景。

在图 9-30 中，网络中有两台网关连接 Internet，它们的 IP 地址分别为 10.1.1.252/24 和 10.1.1.253/24。管理员使用 VRRP 将两台网关关联到一台虚拟路由器，并使用 10.1.1.254/24 作为虚拟 IP 地址。因此，内网主机在设置网关时，只需要设置虚拟 IP 地址即可。

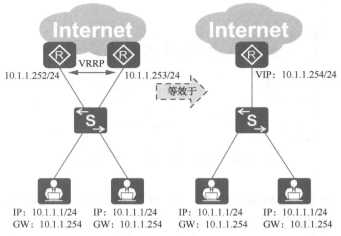

图 9-30　VRRP 的应用

9.5　总结

　　本章旨在介绍网络可靠性的规划设计，并且自底向上讨论了以下 3 个方面的可靠性：物理层架构可靠性、二层网络架构可靠性和三层网络结构可靠性。

　　9.1 节阐明了什么是网络可靠性，以及我们可以从哪些方面来讨论增强网络可靠性，其中涉及了设备单板可靠性、设备可靠性、链路可靠性和逻辑架构可靠性。9.2 节介绍了物理网络架构可靠性，主要介绍了堆叠技术和集群技术以及以太网链路聚合技术的应用。9.3 节介绍了二层网络架构可靠性设计，其中根据二层网络的特点，从 MSTP 的角度展示了生成树环境中能够用来提高网络可靠性的各种特性。9.4 节介绍了三层网络架构可靠性设计，在路由协议高可靠性设计部分中，介绍并对比了 NSF 和 NSR 的优缺点，以及 IP FRR 与 BFD 的联动；在网关高可靠性部分介绍了 VRRP 的应用。

9.6　习题

　　请分别考虑网络出口、网络核心层、网络汇聚层和网络接入层中能够应用的网络可靠性设计。

第 10 章

网络安全规划设计

网络安全的重要性不言而喻，而且还在随着企业对网络依赖程度的提升，以及网络服务类型的丰富而不断增加。对于从事网络系统集成的专业人士来说，一种认识上的误区是把网络安全当成网络的一项增值服务，是在网络能够提供数据通信功能的基础上对网络的提升，因此可以在网络设计甚至实施工作交付之后再单独对安全性进行设计和实施。

事实上，网络安全性是网络这个整体中的组成部分，网络安全性设计也需要在网络设计的过程中完成，然后再对整个网络进行实施。

网络的任何一个分层、任何一个模块都有可能面临网络攻击，因此各个分层和模块也都需要进行有针对性的安全性设计。鉴于本书的目标读者是希望成为数据通信网络工程师的人员，而不是面向系统工程师，因此本书仅介绍网络第二层（数据链路层）和第三层（网络层）的安全性设计——这就是本章第 1 节和第 2 节的核心内容。在接下来的两节中，本章会分别介绍无线局域网模块和出口网络模块的安全性设计。本章的最后一节则会针对如何保护园区网中的数据安全进行介绍。

本章重点：

- 二层网络安全性设计；
- 三层网络安全性设计；
- 无线局域网安全性设计；
- 园区网出口安全性设计；
- 园区网的数据传输安全性设计。

10.1 二层网络安全性设计

二层网络安全性设计是针对企业园区网进行设计，以期通过二层技术来避免或者缓解来自于同一个广播域且针对广播域内部设备或数据的攻击行为。这里需要强调的是，大量二层安全性攻防技术针对的都是无线局域网。鉴于 10.3 节的内容会介绍无线局域网模块的安全性设计，因此本节不会介绍那些专用于无线局域网环境中，或者多用于无线局域网环境中的技术和策略，而只对有线局域网环境中同样普及的二层网络安全性方案进行介绍。需要强调的是，能够部署在有线局域网中的二层安全技术和特性往往也可以部署在无线局域网模块中。因此，如果本节中介绍的技术或者方案在无线局域网环境中有一些不同的部署逻辑或方式，本节会一并进行简略说明。

10.1.1　端口隔离技术

广播域过大不仅会影响通信效率，而且在有线局域网中，交换机在同一 VLAN 中各个端口采取泛洪的行为存在巨大的安全隐患。很多有线局域网攻击技术就是针对交换机的这项操作而设计的。不过，在一个企业园区网中，把连接同一类终端设备的端口划分到一个 VLAN 中仍然是最合理的设计方案。

为了提升安全性，设计人员可以通过端口隔离功能来隔离同一 VLAN 内端口之间的二层通信。用户只需要把端口添加到隔离组中，交换机就可以实现组中各个端口之间的二层数据隔离，如图 10-1 所示。

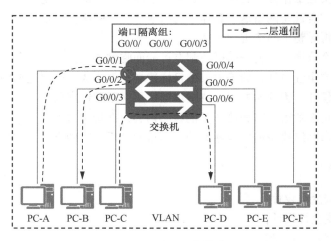

图 10-1　端口隔离技术

值得说明的是，端口隔离技术在无线局域网中的使用同样广泛。在无线局域网环境中，设计人员常常会在接入点（AP）上启用端口隔离，从而避免无线终端接收到彼此的流量。

10.1.2　MAC 地址表安全

交换机针对数据帧采取的策略是，在交换机的一个端口接收到数据帧时，交换机会把该数据帧的源 MAC 地址和该端口的编号自动写入 MAC 地址表中。这样动态产生的 MAC 地址表条目包含一个老化时间。当老化时间到时后，交换机就会把这个条目从 MAC 地址表中清除。如果在写入之前，交换机的 MAC 地址表中就包含了对应的条目，交换机则会把这个条目已经经历的老化时间归零。在转发单播数据帧时，交换机会针对数据帧的目的 MAC 地址来查询 MAC 地址表，如果包含了匹配的条目，交换机就会按照条目对应的端口把数据帧转发出去；如果没有找到匹配的条目，交换机则会把这个数据帧从（除接收到该数据帧端口外的）与接收端口相同 VLAN 中的其他所有端口广播出去。

除了动态学习 MAC 地址这种机制之外，管理员也可以手动向 MAC 地址表中添加静态条目来保障局域网的安全，具体包括下面两种操作方式。

- **静态 MAC 地址条目**：管理员可以手动向交换机 MAC 地址表中静态写入条目，这样的条目没有老化时间。一旦管理员手动写入了静态 MAC 地址条目，如果其他端口接收到了这个静态 MAC 地址条目所对应的 MAC 地址，交换机就会把这个消息丢弃。因此，手动写入静态 MAC 地址条目可以避免终端设备用户擅自更换端口，这在某种程度上属于一种绑定交换机端口与终端设备的策略。
- **黑洞 MAC 地址条目**：管理员可以手动向交换机 MAC 地址表中写入一个黑洞 MAC 地址条目，也可以把这个条目绑定在某个特定的交换机端口或仅指定这个条目作用的 VLAN。在配置了黑洞 MAC 地址条目之后，一旦对应端口/VLAN 中的任何一个端口接收到以该 MAC 地址作为源或目的 MAC 地址的数据帧，交换机就会直接将该数据帧丢弃。

管理 MAC 地址表的机制如图 10-2 所示。

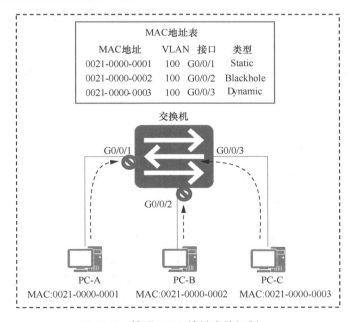

图 10-2 管理 MAC 地址表的机制

10.1.3   端口安全技术

端口安全技术可以更加严格和准确地实施端口与终端设备之间的绑定策略。设计人员可以通过部署端口安全（Port Security）特性来规定交换机的每个接入端口只能连接一台终端设备，从而避免终端用户擅自扩展网络；也可以规定交换机只转发可靠 MAC 地址的终端设备所发送的数据帧，从而避免终端用户擅自切换端口或者连接非法设备。这两种操作如图 10-3 所示。

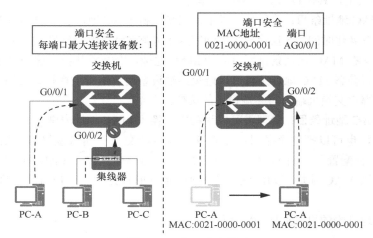

图 10-3   端口安全策略

在图 10-3 左侧所示的环境中，管理员通过端口安全策略规定交换机每个端口最多只能连接一台设备，因此 PC-B（以及 PC-C）发送的数据帧会被交换机丢弃；在图 10-3 右侧所示的环境中，管理员通过端口安全策略规定 MAC 地址 0021-0000-0001 需要连接到端口 G0/0/1，因此当 PC-A 被重新连接到 G0/0/2 时，它发送的流量遭到了交换机的丢弃。

10.1.4   DHCP Snooping

在局域网中，比较常见的一种攻击方式是向目标网络中插入流氓 DHCP 服务器，从而向客户端分发非法的配置参数，以便进一步发起拒绝服务攻击、中间人攻击。为了避免遭到这种类型的攻击，网络设计方案中包含 DHCP Snooping 特性的部署，这个特性的目的是确保 DHCP 客户端只从合法的 DHCP 服务器那里获取包括 IP 地址在内的配置参数。

简单来说，DHCP Snooping 特性把端口区分为可靠端口和不可靠端口，交换机只把 DHCP 客户端发送的 DHCP 消息通过可靠端口对外转发，也只转发通过可靠端口接收到的 DHCP 服务器响应消息——对于通过不可靠端口接收到的 DHCP 服务器响应消息，交换机会直接将其丢弃，如图 10-4 所示。

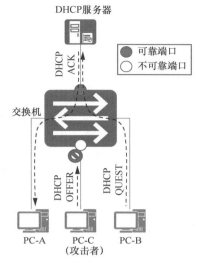

图 10-4 DHCP Snooping 的工作机制

针对启用了 DHCP Snooping 的端口（以图 10-4 中 PC-A 和 PC-B 连接的交换机端口为例），交换机会把该端口的端口号、该端口所连终端的 MAC 地址、DHCP 服务器为该终端分配的 IP 地址及租期记录在一张 DHCP Snooping 绑定表中。其他局域网安全特性可以利用这张 DHCP 绑定表来检测并缓解攻击行为。

10.1.5 动态 ARP 检测

地址解析协议（ARP）是局域网环境中最容易遭到攻击者利用而对处于同一个广播域中的用户发起各类攻击的协议。在十余年前，ARP 攻击是各类局域网中占据主流地位的攻击方式。这种攻击方式的具体操作是通过伪装 ARP 响应消息中的 IP 地址和 MAC 地址来修改广播域中其他设备的 ARP 映射表。如果攻击者把其他终端 ARP 映射表中默认网关 IP 地址对应的 MAC 地址修改为了自己的 MAC 地址，那么它就可以让自己的设备接收到广播域中其他设备发送给网关的消息，从而实现中间人（MITM，Man-In-The-Middle）攻击；如果攻击者把其他终端 ARP 映射表中默认网关 IP 地址对应的 MAC 地址修改为广播域中某台终端的 MAC 地址，就可以实现拒绝服务攻击（DoS，Denial of Service）的效果。

前文提到，交换机会针对启用了 DHCP Snooping 特性的端口建立一张 DHCP Snooping 绑定表，其中包含了该端口编号、该端口所连终端的 MAC 地址、DHCP 服务器为该端口分配的 IP 地址、该 IP 地址的租期等信息。动态 ARP 检测（DAI，Dynamic ARP Inspect）会利用 DHCP Snooping 绑定表中的信息来检测该端口接收到的 ARP 消息，并且将那些与 DHCP Snooping 绑定表中所载信息不符的 ARP 响应消息丢弃，如图 10-5 所示。

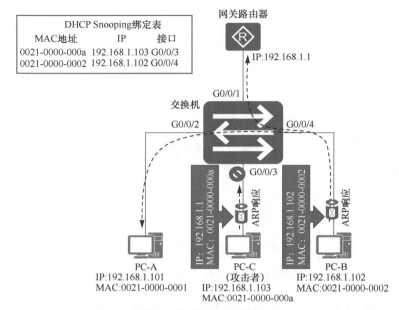

图 10-5　DAI 工作机制

此外，如果交换机上同时启用了 DAI 丢弃报文告警功能，那么当 ARP 报文因不匹配绑定表而被丢弃的数量超过了告警阈值时，交换机就会通过管理界面向管理员发出告警消息。

10.1.6　IP 源防护

在一些有线局域网中，只有一部分 IP 地址拥有网络访问权限，或者只有一部分 IP 地址拥有特殊的网络访问权限。在这种网络中，人们为了获取对应的权限，有时会在连接网络时趁着拥有对应权限的设备下线，手动把自己设备的 IP 地址修改为它们的 IP 地址。在另一些规模比较小的网络中，管理员会为终端设备分配静态的 IP 地址，并且仅允许这些 IP 地址访问网络。这类网络也存在上述问题。如果设计人员希望避免用户通过静态配置 IP 地址达到扩权的目的，就可以在设计方案中包含 IP 源防护特性。

IP 源防护（IPSG，IP Source Guard）特性同样会利用 DHCP Snooping 绑定表中的信息。如果对启用了 DHCP Snooping 特性的端口执行 IP 源防护，交换机只会当从相关接入端口入站流量的 IP 地址和 MAC 地址均与绑定表中信息相匹配时，才会转发这些流量。否则，流量就会在接入端口处被过滤，如图 10-6 所示。

除了利用 DHCP Snooping 绑定表中的条目之外，管理员也可以手动配置 IP 源防护的匹配条目——与管理员手动配置的 IP 源防护条目相匹配的流量也会得到转发。

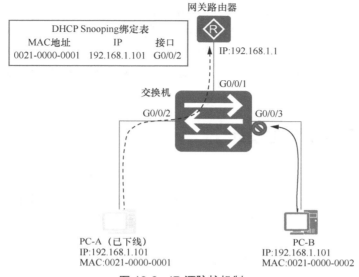

图 10-6 IP 源防护机制

10.1.7 风暴控制与流量抑制

当交换机接收到未知单播数据帧（即交换机 MAC 地址表中找不到其目的 MAC 地址匹配项的单播数据帧）、未知组播数据帧和广播数据帧时，它会把这个数据帧从（除了接收到它的那个接口之外的）所有相同 VLAN 端口中泛洪出去。当这种泛洪的流量过大时，网路的正常通信就会受到严重干扰，这种现象称为广播风暴。

风暴控制（Storm Control）特性允许管理员在端口上分别针对单播、组播和广播数据来配置一段时间内的门限值，并且指定如果该端口在指定时间内接收到了超过该门限值的该类型流量，应该采取何种操作，包括进行日志记录、阻塞端口或者关闭端口。阻塞端口和关闭端口的区别在于，阻塞端口会在流量平均速率低于门限值之后重新打开，而关闭端口则需要管理员手动重新开放端口或者设置自动恢复。

鉴于攻击者可能会利用广播风暴在局域网中发起拒绝服务攻击，设计人员在设计网络时，可以考虑在存在此类风险的端口上预先配置风暴控制，从而在风暴发生之前阻断导致广播风暴的流量。

另一种类似的机制称为流量抑制（Traffic Suppression），这种特性允许管理员针对广播、未知组播和未知单播来设定流量的门限值，流量抑制和风暴控制存在一系列的区别。首先，流量抑制可以设置在端口下，也可以设置在 VLAN 下；可以针对入站流量，也可以针对出站流量；可以针对不同类型的流量设置带宽占用比的门限值和数据速率的门限值。其次，流量抑制和风暴控制针对违规流量的处理方式不同：当所有流量都低于管理员设置的门限值时，交换机就会如常对这些流量进行转发；如果某种类型的流量超出了管理员针对该类型流量设置的门限值，设置了流量抑制的端口或者 VLAN 就会丢弃超出部分的流量。

设计人员在设计中,应该针对所设计网络的具体情况,选择对应的广播风暴防御机制。

本节介绍了一系列有线局域网环境中常用的安全防御机制,这些机制是为了防御来自同一个广播域中的攻击行为。下一节会介绍一些用来防止园区网内部三层网络攻击的安全机制及其设计。

10.2   三层网络安全性设计

企业园区网除了会受到广播域内部的攻击影响之外,也会受到一系列跨广播域攻击的影响。这些攻击所针对的对象往往是网络基础设施的资源、网络的路由协议,或者网络基础设施的管理平面。本节会针对这三类攻击对象分别介绍网络的安全性设计方法。

10.2.1   基础设施资源的安全性设计

网络中包含大量针对 CPU 的报文属于恶意的攻击报文,它们是为了大量占用网络基础设施的 CPU 资源,从而达到降低网络性能甚至拒绝服务的目的。为了避免这类消息延迟影响网络性能甚至导致设备系统出现中断,管理员可以在网络基础设施的系统中创建防御策略,保证对正常业务的处理。

例如,设计人员可以在华为 VRP 系统的网络基础设施上配置 CPU 防御策略,并在策略中启用自动攻击溯源特性,让设备能够对移交给 CPU 的报文进行分析。如果分析后认定报文为恶意消息,设备就会对攻击源进行追查,并且把事件记录到日志当中或者向管理员发送告警,以便管理员采取应对措施。自动攻击溯源特性一经启用,网络基础设施就会对送至 CPU 的 ARP 消息、DHCP 消息、ICMP 消息、IGMP 消息、TCP 消息和 TTL-expired 消息进行溯源。此外,如果通过追查掌握了攻击源,管理员就可以在 CPU 防御策略中包含一个黑名单,在黑名单中通过访问控制列表(ACL)来匹配攻击源,此后由该攻击源发送的消息在到达设备后就会被设备丢弃。

> **注释**   设备的一个 CPU 防御策略中最多可以包含 8 个黑名单条目。

10.2.2   路由协议的安全性设计

针对园区网中部署的路由协议,设计人员可以对两类主要的攻击方式设计相应的安全策略。首先,为了预防攻击者在网络中发送误导性的路由信息,影响网络的正常路由转发,设计人员应该针对路由协议部署认证机制。此外,如果路由设备的 CPU 资源存在遭到恶意占用的可能性,进而影响路由设备的控制平面,设计人员可以在设计方案中包含通用 TTL 安全机制(GTSM,

Generalized TTL Security Mechanism）。下面针对 OSPF、BGP 和 IS-IS 这 3 项重要的路由协议安全性设计进行说明。

1. OSPF 的安全性设计

OSPF 认证机制在第 8 章中进行了介绍。OSPF 支持简单认证、MD5 认证、Keychain 认证和 HMAC-SHA256 认证等几种算法，不同系统支持的算法各不相同。此外，OSPF 认证分为区域认证和接口认证，分别对一个 OSPF 区域中的所有接口下的消息进行认证，以及对本接口的所有消息进行认证。鉴于当前企业园区网对企业业务的重要性，设计人员应该尽可能在 OSPF 网络的设计方案中加入认证机制，且尽量避免使用简单认证。

本书第 8 章简单提及了 OSPF 通用 TTL 安全机制（GTSM）。对于绝大多数经由路由设备进行转发的流量，路由器会在数据平面对它们执行硬件转发，而不会把这些数据包交给设备的 CPU 进行处理；但对于以路由设备自身作为目的的数据包，路由设备则会把它们提交给设备的 CPU 执行进一步解封装处理。鉴于 CPU 在路由设备执行控制平面功能中扮演着至关重要的角色，攻击者可以通过创建大量以路由设备本身为目的的模拟 OSPF 协议单播消息来占用路由设备的 CPU 资源，从而影响路由设备控制平面的正常运作，如图 10-7 所示。

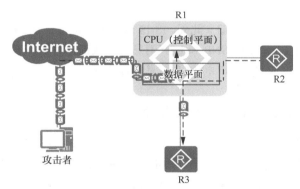

图 10-7 攻击者创建模拟 OSPF 单播消息来占用路由设备的 CPU 资源

在图 10-7 中，R2 向 R3 发送了一个 OSPF 消息，R1 根据转发表中的条目直接对这个数据包执行了硬件转发，而没有把数据包交给 CPU。与此同时，一位攻击者跨越互联网向 R1 发送了大量以 R1 为目的的数据包，这些数据包会被 R1 的数据平面上交给设备的 CPU。

GTSM 的目的是防御图 10-7 中这类来自于外部网路的、针对路由设备 CPU/控制平面的攻击。这个机制的核心理念在于：鉴于数据包中的 TTL 值会由数据包所经历的中间路由设备逐跳增加，因此数据源（即位于互联网某处的攻击者）无法通过修改达到目标网络之后的数据包来修改 TTL 值。同时，网络设计人员必须掌握自己网络的范围。结合上述条件，网络设计人员可以给路由设备接收到的数据包设置一个合理的 TTL 范围，TTL 值超出这个范围的数据包就会被丢弃——因为它们不可能来自本自治系统中的设备。

配置了 GTSM 特性和策略的设备会对接收到的所有消息执行策略检验，如果消息的 TTL

值超出了有效 TTL 值的范围，消息就会被丢弃。除有效的 TTL 值范围之外，GTSM 的策略内容还包括消息的以下信息。

- IP 源地址。
- VPN 实例。
- IP 协议号。
- TCP/UDP 源端口号和目的端口号。

2. BGP 的安全性设计

攻击者针对 BGP 的攻击方式和 OSPF 的攻击方式基本相同且可以分为如下两种：通过流氓设备与合法的 BGP 路由设备之间建立邻居和发送大量以路由设备为目的的数据包以占用路由设备上的 CPU 资源。有鉴于此，设计人员在设计 BGP 网络时，也应该考虑使用 BGP 认证机制和 BGP GTSM。

3. IS-IS 的安全性设计

针对 IS-IS 协议，设计人员同样可以在消息中增加认证字段，并且根据认证信息判断是进一步处理协议消息，还是直接将其丢弃。这样做当然是为了防止路由设备按照非法设备发布的路由信息来执行转发。

IS-IS 支持明文认证和 MD5 认证。此外，IS-IS 认证分为区域认证、接口认证和路由域认证，这 3 种认证方式分别对 Level-1 的 SNP 和 LSP 消息进行认证、对 Level-1 和 Level-2 的 Hello 消息进行认证，以及对 Level-2 的 SNP 和 LSP 消息进行认证。

10.2.3 基础设施管理平面的安全性设计

网络基础设施管理平面的安全性设计原则可以总结为如下两点。

- **最小授权原则**：关闭一切当前不使用的协议端口和物理端口，避免任何人在任何情况下未经授权使用它们，具体包括以下内容。
  - 关闭当前未使用的物理端口，确保任何人无法通过连接物理线缆就建立通信。
  - 关闭当前未使用的协议端口，确保任何人无法对这些端口发起外部访问。
- **安全协议原则**：在任何可以使用安全替代协议的情况下，避免使用缺乏安全性保障的协议来登录、管理设备和/或向设备传输文件，具体包括以下内容。
  - 在可以使用 SSH 的情况下，避免使用 Telnet。
  - 在可以使用 SFTP 的情况下，避免使用 FTP/TFTP。
  - 在可以使用 SNMPv3 的情况下，避免使用之前版本的 SNMP。
  - 在可以使用 HTTPS 的情况下，避免使用 HTTP。

本节介绍了在设计层面，应该如何针对跨广播域的基础设施资源、路由协议与管理平面进行保护。下一节会介绍无线局域网络的安全性设计方法。

10.3 无线局域网安全性设计

无线局域网安全设计至少应该考虑 3 个方面的内容。首先，是否应该部署边界防御安全来检测或者防御针对无线网络的威胁；其次，如何部署认证技术来防止恶意人员向无线网络中接入流氓设备；最后，如何保护无线传输业务数据的安全性。

本节会从这 3 个方面分别对无线局域网安全性设计进行说明。

10.3.1 边界防御安全

无线局域网很容易受到各类网络威胁的影响。为了能够及时发现并且缓解 802.11 网络中常见的攻击，设计人员可以考虑在无线局域网设计中包括下列两种系统。

- **无线入侵检测系统（WIDS，Wireless Intrusion Detection System）**：它可以按照管理员设置的安全策略检测网络和系统的运行状态、分析用户的活动、判断入侵的类型、检测非法的网络。
- **无线入侵防御系统（WIPS，Wireless Intrusion Prevention System）**：它在 WIDS 的基础上增加了防御功能，可以根据检测到的入侵事件发起主动防御。

10.3.2 WLAN 环境中的身份认证

本书 6.5 节曾经介绍了 3 种实现终端设备认证的方式，这 3 种认证方式分别为：

- 802.1x 认证；
- MAC 认证；
- 门户认证。

6.5 节也分别对它们的基本概念和适用环境进行了说明。为了帮助读者回忆，下面简要对这些内容进行回顾。

在 3 种认证方式中，802.1x 需要在终端设备上安装客户端软件，因此灵活性欠佳，不适合用于访客大量流入流出的环境。不过，考虑到 802.1x 认证的安全性比较理想，因此可以用于对安全性要求比较高的企业办公环境中，并且为企业办公人员的终端安装客户端软件。

MAC 认证不仅不需要安装客户端软件，而且不需要终端执行任何输入，但这种认证方式同样欠缺灵活性，因为哪些 MAC 地址可以通过认证需要一一记录并且手动输入到认证系统中。另外，伪装 MAC 地址目前几乎是一项零成本、零技术门槛的操作，所以 MAC 认证也比较容易遭到入侵。综上所述，MAC 认证适合在企业网络中作为对哑设备（如各类物联网设备等）的补充认证机制。

门户认证不需要被认证方安装客户端，而且部署相当灵活，但是安全性比 802.1x 逊色。因此，门户认证的适用场合与 802.1x 认证相反，前者适合部署在人员流动性高、对无线网络安全性的要求不及 802.1x 网络的酒店、会展、体育场等环境中。

上述身份认证针对的都是客户端。除此之外，在设计无线局域网时，为了避免攻击者在网络中插入流氓 AP 并伪装成合法 AP，引诱无线终端接入从而窃取重要信息，设计人员也应该考虑在设计方案中包含 AC 对 AP 的认证。目前，华为 AC 支持的认证方式包括以下 3 种。

- **不认证**：不对 AP 执行认证，通过任何 AP 的上线请求。
- **SN 认证**：AC 管理员在系统中配置 AP 的序列号列表，与其中某条序列号匹配的 AP 方可上线。
- **MAC 认证**：与客户端的 MAC 认证相同，即 AC 管理员在系统中配置 AP 的 MAC 地址列表，与其中某条序列号匹配的 AP 方可上线。

10.3.3 业务数据的安全性防护

绝大部分企业园区网中的无线局域网模块都会采用 AC 加瘦（FIT）AP 的部署方案。本书 6.1 节曾经提到，如果在这类方案中采用隧道转发，那么 AP 和 AC 之间建立的 CAPWAP 隧道就不仅会用于传输管理流量，也可以用来传输无线客户端所发送的业务流量。本书第 6 章没有介绍的是，CAPWAP 数据隧道可以启用 DTLS 加密功能，从而使得 AP 和 AC 之间的业务流量以密文的形式进行传输。如果设计人员希望提升无线局域网模块中业务数据的安全性，可以考虑采用隧道转发的模式，并且使用 DTLS 对各个 FIT AP 和 AC 之间传输的业务数据进行加密。

当然，隧道转发对于 AC 性能的要求本身就高于直接转发，如果要求 AP 和 AC 执行加解密功能，就会进一步提高这个无线局域网模块对 AC 性能的要求，由此网络的成本也会进一步提高。无论是安全性与便利之间的平衡，还是性能与成本之间的平衡，这些都是设计人员在设计网络时绝对不能忽视的内容。

10.4 园区网出口安全性设计

正如本书第 7 章所介绍的那样，在大多数情况下，企业园区网的出口均会部署防火墙设备，其目的是在园区网出口模块中执行流量过滤，以缓解来自园区网外部网路的攻击行为，包括根据数据包的头部信息来执行流量过滤，以及防御针对内部网路发起的各类泛洪攻击。这是网络中防火墙类设备最核心的功能和应用。

传统的网络硬件防火墙称为包过滤防火墙，其作用就是在两个不同安全级别的网络之间执行三层过滤。经过了 20 余年的发展，如今的新一代网络防火墙已经具备了对流量执行深度监控的功能，不仅可以对应用层数据执行安全扫描，而且可以启用反病毒功能对内部终端从外部下载的文件执行病毒扫描，同时不断从云端更新病毒的特征库，在最大程度上避免零日攻击（Zero-Day Attack）。

10.4.1 Web 安全

很多来自外部的网络攻击与网络内部用户访问非法网页有关。攻击者可以建立非法网站吸引内部用户发起访问，并利用内部用户的访问来收集信息，以便利用收集到的信息对园区网发起攻击。

1. URL 过滤

正如本节开篇所述，目前园区网出口模块所部署的防火墙可以对应用层数据执行扫描。针对 HTTP 访问，防火墙可以对内部用户的 HTTP Get 或 POST 请求执行扫描，并且按照防火墙管理员配置的策略来判断 URL 的合法性——如果合法则放行访问；若 URL 非法，则执行管理员配置的策略，如推送警告页面、推送警告页面同时断开 TCP 连接，或者直接断开 TCP 连接。如图 10-8 所示。

2. Web 应用防火墙（WAF，Web Application Firewall）

WAF 是专门针对 Web 应用攻击的产品，这类产品可以通过管理员定义的针对 HTTP/HTTPS 的安全规则来对 HTTP 报文中的每个字段进行过滤。WAF 既包括硬件防火墙产品（如 WAF5000 系列），也包括云 WAF 产品。

WAF 的部署方式和其他硬件防火墙相同，都部署在企业园区网的出口模块。

URL 用于对自园区网内部向外部发起的 Web 请求执行过滤，WAF 则广泛应用于过滤外部用户向园区网内部 Web 服务器发起的访问。在保护内部用户免于访问外部恶意 Web 服务器的同时，WAF 还可以保护园区网内部的 Web 服务器免遭外部恶意请求的攻击，从而保护内部数据的机密性、完整性和可用性，如图 10-9 所示。

> **注释** CC 攻击中文译为挑战黑洞（Challenge Collapsar）攻击，属于分布式拒绝服务攻击（DDoS）的一种类型。攻击者通过入侵并操作大量设备向目标设备发起访问，以图耗尽目标设备的资源。

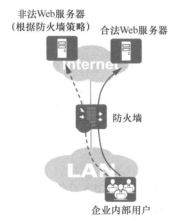

图 10-8　防火墙的 URL 过滤策略

图 10-9　WAF 发挥防御作用示意图

　　鉴于上述用途，设计人员在设计电商、政府、金融等行业的企业园区网，且园区网中包含为外部访问提供服务的 HTTP 服务器时，应该考虑在出口模块中部署 WAF，以防竞争对手、有敌意的团体或者希望窃取机密信息的人员发起 HTTP/HTTPS 攻击。

10.4.2　出口防火墙反病毒设计

　　本节开篇曾经提到，如今很多网络防火墙均支持反病毒功能，可以对从外部传入的文件执行病毒扫描，同时不断从云端更新病毒的特征库。

　　反病毒功能对防火墙设备的资源消耗较大。启用了反病毒功能后，正常文件可以顺利下载或者被上传到内部网络当中，但是在理论上，恶意文件会在下载或上传的过程中被检测出来。此时，防火墙可以根据管理员设置的策略来决定是阻断并删除文件，还是发送告警。

　　在设计层面，当内部网络的用户经常需要从外部网络下载文件，或者内部网络的服务器允许外部用户上传文件时，设计人员应该考虑启用反病毒功能来避免恶意文件（如病毒、木马、蠕虫）自外部网络传输到内部网络中。

10.4.3　入侵检测系统与入侵防御系统

　　入侵检测系统（IDS，Intrusion Detection System）和入侵防御系统（IPS，Intrusion Prevention System）与本章第 3 节中介绍的 WIDS 和 WIPS 设计初衷相同。其中，IDS 可以对网络中各类数据和现象进行操作、分析和审计，并且通过与特征库的比对检测出对网络的各种入侵行为，同时报告给网络的管理人员，属于一种积极、动态的安全防御技术；IPS 则在 IDS 的基础上增加了防御入侵行为的能力，这类系统可以自动对入侵的消息进行过滤，从而阻断攻击行为。

　　IDS/IPS 既包含软件产品，也包含硬件产品。硬件产品则分为独立的 IDS/IPS 硬件设备和安装在模块化交换机/防火墙上的模块。这类产品可以应对的入侵行为取决于具体的产品型号和系统版本，包括但不限于各类恶意攻击行为、内部资源泄露行为、冒用合法用户的行为、木马、蠕虫以及各类违反安全策略的行为。目前，部署独立 IDS/IPS 设备已经不是网络设计的主流做法，独立 IDS/IPS 设备也在逐渐被淘汰。

　　从传统意义上讲，IDS 用于检测攻击，而 IPS 可以阻断攻击，因此 IDS 往往被部署在流量的旁路上，如图 10-10 左侧所示；而 IPS 则通常被部署在流量的干路上，如图 10-10 右侧所示。

　　综上所述，IDS 的核心目标是监控网络的状态，发现并记录入侵事件，这种系统并不部署在流量干路上，因此不会形成瓶颈，对用户的访问体验也不构成影响；IPS 则可以在入侵事件发生时直接将其阻断，但有可能造成流量瓶颈，从而影响用户的网络使用体验。由此可以得出这样的结论，在设计上，IDS 侧重于风险管理，而 IPS 侧重于风险控制。

　　不过，这里需要强调的是，目前市面上极少有专门的 IDS 设备在售，同时 IPS 设备（如 HiSecEngine IPS6000E 系列）都支持旁路部署和干路部署。因此，在设计园区网出口模块时，设计人员需要考虑的并不是在设备选型层面应该选择 IDS 还是 IPS，而是要根据设计目的决定如何部署 IPS。

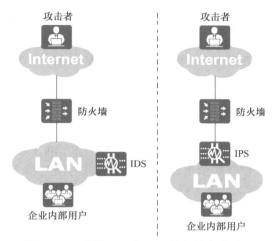

图 10-10　传统 IDS 与 IPS 的部署方式对比

本节对网络出口模块的安全性设计进行了介绍。10.5 节会对保护园区网业务流量的方法进行简要说明。

10.5　园区网中的数据安全性设计

因为大量抵御安全威胁的机制都部署在了园区网的出口模块而不是园区网内部，园区网中的人员更有机会通过社会工程学的方式获得能够破解彼此密钥的关键信息，同时园区网内部采用的通信机制往往缺乏信息机密性方面的保障，所以园区网内部的数据安全同样值得特别关注。

为了保障企业园区网的数据机密性，设计人员可以在方案中包含企业园区网的数据机密性防护机制。通常来说，当一个园区网需要跨越公共网络来连接多个站点时，设计人员为了确保数据在经公共网络传输过程中不会出现信息泄露，可以在设计方案中针对站点间流量设计 IPSec VPN。此外，如果园区网某个站点内部的数据拥有极高的机密性，值得为其牺牲一部分设备转发资源和网络的扩展性，设计人员可以在设计方案中包含 MACsec。下面简要对这两种技术进行说明。

10.5.1　IPSec

由于 IP 协议本身并不提供安全防护机制，IETF 制定了 IPSec，以便在有数据传输安全性要求的端点设备之间建立端到端的安全保护机制，为传输的数据提供完整性校验和机密性保护。值得说明的是，IPSec 是一个协议框架，而不是协议，人们可以根据实际需要选择适用的封装方式，以及加密、认证算法等。

当一个企业园区网需要跨越公共网络建立通信时，设计人员可以考虑通过 IPSec VPN 来保护两个站点之间的传输安全，防止以明文形式在公共网络中传输的数据被攻击者抓取，并被用于实施网络入侵行为。

此外，设计人员也可以在方案中包含相应的 IPSec VPN 解决方案，让外出的企业园区网内部用户可以通过互联网安全地访问企业园区网内部的资源。

10.5.2 MACsec

在绝大多数情况下，数据在以太网链路中是以明文的形式传输的。然而，在局域网环境中，敏感信息泄露的风险程度丝毫不低于信息在公共网络环境中遭到泄露的风险程度。MACsec（IEEE 802.1AE）定义了基于以太网的数据安全通信标准，这种标准可以逐跳对设备之间传输的数据进行加密，也可以让接收端对数据执行完整性和真实性校验，以此保障二层的数据传输安全。

MACsec 会大量消耗执行设备（参与 MACsec 的交换机）上的资源，也会大幅增加以太网的管理难度，降低以太网的扩展性，因此 MACsec 并不会被部署在大多数企业园区网的有线局域网模块中。在设计层面，如果目标企业园区网中数据的敏感性可以合理化消耗交换机上大量资源、提升以太网复杂性，并降低网络扩展性的选择，同时交换机之间存在传输设备因此面临数据隐私遭到破坏的风险时，设计人员就可以考虑部署 MACsec。

图 10-11 所示为一个园区网部署 IPSec 和 MACsec 的示意图。

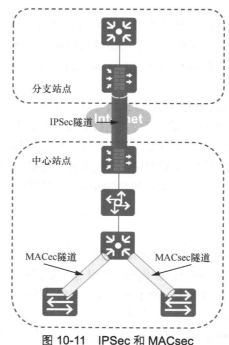

图 10-11 IPSec 和 MACsec

本节介绍了企业园区网中保护数据传输的机制，包括在二层保护交换机之间数据的 MACsec 和在三层保护端到端数据的 IPSec。

10.6 总结

本章旨在对企业园区中的安全性设计进行介绍。在企业园区网中，广播域内部的安全性常常是由一系列交换机特性来进行保护的。10.1 节介绍了一系列设备特性，它们都是为了防御广播域内部的攻击，其中包括端口隔离、静态 MAC 地址表条目、端口安全、DHCP Snooping、利用 DHCP Snooping 绑定表的 DAI 和 IPSG，以及防止二层广播风暴的风暴控制和流量抑制特性。本节在介绍这些特性的同时，也对适合部署这些特性的场合进行了说明。

10.2 节介绍了园区网中的三层安全性设计，分别针对保护网络基础设施 CPU 资源的 CPU 防御策略、针对一系列路由协议的安全性设计（包含 OSPF、BGP 和 IS-IS），以及针对网络基础设施管理平面的安全性设计原则（包括最小授权原则和安全协议原则）。

10.3 节专门对无线局域网中的安全性设计进行了介绍。本节首先对 WIDS/WIPS 进行了介绍。接下来介绍了 WLAN 环境中的身份认证，包括通过 802.1x、MAC 认证或门户认证的方式来认证无线客户端，以及通过 SN 认证和 MAC 认证来认证无线接入点。本节最后还介绍了部署隧道转发·，以及通过 DTLS 加密 CAPWAP 的方式来保护 WLAN 数据转发的设计方式。

10.4 节对园区网出口模块的一些设计进行了介绍。这部分内容的重点在于如何针对部署在园区网出口的防火墙进行策略设计。本节首先介绍了对出站 HTTP 请求执行安全性检验的 URL 过滤和针对双向 HTTP/HTTPS 流量执行过滤的 WAF。然后简要介绍了在出口模块的防火墙上部署反病毒策略的设计。最后介绍了 IDS/IPS 的用途、区别和针对它们进行网络设计的侧重点。

10.5 节的侧重点是如何对园区网中的数据进行保护。本节分别介绍了用于三层网络和二层网路的数据安全防护机制——IPSec 和 MACsec，并且对它们的应用场景进行了说明。

10.7 习题

参考第 8 章习题 1 的设计结果，在该设计结果的基础上对该网络进行安全性设计，并通过 eNSP 实现上述设计。

第 11 章

网络管理与维护

网络管理与维护是保障一个网络长久、稳定运行的关键，这是一项持久且复杂的工作，其难度随着网络规模的扩展而增加。在网络管理与运维工作中，网络管理员将面对来自网络设备的海量数据信息，将这些信息有效地综合分析是很重要的。如果没有关联分析能力，那么空有一堆数据毫无意义。

在网络的日常运行中，故障是无法避免的。在故障发生后如何进行快速地定位并排除，恢复网络常态，是每个企业对运维工作的基本要求。如果将要求再提高一些，那就是能够预见故障发生并将其消除。

随着网络技术的发展，管理员在网络管理和运维中能够使用的工具也在不断进步，从传统的单台设备的维护到基于 SNMP 的集中管理，再到更智能的管理平台，不一而足。本章将针对能够用来实施网络管理与运维的各种方法进行介绍，读者可以根据实际情况进行选择。

本章重点：

- 单台设备的传统管理方式；
- 集中管理的传统方法；
- 网络监控技术。

11.1 网络管理与维护概述

我们将企业网络的管理与维护分开讨论，其中网络管理（Network Management）可以分为两类。第 1 类是对网络中的各种应用程序、用户账号（比如文件的使用）和存取权限（许可）等进行管理。这些是与软件和系统相关的管理，本书不进行深入讨论。第 2 类是对构成网络的硬件，即网元进行管理，包括防火墙、交换机、路由器等进行管理。本章将会主要针对此类网络管理展开介绍。

网络管理与运维是为了预防问题发生，尽量减少突发的故障。一般企业网络中会有专门的部门或者人员负责网络的管理与运维。网络维护不仅涉及技术问题，也涉及管理问题。日常维护对操作人员的技术要求不高，但对操作的规范性要求比较高。通过日常维护可以得出网络在正常情况下的各种参数，例如网络设备的性能、网络带宽、网络安全等，通过技术扎实且经验丰富的管理员对这些信息进行分析，可以为故障排除工作打下良好的基础。

　　面对各种各样的网络设备及其产生的海量数据，管理员需要依靠工具来协助管理和维护工作。这些工具大致分为配置管理类和网络监控类，表 11-1 列出了广泛使用的两类网络管理工具。

表 11-1　网络管理工具

名称	配置管理类	网络监控类
CLI（Telnet/SSH）	是	是
SNMP	是	是
NETCONF	是	是
NetStream		是
sFlow		是
Telemetry		是
Syslog		是
LLDP		是
镜像		是

　　下一节将会对上述工具进行介绍。

11.2　网络管理工具

11.2.1　CLI

　　CLI 是指命令行界面（Command Line Interface），在图形用户界面得到普及之前，CLI 是使用最为广泛的用户界面。CLI 通常不支持鼠标，需要用户通过键盘输入指令，设备接收到指令后，予以执行。网络管理员可以采用 CLI 对设备进行配置和网络监控。单台设备的 CLI 操作简单、便捷，但在进行大规模部署时，需要借助自动化工具批量配置，以提高工作效率。管理员可以通过多种方式访问设备的 CLI 界面：通过 Console 口实现本地连接，通过 Telnet 或 SSH 实现远程访问。

　　Telnet 是联合电信（Telecommunications）和网络（Networks）的缩写，使用专用的 TCP 端口号 23。它是一种并不安全的通信协议，通过网络/互联网传输明文格式的数据，包括密码。Telnet 中没有使用任何验证策略及数据加密方法。图 11-1 描绘了 Telnet 连接。

　　Telnet 使用客户端—服务器模型。在使用 Telnet 协议管理网络设备时，用户需要首先在本地主机上执行 Telnet 程序（客户端），通过网络访问被管理设备（服务器），然后输入账号和密码以验证身份。图 11-2 展示了使用 PuTTY（Telnet 客户端）发起 Telnet 连接的界面。

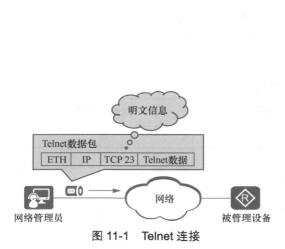

图 11-1 Telnet 连接

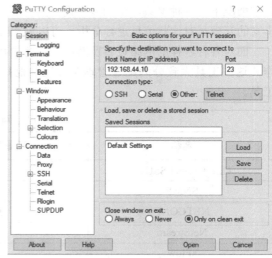

图 11-2 使用 PuTTY 发起 Telnet 连接

在图 11-2 中，管理员尝试连接 192.168.44.10 的 23 号端口，单击 Open 按钮后，PuTTY 程序就会向该设备发起 Telnet 连接。

要使网络设备能够响应 Telnet 请求，管理员需要在网络设备上启用 Telnet 功能，并设置 Telnet 登录所使用的用户名和密码。设置完成后，通过 PuTTY 发起 Telnet 连接请求后，管理员输入相应的用户名和密码就可以登录。图 11-3 展示了登录过程，以及登录结果。

图 11-3 通过 Telnet 登录网络设备

登录成功后，用户可以在本地主机上输入命令，然后让已通过 Telnet 连接的远程设备执行，就像直接在对方的控制台上输入命令一样。

传统的 Telnet 会话所传输的资料并未加密，账号和密码等敏感资料容易被窃听，因此很多服务器会屏蔽 Telnet 服务，改用更安全的 SSH。

SSH（Secure Shell，安全外壳）使用专用的 TCP 端口号 22，它是一种安全的协议，通过网络/互联网传输加密格式的数据，一旦经过加密就极难解压和读取该数据。SSH 还使用公钥用于对访问者的用户身份验证，这种方式提供了更高的安全性。图 11-4 描绘了 SSH 连接。

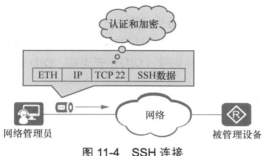

图 11-4　SSH 连接

在通过 SSH 进行连接时，数据是通过 Shell 会话进行传输的，管理员可以使用基于文本的界面与服务器进行交互。在 SSH 会话期间，管理员在本地终端上输入的命令都会通过加密的 SSH 隧道进行传输，并在服务器上执行。SSH 连接采用客户端—服务器模型，也就是说要想建立 SSH 连接，远端设备上必须运行一个称为 SSH Daemon 的软件，它会监听 TCP 端口 22，对连接请求进行认证，并在认证通过后生成适当的环境。管理员使用的终端设备上需要有 SSH 客户端，上文中的 PuTTY 软件就可以作为 SSH 客户端。

Telnet 和 SSH 是两种远程管理设备的方式，其中 SSH 连接方式较 Telnet 更为安全，因此目前的网络都要求部署 SSH。

11.2.2　SNMP

SNMP 的全称是简单网络管理协议（Simple Network Management Protocol），它是广泛用于 TCP/IP 网络的网络管理标准协议，能够管理和监视 IP 网络中的网络设备。SNMP 提供了一种通过运行网络管理软件的中心计算机（即网络管理工作站，简称 NMS）来管理网络设备的方法。多种类型的网络设备中都嵌入了 SNMP，比如路由器、交换机、服务器、防火墙、AP 等。SNMP 共有 3 个版本：SNMPv1、SNMPv2c 和 SNMPv3，用户可以根据实际情况选择配置一个或同时配置多个版本，其中 SNMPv2c 是目前部署最为广泛的 SNMP 版本。

SNMP 管理信息库（简称 MIB）是一个数据结构，其中定义了能够从设备上收集、更改和配置的内容。多个标准化机构对 MIB 进行了定义，比如 IETF 和 ISO。华为和一些软件供应商也定义了专用的 MIB 内容。

启用了 SNMP 的环境中包含以下主要组件。

- **SNMP 管理的设备和资源**：运行了 SNMP 代理的设备和网络元素。
- **SNMP 代理（AGENT）**：这是运行在硬件或服务上的软件，并由 SNMP 进行监控，负责收集各种指标数据，比如 CPU 利用率、带宽利用率或磁盘空间等。按照 SNMP 管理器的查询请求，SNMP 代理会找到相应的信息并将其发送回 SNMP 管理器。

- **SNMP 管理站**：也称为 SNMP 服务器，它是在集中管理工作站上运行的 SNMP 管理应用。它能够定期主动请求代理发送 SNMP 更新。
- **管理信息库（MIB）**：这个数据结构呈现为一个文本文件（后缀为.mib），它描述了特定设备所使用的能够被 SNMP 查询和控制的所有数据对象。在 MIB 内部有许多不同的托管对象，它们可以通过对象标识符（OID）来识别。OID 是 MIB 标识符，格式为一串数字，用来唯一地标识 MIB 对象。

图 11-5 描绘了 SNMP 的主要组件。

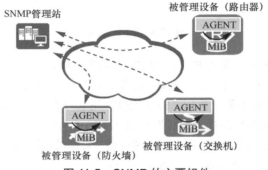

图 11-5 SNMP 的主要组件

通过在网络设备和网络管理系统之间的行为，SNMP 能够执行诸多功能。在其核心功能中，它可以执行读取和写入命令，比如重置密码或更改配置参数；它还可以查询到网络带宽利用率、CPU 利用率和内存利用率等指标，当指标超出预定义的阈值时，SNMP 管理器可以自动向管理员发送电子邮件或文本消息告警。SNMP 支持以下命令。

- **Get Request（获取请求）**：检索变量值或变量列表的请求。
- **Set Request（设置请求）**：由 SNMP 管理器发送给 SNMP 代理，以执行配置或命令。
- **GetNext Request**：由 SNMP 管理器发送给 SNMP 代理，以查找 MIB 层次结构中下一条记录的值。
- **GetBulk Request**：由 SNMP 管理器发送给 SNMP 代理，通过执行多个 GetNext Request 来获取庞大的数据表。
- **SNMP Response（SNMP 响应）**：由 SNMP 代理发送给 SNMP 管理器，对请求进行响应。
- **SNMP Trap（SNMP 陷阱）**：由 SNMP 代理主动发送给 SNMP 管理器，以通知突发的错误或故障。
- **SNMP Inform（SNMP 通知）**：确认收到 Trap 消息。

在实际应用中，管理员需要在网络管理站中配置 SNMP 管理程序，在被管理设备中启用 SNMP 代理程序，同时在组网中配置 SNMP 协议。网络管理员主要通过 SNMP 协议实现以下功能。

■ 网络管理站可以通过 SNMP 代理获取或变更设备的信息，实现远程监控和管理。

■ SNMP 代理可以及时地向网络管理站报告设备的状态。

图 11-6 描绘了 SNMP 的上述两种用途。

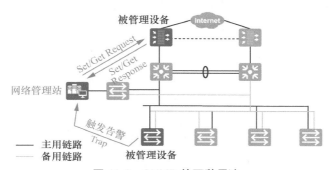

图 11-6　SNMP 的两种用途

尽管 SNMP 也具有设备配置的能力，但人们很少使用 SNMP 对设备执行配置的变更，原因如下。

■ SNMP 协议比较简单，并将修改配置数据的操作交由管理应用负责，因此基于 SNMP 的管理工具的开发成本很高。

■ SNMP 中的 Set 请求是独立发送的，如果 SNMP 管理器发送了一系列 Set 请求来配置一台设备，并且其中一个请求失败了，就会引发严重的网络问题。

■ SNMP 没有提供任何机制来撤销最近的设备配置变更。

■ SNMP 没有提供多台网络设备之间的同步机制。如果管理器向多台设备发送了相同的 Set 请求来执行类似的配置变更，那么有些设备的配置会成功，有些可能会失败。

■ SNMP 没有采用标准化的安全机制。它自身包含的安全性使 SNMP 凭据和密钥管理变得复杂，且难以与其他的现有凭据和密钥管理系统相集成。

网络设备厂商所专用的 CLI 和 Web 界面一直以来都是执行配置管理的首要（通常也是唯一）选项。从 2006 年开始，NETCONF 成为一种以自动化为目的的网配置管理方法，并在 RFC 4741 中进行了标准化。

11.2.3　NETCONF

NETCONF 指的是网络配置协议（Network Configuration Protocol），它是由 IETF 发布的用来执行管理功能的协议，主要目标是网络部署，也能够监控特定的配置和运行状态信息。NETCONF 是一种基于 XML 的网络配置协议，它存在的目的在于用可编程的方式实现网络配置的自动化，从而简化、加速网络服务的部署。

NETCONF 在概念上可以分为以下 4 层。

- **内容层**：由配置数据和通知数据组成。
- **操作层**：定义了一组基本的协议操作，来检索和编辑配置数据。
- **消息层**：提供了一种机制，用来对 RPC 和通知进行编码。
- **安全传输层**：在客户端和服务器之间提供安全可靠的消息传输。

图 11-7 描绘了 NETCONF 的层级和示例。

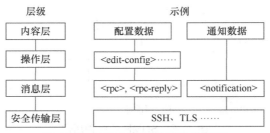

图 11-7　NETCONF 的层级和示例

NETCONF 采用客户端—服务器模型，使用 SSH 实现客户端与服务器之间的 RPC 通信，并以 XML 的格式呈现其消息。NETCONF 中定义了表 11-2 所示的基本的协议操作。

表 11-2　NETCONF 的基本操作

操作	描述
<get>	检索运行配置和设备状态信息
<get-config>	检索全部或部分特定的配置数据存储
<edit-config>	通过创建、删除、合并或替换内容配置数据存储
<copy-config>	将整个配置数据存储复制到另一个配置数据存储
<delete-config>	删除配置数据存储
<lock>	锁定设备的整个配置数据存储
<unlock>	释放先前通过 <lock> 操作获得的配置数据存储锁
<close-session>	请求优雅地终止 NETCONF 会话
<kill-session>	强制终止 NETCONF 会话

NETCONF 采用 XML 编码方式，这使 NETCONF 在开发新的应用程序时变得简单、灵活、经济且高效。在操作层，管理员可以通过<get-config>请求获取配置数据，通过<edit-config>、<copy-config>和<delete-config>请求修改配置数据，通过<get>请求获取配置数据和非配置数据（比如状态和统计信息）。

NETCONF 相对于 SNMP 的一大优势在于其工作方式。SNMP 会一次修改单个参数的值，而 NETCONF 能够在一个操作上修改所有或选定的参数。NETCONF 的另一个优点是当部分网络设备配置成功，但另一些失败的情况下，它可以允许被管理设备回滚到已知状态的配置。这是因为 NETCONF 在整个网络部署中定义了同步、验证和提交设备配置的步骤。

　　NETCONF 中的安全传输层、消息层和操作层已经完成了标准化，但内容层尚未标准化。这是因为网络设备的配置数据具有厂商特性，因此内容层的规范取决于每个网络设备厂商的 NETCONF 实现。华为 iMaster NCE 是华为的 NETCONF 实现，它是网络自动化与智能化平台，集管理、控制、分析、人工智能于一体。图 11-8 描绘了 iMaster NCE 部署场景。

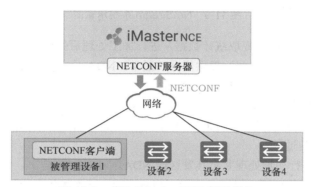

图 11-8　华为 iMaster NCE 部署场景

11.2.4　NetStream

　　NetStream 是一项基于流提供数据包统计的技术。它能够根据数据包的源和目的 IP 地址、目的端口号、协议号等关键参数区分流信息，针对流信息进行数据流统计，再将统计信息发送至服务器以供分析。通过分析这些统计信息，网络管理员可以确定流量的来源、目的地、占用的出口带宽等内容，进而为计费、网络管理、网络优化等应用提供依据。

　　NetStream 系统由网络流量输出器（NDE，NetStream Data Exporter）、网络流量收集器（NSC，NetStream Collector）和网络流量分析器（NDA，NetStream Data Analyzer）3 部分组成，如图 11-9 所示。在实际应用中，网络设备在 NetStream 系统中担任 NDE 角色，NSC 和 NDA 一般集成在同一台 NetStream 服务器上。

- **NDE**：负责对网络流量进行分析处理，提取符合条件的流进行统计，并将统计信息输出给 NSC。在输出前可以对数据进行一些处理，比如将相同的流量统计信息进行合并。配置了 NetStream 功能的设备在 NetStream 系统中担当 NDE 角色。
- **NSC**：负责存储来自 NDE 的信息，把统计数据收集到数据库中，可供 NDA 进行分析。NSC 可以采集多个 NDE 设备输出的数据，对数据进行进一步的处理。通常为运行于 UNIX 或者 Windows 上的一个应用程序。

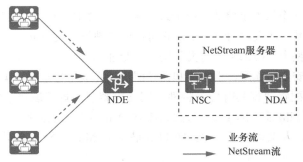

图 11-9　NetStream 系统示意图

- **NDA**：负责从 NSC 中提取统计数据，进行加工处理后生成报表，为各种应用（比如计费、网络管理、网络优化）提供依据。通常，NDA 具有图形化用户界面，使用户可以方便地获取、显示和分析收集到的数据。

NetStream 会按照以下流程进行工作，如图 11-10 所示。

① NDE 把采集到的关于流的详细统计信息定期发送给 NSC，一般会经过采样、流建立、流老化和流输出的处理过程。

② NSC 对信息进行初步处理并将其发送给 NDA。

③ NDA 对数据进行分析，以用于计费、网络管理、网络优化等应用。

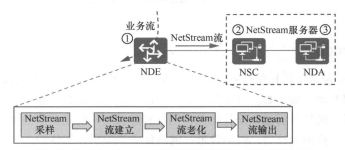

图 11-10　NetStream 的工作流程和 NDE 的处理过程

在实际的应用中，NSC 和 NDA 一般集成在一台 NetStream 服务器上。NDE 通过 NetStream 采样获取接口（如图 11-11 中所示的 G0/0/1）出方向流量信息，并按照一定条件建立 NetStream 流；当 NetStream 缓存区已满或者 NetStream 流达到老化时间时，NDE 会将统计的信息封装成 NetStream 报文发送到 NetStream 服务器。NetStream 服务器对 NetStream 报文进行分析处理，并显示分析结果。

使用 NetStream 可以对网络流量进行统计和分析，而 NetStream 是一种基于网络流信息的统计技术，网络设备自身需要对网络流进行初步的统计和分析，并把统计信息储存在缓存区，当缓存区满或者流统计信息老化后输出统计信息。与 NetStream 相比，sFlow 不需要缓存区，网络设备仅进行报文的采样工作，网络流的统计和分析工作由远端的采集器完成。

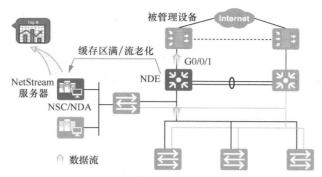

图 11-11　NetStream 的应用场景

11.2.5　sFlow

采样流（sFlow，Sampled Flow）是一种基于报文采样的网络流量监控技术。基于 Flow 采样时，可以截取原始报文的全部，也可以截取一部分报头，主要用于对网络流量进行统计和分析。企业网络可以使用这种以设备接口为基本采样单元的流量监控技术来实时监控流量状况，及时发现异常流量以及攻击流量的源头，从而保证企业网络的正常、稳定运行。sFlow 关注的是接口的流量情况、转发情况以及设备整体运行状况，适合于网络异常监控以及网络异常定位。

sFlow 系统包含一个嵌在设备中的 sFlow 代理和远端的 sFlow 收集器。其中，sFlow 代理通过 Flow 采样获取接口统计信息和数据信息，将信息封装成 sFlow 报文。当 sFlow 报文缓冲区满或 sFlow 报文缓存时间（缓存时间为 1 秒）超时后，sFlow 代理会将 sFlow 报文发送到指定的 sFlow 收集器。sFlow 收集器对 sFlow 报文进行分析，并显示分析结果。图 11-12 为 sFlow 系统示意图。

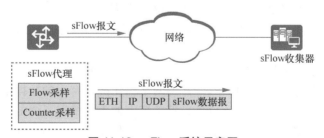

图 11-12　sFlow 系统示意图

sFlow 代理通过以下两种采样方式从不同角度分析网络流量状况。

- **Flow 采样**：sFlow 代理设备在指定接口上按照特定的采样方向和采样比，对报文进行采样分析，用于获取报文数据内容的相关信息。该采样方式主要关注流量的细节，这样就可以监控和分析网络上的流行为。

- **Counter 采样**：sFlow 代理设备周期性地获取接口上的流量统计信息。与 Flow 采样相比，Counter 采样只关注接口上流量的数量，而不关注流量的详细信息。

在实际的应用中，只需要在支持 sFlow 代理的设备上进行部署，远端连接一个 sFlow 收集器，就可以对流量进行基于接口的搜集和详细的分析。图 11-13 展示了 sFlow 的应用场景。

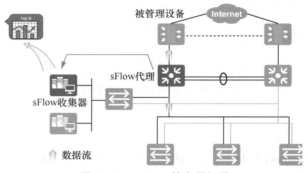

图 11-13   sFlow 的应用场景

与 NetStream 相比，sFlow 不需要缓存区，因此对网络设备的资源占用较少，降低了成本。另外，由于网络流的分析和统计工作均由收集器完成，收集器可以灵活地配置网络流特征进行统计和分析，实现灵活、按需的部署。

11.2.6   Telemetry

随着网络的普和新技术的涌现，网络规模日益增大，部署的复杂度逐步提升，用户对业务的质量要求也不断提高。为了满足用户需求，网络运维务必更加精细化、智能化。当今网络的运维面临着如下挑战。

- **超大规模**：管理的设备数目众多，监控的信息数量非常庞大。
- **快速定位**：在复杂的网络中，能够快速地定位故障，达到秒级甚至亚秒级的故障定位速度。
- **精细监控**：监控的数据类型更多，且监控粒度更细，以便完整、准确地反应网络状况，据此预估可能发生的故障，并为网络优化提供有力的数据依据。网络运维不仅需要监控接口上的流量统计信息、每条流上的丢包情况、CPU 和内存的占用情况，还需要监控每条流的时延抖动、每个报文在传输路径上的时延、每台设备上的缓冲区占用情况等。

Telemetry 是一项远程的从物理设备或虚拟设备上高速采集数据的技术。设备通过推模式（Push Mode）周期性地主动向采集器上报设备的接口流量统计、CPU 或内存数据等信息。相对传统拉模式（Pull Mode）的一问一答式交互，Telemetry 提供了更实时、更高速的数据采集功能。

面对大规模、高性能的网络监控需求，用户需要一种新的网络监控方式。Telemetry 技术可以满足用户要求，它支持智能运维系统管理更多的设备、监控数据拥有更高精度和更加实时、监控过程对设备自身功能和性能影响小，为网络问题的快速定位、网络质量优化调整提供了最重要的大数据基础，将网络质量分析转换为大数据分析，满足了智能运维的需要。

表 11-3 列出了 Telemetry 与传统网络监控方式的对比。

表 11-3　Telemetry 与传统网络监控方式的对比

网络监控方式 对比项	Telnemetry	SNMP Get	SNMP Trap	CLI	SYSLOG
工作模式	推模式	拉模式	推模式	拉模式	推模式
精度	亚秒级	分钟级	秒级	分钟级	秒级
结构化	YANG 模型 定义结构	MIB 定义结构	MIB 定义结构	非结构化	非结构化

在 Telemetry 系统中有 3 种设备角色：采集器、分析器和控制器。

■ **采集器**：用于接收和存储网络设备上报的监控数据。

■ **分析器**：用于分析采集器接收到的监控数据，并对数据进行处理，例如以图形化界面的形式展现给用户。

■ **控制器**：通过 NETCONF 等方式向设备下发配置，实现对网络设备的管理。控制器可以根据分析器提供的分析数据，为网络设备下发配置，对网络设备的转发行为进行调整；也可以控制网络设备对哪些数据进行采样和上报。

图 11-14 为 Telemetry 系统示意图。

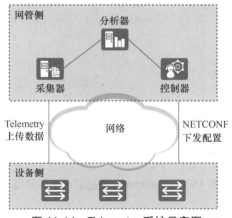

图 11-14　Telemetry 系统示意图

在部署中，管理员可以使用 Telemetry 静态订阅和 Telemetry 动态订阅。Telemetry 静态订阅是指网络设备作为客户端，采集器作为服务端，由网络设备主动发起到采集器的连接，然后进行数据采集和上报。Telemetry 网管侧和设备侧协同运作，完成整体的 Telemetry 静态订阅需要按顺序执行以下 5 个操作步骤。

① 静态配置。控制器通过命令行配置支持 Telemetry 的网络设备，订阅数据源，完成数据采集。

② 推送采样数据或自定义事件。网络设备依据控制器的配置要求，将采集完成的数据或自定义事件上报给采集器进行接收和存储。

③ 读取数据。分析器读取采集器存储的采样数据或自定义事件。

④ 分析数据。分析器分析读取到的采样数据或自定义事件，并将分析结果发给控制器，便于控制器对网络进行配置管理，及时调优网络。

⑤ 调整网络参数。控制器将网络需要调整的配置下发给网络设备。配置下发生效后，新的采样数据或自定义事件又会上报到采集器，此时 Telemetry 网管侧可以分析调优后的网络效果是否符合预期，直到调优完成后，整个业务流程形成闭环。

如果网络设备和上送目标之间的连接断开了，网络设备会进行重新连接，再次上送数据，但是重连期间的采样数据会丢失。Telemetry 静态订阅往往用于粗粒度的数据采集，业务流程详见图 11-15。

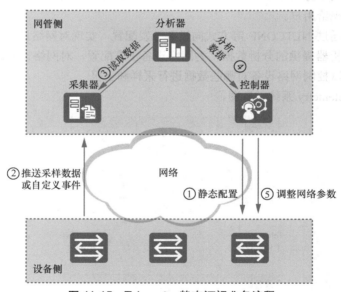

图 11-15 Telemetry 静态订阅业务流程

Telemetry 动态订阅是指设备作为服务端，采集器作为客户端发起到设备的连接，由设备进行数据采集和上报。Telemetry 网管侧和设备侧协同运作，完成整体的 Telemetry 动态订阅需要按顺序执行以下 5 个操作步骤。

① 动态配置。支持 Telemetry 的设备在完成 GRPC 服务的相关配置后，由采集器下发动态

配置到设备，完成数据采集。

　　② 推送采样数据。网络设备依据采集器的配置要求，将采集完成的数据上报给采集器进行接收和存储。

　　③ 读取数据。分析器读取采集器存储的采样数据。

　　④ 分析数据。分析器分析读取到的采样数据，并将分析结果发给控制器，便于控制器对网络进行配置管理，及时调优网络。

　　⑤ 调整网络参数。控制器将网络需要调整的配置下发给网络设备。配置下发生效后，新的采样数据又会上报到采集器，此时 Telemetry 网管侧可以分析调优后的网络效果是否符合预期，直到调优完成后，整个业务流程形成闭环。

　　如果 Telemetry 动态订阅的连接断开（比如设备进行主备倒换或重启等），设备会自动取消订阅，不再采样推送数据，且不支持配置恢复，直到采集器重新下发连接请求。比如当用户对某些接口产生兴趣，想对其监控一段时间，可以配置 Telemetry 动态订阅功能；在不感兴趣时，断开连接即可，订阅自动取消且不会配置恢复，从而避免对设备造成长期负载，也简化了用户和设备的交互。图 11-16 展示了 Telemetry 动态订阅的业务流程。

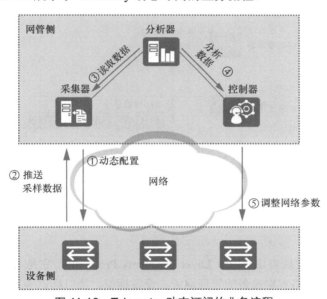

图 11-16　Telemetry 动态订阅的业务流程

11.2.7　Syslog

　　Syslog（系统日志，System Log）是一种工业标准的协议，可用来记录设备的日志。在 UNIX 系统、路由器、交换机等网络设备中，Syslog 记录了系统中任何时间发生的大小事件。该协议最初由加州大学伯克利分校软件中心整理而成，后来由于其操作管理的实用性迅速成为很多网络设备操作管理协议的一部分。管理者可以通过查看 Syslog,随时掌握系统状况。

Syslog 协议提供了一种通过 IP 网络传送事件消息的机制,它允许网络设备将事件消息通过 IP 网络传输到接收消息的主机上,这些主机通常称为 Syslog 服务器。现在已经有相应的 RFC 3164、RFC 3195 进行通用的定义。前者定义的是使用 UDP 形式传输,后者定义的是使用 TCP 形式传输。

几乎所有的网络设备都可以通过 Syslog 协议将日志信息以 UDP 方式传送到远端服务器,远端接收日志服务器必须通过 syslogd 来监听 UDP 514 端口,并且根据 syslog.conf 中的配置来处理本机和接收访问系统的日志信息,把指定的事件写入特定档案中,供后台数据库管理和响应之用。

Syslog 系统中包含如下角色。

- **Syslog 发送器**:产生 Syslog 消息的网络设备。
- **Syslog 中继器**:能接收并转发 Syslog 消息的网络设备或其他设备。
- **Syslog 收集器**:接收了不再转发 Syslog 消息的 Syslog 服务器。

图 11-17 展示了 Syslog 系统中的角色。

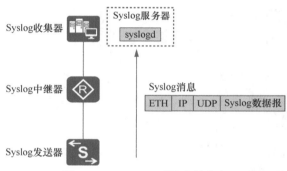

图 11-17　Syslog 系统中的角色

11.2.8　LLDP

LLDP 是指链路层发现协议(Link Layer Discovery Protocol),它是 IEEE 802.1ab 中定义的链路层发现协议,可以将本端设备的管理地址、设备标识、接口标识等信息组织起来,并发布给自己的邻居设备;邻居设备收到这些信息后回将其以标准的 MIB 形式保存起来,以供网络管理系统查询及判断链路的通信状况。

LLDP 信息是定期传输的,并且只在一定的期限内保留。IEEE 已经定义了一个建议的传输频率,即每 30 秒传输一次。LLDP 设备在收到邻近网络设备发出的 LLDP 信息后,会将 LLDP 信息存储在一个 IEEE 定义的 SNMP MIB 库中,并且在一定的时限内保持有效。定义该时限的 LLDP "生存时间"(TTL)值就包含在所收到的数据包内。

LLDP 定义了以下两种管理方式，详见图 11-18。

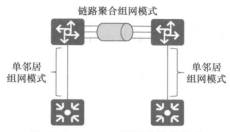

图 11-18　LLDP 的两种管理模式

- **单邻居组网模式**：单邻居组网模式是指交换机设备的接口之间直接相连，而且接口只有一个邻居设备的情况。
- **链路聚合组网模式**：链路聚合组网模式是指交换机设备的接口之间存在链路聚合，接口之间是直接相连，链路聚合之间的每个接口只有一个邻居设备。

在 LLDP 的实际部署中，交换机之间直接相连或者通过 Eth-Trunk 相连，网络管理站与交换机之间路由可达且网管协议配置已经完成，如图 11-19 所示。通过 LLDP 协议机制，可以发现网络中链路层的邻居信息，同时将其通过网络管理协议上报给网络管理站，从而图形化展示网络拓扑结构。

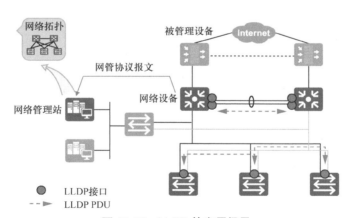

图 11-19　LLDP 的应用场景

11.2.9　镜像

镜像是指将经过指定端口（源端口或者镜像端口）的数据包复制一份到另一个指定端口（目的端口或者观察端口）。在网络运维的过程中，为了便于业务监测和故障定位，网络管理员需要时常获取设备上的业务报文并进行分析。镜像功能可以在不影响设备对报文进行正常处理的情况下，将镜像端口的报文复制一份到观察端口。网络管理员通过网络监控设备就可以分析从观察端口复制过来的报文，从而判断网络中运行的业务是否正常。

在镜像环境中，端口可分为镜像端口和观察端口。

- **镜像端口**：是指被监控的端口，镜像端口接收或发送的报文将被复制一份到观察端口。
- **观察端口**：是指连接监控设备的端口，用于将镜像端口复制过来的报文发送给监控设备。

管理员可以指定所需的报文类型，即镜像端口接收的报文还是发送的报文，这称为镜像方向，分为以下 3 种。

- **入方向**：将镜像端口接收的报文复制到观察端口上。
- **出方向**：将镜像端口发送的报文复制到观察端口上。
- **双向**：将镜像端口接收和发送的报文都复制到观察端口上。

在实际部署中，管理员可以使用端口镜像和流镜像部署。端口镜像分为本地端口镜像和远程端口镜像。本地端口镜像是指观察端口与监控设备直接相连，此时观察端口被称为本地观察端口。远程端口镜像是指观察端口与监控设备通过中间网络传输镜像报文，此时观察端口被称为远程观察端口，图 11-20 为端口镜像示意图。

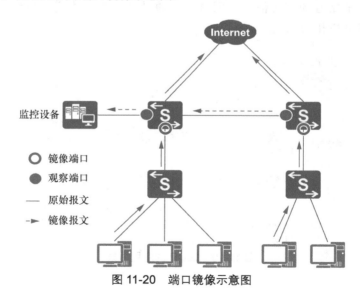

图 11-20 端口镜像示意图

流镜像是指在设备上配置一定的规则，将符合规则的特定业务流复制到观察端口进行分析和监控。如图 11-21 所示，镜像端口将匹配规则的业务流 2 和业务流 3 复制到观察端口，然后观察端口再将复制的业务流 2 和业务流 3 转发到监控设备。业务流 1 不符合匹配规则，因此不会被复制到监控设备。

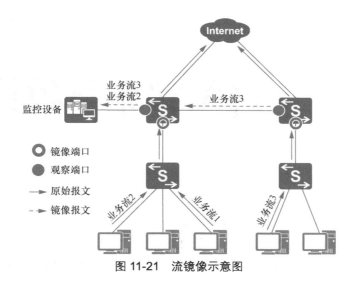

图 11-21 流镜像示意图

11.3 总结

本章旨在介绍网络管理与维护工具，这些工具分为配置管理类和网络监控类，有些工具同时具备两类功能，但各有侧重。11.1 节简单介绍了网络管理与维护的知识。11.2 节分别介绍了多种网络管理工具及其在实施中的用法。CLI 工具是最基础的网络设备配置管理工具，为了提高安全性需要使用 SSH 进行连接。SNMP 和 NETCONF 可以实现批量配置和管理，并且 NETCONF 为网络自动化提供了基础。NetStream、sFlow、Telemetry、Syslog、LLDP 和镜像作为网络监控类工具，各有其使用场景，管理员可以根据实际需求进行选择部署。

11.4 习题

查阅资料，了解华为自动驾驶网络（ADN）中除 iMaster NCE 网络管控单元之外，还有哪些单元和功能。

第 12 章

网络实施与项目交付

本书第 1 章说明了网络规划阶段的工作内容，解释了网络规划和网络设计两个阶段的区别。此后的 10 章则从不同的角度对网络设计阶段的工作进行了介绍。在完成了网络的规划和设计、甲乙双方签订合同，并向设备供应商订货之后，签订合同的双方就应该共同对实施方案进行细化，并且在订单到货之后进行实施。

本章的侧重点是网络设计阶段完成且甲乙双方签订合同之后，网络系统集成公司一方的工作流程。如果说本书前面各章所涉及的工作是由售前工程师主导完成，那么本章所介绍的内容就应该由在网络系统集成公司的售后工程师完成。鉴于网络系统集成领域的从业者往往在入行初期从事售后技术工作，只有在接触了一定数量的网络项目且经验渐丰后，才会被企业委任售前工程师的工作，因此本章对于入行前的在校学生来说非常重要。

本章不会对任何技术细节进行探讨，只讨论售后工作的通用标准和流程。在这一章中，本书不仅会对网络实施和交付的流程进行介绍，也会说明高危操作的流程。

本章重点：

■ 项目交付流程；

■ 高危操作流程。

12.1 项目交付流程

本书第 1 章介绍过一个网络系统集成项目通常经历的各个阶段，并辅以图 1-2 进行了说明。按照图 1-2 所示，在向设备供应商下单订货之后，甲乙双方需要在产品到货并且开始实施项目之前对实施方案进行细化。在产品到货后，售后工程师应开始进行项目实施，在完成实施并对甲方运维团队进行转维培训之后，即可进行终验并最终完成项目交付。

本节会对从合同签订之后直到项目最终交付的过程中，技术人员通常需要参与的工作分步骤进行说明，并解释每个步骤中技术人员需要考虑的问题和执行的任务。

在签订合同之后直至项目交付之前，技术人员参与工作的阶段及对应的流程如图 12-1 所示。

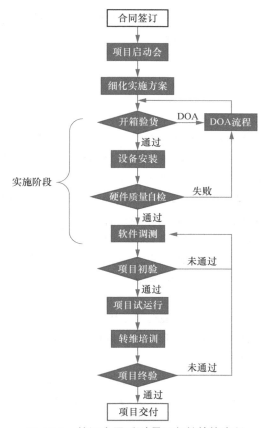

图 12-1　签订合同后到项目交付前的流程

> **注释**　DOA（Dead On Arrival，到货即损）指设备无外观损坏但第一次上电即无法正常工作或上电运行 48 小时内即发生故障。关于 DOA，本节会在后文中进行介绍。

下面对图 12-1 所示流程中的每个步骤进行说明。

12.1.1　项目启动会与细化实施方案

在网络系统集成公司与甲方签订合同之后，施工方的项目负责人应该与甲方约定召开项目启动会，并且组织本方人员参加会议。

项目启动会的目标是让售后团队与甲方共同确定（售前团队）在项目规划报告中记录的内容，包括以下内容。

- **客户的需求**：包括了解客户是否对具体技术的实现方式存在特殊要求。
- **项目周期**：包括最终的交付日期及客户是否对每个阶段的完成时间有明确要求。

- **甲方团队**：包括甲方项目参与团队的人员及每个人在项目中扮演的角色。
- **甲方的项目管理制度**：包括了解甲方是否对日报、例会有明确要求，以及反馈项目问题的对象和流程。
- **设备安装的外部条件**：确保施工现场在施工时具备了设备安装条件，避免因现场条件导致误工。

在项目启动会之后，技术人员应该进行现场勘测，确定安装环境能够保障设备顺利安装且规避相关隐患，其中包括机房温度、湿度、清洁度、防尘、地板高度、承重、机柜尺寸、设备电源接口数量和型号、配电情况、互连线缆数量等。针对现场任何不满足项目实施需要的条件，乙方应该及时告知甲方，提醒甲方相关风险并给出整改建议。

同时，售后工程师需要根据售前工程师提供的设计方案、招投标文件以及客户的需求细化实施方案。在细化的实施方案中，应该包含下述内容。

- **项目背景与目标**：阐述甲方实施项目的理由以及要达到的目标。例如，若存在现网，则应描述现网的情况及其无法满足甲方需求的原因、客户的改造需求。
- **项目时间安排**：按照项目启动会中确认的项目周期，说明项目后续进程中各个时间段应该完成的步骤。
- **项目人员安排**：描述网络系统集成公司安排的本项目组中每一位成员的职能和分工。
- **实施具体步骤**：详细说明实施过程的具体软硬件操作流程，包括硬件安装、单机系统调试、联调、测试等步骤。
- **设备详细配置**：细化的实施方案中需要包含每一台、每一个系统的详细配置。对于 CLI 界面的配置，方案中应该包含每台设备的全部配置命令；对于 GUI 界面的配置，方案中应包含截图和参数。
- **割接测试流程**：若存在现网，则实施方案中应该包含割接的流程和方法。另外，方案中应该针对网络的基本通信功能和客户的特殊需求来制订具体测试方法。

理论上说，项目启动会和细化实施方案这两个步骤应该在订购的设备全部到货前完成。在编写实施方案的过程中，如果网络系统集成公司拥有设备资源充足的备件库，工程师应该在公司环境中对流程、配置和测试方案进行验证。否则，售后工程师也应该通过模拟环境尝试对方案进行验证，以减少因方案制定不周而导致现场排错所消耗的时间。

12.1.2　开箱验货与 DOA 流程

在订购的产品到货之后，技术人员应首先对货物进行清点。如果实际收到的货物与订购的产品不一致，则定义为差错货，需要联系厂商进行处理。

在清点的过程中，需要核对以下内容。

- 项目名称与项目合同号是否一致。
- 到货物品数量和物流清单是否一致。

- 到货物品的数量与型号是否与合同货物清单一致。

对于大型和中大型设备来说，产品会分多箱发货，每箱都有独立的箱名，但一款设备的组件会包含在一个装箱单中。在核对到货物品的数量和型号时，应该按照装箱单逐个核对每一箱货物的型号和数量。

在完成清点之后，技术人员应该查看设备和部件是否存在物理损伤，具体包括以下内容。

- 外包装是否变形或损坏。
- 产品本体是否存在明显的物理损坏。

如果外包装明显变形或损坏应该拒绝开箱和收货，要拍照并联系厂商办事处解决。如果拆箱后发现产品存在物理损坏也应立即拍照并联系厂商的办事处。

如果产品型号、数量核对无误，外包装未发现明显损坏，安装督导和客户代表需要共同在装箱单上签字，确认收货。

前文通过注释曾经提到，没有外观损坏的设备有可能在第一次上电时无法正常工作，或者在上电运行 48 小时内出现故障，这类故障称为到货即损，应该拨打厂商服务热线解决。厂商的技术支持中心（TAC）会负责鉴定相关设备是否符合到货即损的情形。技术人员需要把货物问题反馈表填写完整，包括在"问题描述"部分描述货物的问题/故障，同时确保"补货地址""要求到货时间""收货人""联系电话"等信息正确无误，然后把货物问题反馈表发给 TAC，由 TAC 协助解决后续问题。

总体来说，符合厂商受理 DOA 的货物应该包括以下条件。

- 该产品非测试产品、非样机。
- 能够提供原产品包装，且外包装箱完好无损、包装材料无缺失。
- 随机附件无缺失。
- 产品外观完好，无物理损伤。
- 封条未启封、标签完整。
- 软硬件、驱动程序均为原厂配置。

在完成开箱验货之后，即可正式开始项目的实施工作。

12.1.3 设备安装

在正式开始安装设备之前，需要查看对应型号产品的安装指南，来了解安装该产品需要准备哪些工具。一般来说，工程师需要自己准备的工具应该包括但不限于以下所列内容。

- 防静电腕带或防静电手套。
- 十字螺丝刀。
- 一字螺丝刀。
- 浮动螺母。
- 钢卷尺。
- M6 螺钉若干。

在确认自己准备好了安装工具之后，下一步是安装挂耳。挂耳和安装挂耳的 M4 螺钉会随货提供，强烈不建议使用自备的螺丝安装挂耳，以防损坏设备。交换机左右两侧均需安装挂耳，在安装挂耳时，设计人员需要注意挂耳上的 L/R（左/右）标识。

在给设备安装好挂耳之后，下面需要给机柜安装浮动螺母和滑道。工程师需要确定浮动螺母的安装位置，然后用一字螺丝刀在机柜前方的孔条上安装浮动螺母，左右各两个。对于 1RU 的设备，挂耳上的孔位对应机柜前方孔条上间隔一个孔位的两个孔位，非 1RU 设备则需要参照机柜的刻度。安装浮动螺母需要使用设备自带的安装模板，工程师也需要根据特定设备型号的安装模板来安装浮动螺母，然后把滑道固定到机柜中。

> **注释**　1RU 是指 1 机柜单元（Rack Unit），这是衡量设备在机柜中所占空间的基本单位。

需要注意的是，不同型号的设备可以采用的安装方式也有所不同。有些设备只安装前挂耳即可上架，而且后面只需要安装浮动螺母而不需要安装滑道；有些设备则需要安装前后挂耳。在安装设备的过程中，技术人员同样需要查询设备的硬件安装指南。

完成上述步骤之后，接下来进行设备上架，即把设备安装到机柜中。上架操作的具体流程取决于设备的型号，大型设备和中大型设备常常需要多人协作才能完成上架。

针对模块化的框式设备，工程师需要把设备的模块安装到机柜当中。一般来说，风扇和电源模块都有固定的安装槽卡位，业务模块则需要工程师根据项目所订购的产品来选择安装插槽。注意触摸单板模块时要佩戴防静电腕带或防静电手套。

完成框式设备的模块安装和设备上架之后，物理安装的最后一个步骤是安装电源线缆和通信信号线缆。在连接电源线时，要确保电源线连接正确。通信信号线缆连接后要使用标签机打印正式的标签，然后对线缆进行捆扎。

完成网络设备安装后，可以使用表 12-1 所示的方式和标准进行自查。

表 12-1　网络设备硬件安装自查表

编号	检查项	检查方法
1	设备的安装位置与工程设计文件中的要求相符	查看安装位置
2	设备表面无手印、污迹及划痕等	查看
3	机柜结构件按规范正确安装，无脱落或碰坏现象	查看
4	螺钉全部正确固定	查看
5	在设备上不放置其他物品	查看
6	交换机周边留出足够空间以供散热，建议留出 50mm 以上的空间。交换机进风口不能对着或者紧靠其他设备的出风口	测量
7	信号电缆不应有破损、断裂、中间接头	查看
8	信号电缆插头干净、无损坏，插接正确、可靠，芯线卡接牢固	查看
9	各信号线两端标志清晰（贴标签），标签朝向一致	查看
10	所有电源线、地线采用整段铜芯线缆，中间不能有接头并按规范要求进行可靠连接	查看安装位置

编号	检查项	检查方法
11	电源线、地线的线径符合工程设计文件，满足设备配电要求	查看
12	设备的电源线、地线连接可靠，接地端子的弹垫在平垫上面	查看
13	电源线、地线与信号线分开布放	查看
14	电源线、地线走线应平直，绑扎整齐，转弯处留合适余量，不得拉紧	查看
15	光纤在柜外布放时，必须采取保护措施，如加波纹管或槽道等	查看
16	光纤曲率半径应大于光纤直径的 20 倍，一般情况下曲率半径大于 40mm	测量
17	成对光纤要理顺后用光纤绑扎带绑扎，且绑扎力度适宜，不能有扎痕	查看
18	信号电缆不能布放于机柜的散热网孔上	查看安装位置
19	走线平直、顺滑，机柜内电缆无交叉，机柜外电缆绑扎成束	查看

12.1.4 硬件质量自检

完成设备安装后，下一个步骤是进行硬件质量自检。在给设备上电之前，工程师需要确认设备接地和机房环境。

- 设备接地要确认达到以下条件。
  - 机柜采用了大于 16mm 的保护地线就近连接机房地排。
  - 设备、机箱外壳保护地线可靠地连接到机柜的接地点。
  - 机柜前后门、侧门均可靠接地。
- 机房环境要确认达到以下条件。
  - 机房供电电压及空开容量满足设备长期、安全运行的要求。
  - 机房温度、湿度、清洁度、防尘均满足设备长期、安全运行的要求。

完成设备安装自查和上述上电前确认工作之后，工程师即可按照下面的流程给设备上电。

- 打开与交换机相连的外部电源开关。
- 打开交换机或电源模块上的开关（如有）。

上电后，工程师应该按照产品手册检查设备状态指示灯。如果指示灯异常，就需要登录设备查看设备工作状态，判断设备状态异常的原因。如果设备上电后无法正常启动，或者运行 48 小时内发生故障，则应该联系厂商服务热线走 DOA 流程。

需要说明的是，不同型号交换机所包含的指示灯和指示灯含义均有所不同。指示灯的查看和指示灯状态所代表的信息可以通过查询对应型号设备的指示灯速查表或者具体产品《硬件描述》手册中的"指示灯说明"来了解。针对华为 VRP 系统的设备，如果通过指示灯状态发现设备状态异常，可以使用下列命令来进行排错。

- **display device**：查看设备状态，可以用来确定设备的 Status 是否为 Normal。
- **display device slot** *xxx*：查看某个槽位的板卡状态，可以用来确定板块的 Status 是否为 Normal。
- **display power**：查看设备电源状态。

- **display power system**：查看设备电源功率。
- **display version**：查看设备系统的版本信息。
- **display esn**：查看设备的序列号。

如果设备上电之后需要申请许可证，则需要按照设备供应商的要求通过设备的信息在线向供应商申请。在申请成功后，则可以把许可证加载到设备上，然后通过命令查看许可证是否已经被激活，或者测试该许可证授权的特性是否可以正常使用。

12.1.5　软件调测

软件调试部分的具体操作流程都应该包含在细化后的实施方案当中。工程师也应该在进行调测之前至少分区域对实施方案进行过测试。对于进行了严格测试的实施方案，工程师只需要在项目实施现场严格执行实施方案进行配置。在配置完成后，工程师需要对配置的结果进行测试。

前文提到过，一定规模的企业园区网中往往包含多个功能模块。在实际项目中，工程师通常会对网络中的一个模块进行配置之后，即对该模块进行测试，然后再实施另一个模块，最后对跨模块的通信和策略进行测试。

在测试时，工程师应该首先按照网络参考模型自下向上的顺序测试网络的基本连通性，然后测试网络的高可用性设计是否生效，最后对增值业务进行测试。按照这种流程，任何与预期不符的测试结果均可以在非常有限的范围内定位到错误的原因，具体的流程如下所示。

1．查看接口状态是否为启用（up），如接口关闭（down）则应该检查线缆连接，以及端口协商模式、光功率等涉及端口收发物理信号机制的设定是否正确。

2．检查 802.1Q 配置、生成树配置，并检查 LLDP 邻居状态等二层协议的工作是否正常。

3．在网络层执行直连互通测试，然后检查路由协议邻居状态，查看路由条目等网络层寻址信息是否存在缺失。

4．通过关闭主用链路和设备来测试链路和设备等出现异常时，备用链路和设备是否能成功切换为主用状态。测试完成后，需要针对非抢占机制的协议，手动把主用链路和设备切换回符合设计方案要求的主用链路和设备。

5．使用 tracert 命令查看业务流量的路径是否与设计路径一致。

6．执行 QoS 服务测试查看 QoS 服务是否达到预期的设计目的。

7．根据客户需求执行其他业务测试，如组播、MPLS、SNMP 等。

如前文所述，如果甲方当前有生产网络正在为甲方提供服务，实施方案中就应该包含割接的流程和方法。割接的流程同样应该在售后人员撰写实施方案的过程中进行过测试，同时割接部分的方案中应该包含对风险的评估以及割接失败的回退方案。在完成新建部分的配置和测试之后，工程师应该在与甲方负责人员商定的非高峰时间窗口内，按照实施方案完成割接并网。如果割接失败或无法如期完成，工程师必须在时间窗口内按照回退方案完成回退，重新商定下一次割接的非高峰期时间窗口，并且在下一次割接前解决本次割接中遇到的问题。

12.1.6 项目初验、试运行、培训、终验与交付

割接完成之后，甲方通常应该对项目完成初验。通过初验后，网络进入试运行状态，工程师团队可以开始向甲方移交项目相关的资料，并且由工程师团队委派团队成员为甲方项目运维人员提供培训。项目培训内容和培训周期通常包含在招投标文件中。

通常来说，项目培训分为以下 3 类。

- **组网配置培训**：着重介绍与项目相关的技术的基本原理与配置。
- **日常运维培训**：着重介绍项目整体环境、高端产品系统的界面及其操作等。
- **故障处理培训**：着重介绍项目可能出现的故障和快速解决的方法。

在完成转维培训之后，乙方项目经理应该要求甲方对项目进行终验。通过终验之后，项目经理应组织工程师团队、客户团队、监理等各方召开项目验收会。在项目验收会中，售后工程师和监理分别向甲方说明项目当前已如期、保质完成，并且与甲方共同完成对现场的视察，同时对材料进行归档。最后，由甲方签署项目验收证书，项目交接完成。

12.2 高危操作流程

在计算机网络系统集成领域，高危操作强调的是给网络尤其是给生产网络的设备运行、客户业务和网络管理造成重大影响的操作。此类操作风险较大且后果严重，因此在网络系统集成项目中，针对这类操作定义专门的流程可以提高交付质量，规避项目实施过程中的风险或者降低风险的影响。

总体来说，高危操作包括但不限于针对现网设备电源、通信/业务线缆和端口、系统软件版本的操作；针对数据的迁移和恢复；针对网络的割接、扩容、主备切换、容灾演练等操作。高危操作可以分为以下两个级别。

- **一级高危操作**：指对重大网络进行割接、扩容、升级、改造等操作。
- **二级高危操作**：指其他高危操作。

所有高危操作的流程可以分为以下步骤。

1．制订实施方案。在实施高危操作之前，工程师需要针对该操作制订包含详细操作步骤（含回退步骤）和测试步骤的《高危操作方案》。

2．评审实施方案。工程师团队需要对实施方案的操作风险、可行性、规范性和合理性进行评审，并且利用网络系统集成商备件库中的备件或至少通过模拟环境进行测试。甲乙双方应该至少在执行方案一周前共同签字同意该《高危操作方案》。

3．获得管理授权。实施高危操作的工程师团队应通过邮件正式向网络系统集成商公司的项目经理申请管理授权。对于厂商分配了项目经理的项目（通常为大型项目），工程师团队应该向项目经理发送邮件来获取管理授权。

4．获得技术授权。在获得管理授权之后，工程师团队还应把内部评审并通过的实施方案发送给项目的技术经理申请技术授权。对于厂商分配项目经理的项目（通常为大型项目），工程师

团队应该把通过了内部评审的实施方案发送给厂商的技术经理来获取技术授权。

　　5. 获得客户授权。在（本方或厂商的）技术经理经过评估提供了技术授权之后，工程师团队需要通过书面或者邮件的形式向客户申请实施授权。

　　6. 发送操作通知。客户授权后，工程师需要在执行高危操作的 24 小时前向本方团队和受到施工影响的甲方人员发送《高危操作通知单》。有时，针对甲方内部人员发送操作通知会由批准授权的客户方代表团队通过内部系统发出。在这个阶段，如果存在需要，可以向厂商申请派驻技术人员现场支持。

　　7. 实施高危操作。在实施之前，工程师需要准备好实施操作所需的一切软硬件和人员条件。在实施前 1 小时，工程师应该通知甲方单位和厂商的相关人员。在程序上，工程师应该书面向客户递交《现场技术服务申请》，经甲方负责人员签署后，方可执行操作。具体操作应严格参照《高危操作方案》进行实施。如果实施过程中技术团队发现因意外情况导致实施无法顺利完成，需要确保在实施窗口结束之前按照《高危操作方案》中的回退程序顺利完成回退。

　　8. 提交服务报告。高危操作实施完成之后，工程师通常需要向甲方提交实施完成的报告，由甲方进行确认。在甲方确认后，工程师团队向甲方和厂商（如需要）提供完成的变更资料并进行归档。同时，在操作完成 24 小时内，工程师也应该根据厂商方面的要求，以邮件的形式向厂商的技术人员发送《高危操作反馈单》，以完成本次操作的备案。

　　工程师在进行高危操作的整个过程中都应该基本遵循本节所介绍的流程。如遇工程师无法判断自己要执行的操作是否属于高危操作，应该向厂商代表处的工程师进行咨询。

12.3　总结

　　本章旨在介绍网络系统集成项目中售后部分的工作流程。

　　12.1 节首先通过一张流程图对自系统集成商与甲方签订合同开始，直至项目最终完结，这个完整的工作流程进行了说明。然后介绍了项目启动会、细化实施方案、开箱验货、DOA 流程、设备安装、硬件质量自检、软件调测、项目初验、试运行、培训、终验和最终交付的各个阶段中，售后工作所涉及的内容、相关的专业术语，以及工程师在这个阶段的工作中应该予以特别关注的事项。

　　12.2 节则专门介绍售后工程师在准备执行高危操作，即有可能严重影响生产网络正常运转的操作时，应该遵循什么样的流程，从而显著降低操作有可能引发的风险，减少潜在操作失误给网络和用户带来的负面影响。

12.4　习题

　　在第 8 章和第 10 章习题的设计方案基础上，与同班同学分组，撰写一份针对该网络的实施方案。